Hans Hinrich Sambraus
Atlas der Nutztierrassen

Hans Hinrich Sambraus

Atlas der Nutztierrassen

250 Rassen in Wort und Bild

6. Auflage

VERLAG
EUGEN
ULMER

Umschlagfotos:
Schwäbisch-Hällisches Schwein (oben links),
Bunte Deutsche Edelziege (oben Mitte),
Dülmener (oben rechts),
Hinterwälder Rind (großes Foto),
Weiße Gehörnte Heidschnucken (Rückseite).

Foto auf Seite 2:
Braunvieh.

Die Deutsche Bibliothek – CIP-Einheitsaufnahme

Ein Datensatz für diese Publikation ist bei
Der Deutschen Bibliothek erhältlich

© 1986, 2001 Eugen Ulmer GmbH & Co.
Wollgrasweg 41, 70599 Stuttgart (Hohenheim)
Internet: www.ulmer.de
Printed in Germany
Satz:Typomedia GmbH, Ostfildern
Druck: Georg Appl, Wemding
Bindung: Monheim, Monheim

ISBN 3-8001-3219-2

Vorwort

Bei jeder unserer Nutztierarten gibt es einige stark dominierende Rassen. Sie werden in allen Fachbüchern beschrieben. Die zahlreichen übrigen Rassen – Restbestände alter Landrassen, aus anderen Ländern zu uns gekommene Exoten oder Rassen, die von Anfang an nur begrenzte Verbreitung fanden – werden kaum genannt. Dabei sind gerade sie Farbtupfer in unserer ländlichen Kultur; sie gehören zum Bild mancher Landschaften, helfen Grenzertragsböden nutzen oder sind gar Lebensgrundlage mancher Menschen. Diese Rassen ins Bewusstsein zu rufen, ihre Leistung aufzuzeigen und auf ihre Bedeutung als Kulturgut hinzuweisen, ist ein wesentliches Anliegen dieses Buches.

Das Buch wendet sich an Tierzüchter, Tierärzte und Zoologen, sowie an die Studierenden dieser Fachrichtungen. Gerade letztere kennen oft die extravagantesten physiologischen Mechanismen oder subtilsten genetischen Zusammenhänge, können aber häufig die Rassen nicht unterscheiden oder einordnen. Es soll aber auch jeder interessierte Laie, der mit wachen Sinnen die Landschaft betrachtet, in die Lage versetzt werden, die einzelnen Rassen zu erkennen. Es ist mir ein Anliegen, gerade in einer Zeit, in der alles genormt wird, auf Vielfalt und Variantenreichtum unserer Haustiere hinzuweisen, in der Hoffnung, dass diese erhalten bleiben. FRÖHLICH und SCHWARZENECKER schrieben 1926: „Man kann den Kulturzustand der Länder aus der Mannigfaltigkeit ihrer Pferdetypen erkennen: je einförmiger,

desto tiefer die Kultur." Warum sollte diese Aussage auf Pferde begrenzt bleiben?

In den fünf vorangegangenen Auflagen wurden, bis auf Ausnahmen, nur diejenigen Rassen beschrieben und abgebildet, die in den deutschsprachigen Ländern vorkommen. Eine solche Beschränkung scheint jetzt nicht mehr sinnvoll.

Mehr als in anderen Zeiten besteht gegenwärtig eine Fluktuation: Neue Rassen kommen hinzu, besondere Farbvarianten werden zu neuen Rassen erklärt, und die Zucht anderer Rassen wird aufgegeben. Die Grenzen in Europa sind bedeutungslos geworden. Reisen in die Nachbarländer sind üblicher denn je. Rassen, die der Interessierte im eigenen Land nicht sieht, begegnet er möglicherweise schon in geringer Entfernung auf einem Wochenendtrip.

In den letzten Jahren sind zahlreiche Rassen aus ihren Ursprungsgebieten in andere Regionen gekommen. Dieser Trend wird sicher noch einige Zeit anhalten. In der vorliegenden Auflage angeführte Rassen, die es in manchen Gegenden bisher nicht gibt, sind dort vielleicht schon im nächsten oder übernächsten Jahr zu sehen. Rassen, die man zunächst nur im Zoo sehen konnte, wie Kamerunschaf, Vietnamesisches Hängebauchschwein oder Burenziege werden heute auch bei uns als landwirtschaftliche Nutztiere gehalten. Dies scheint Grund genug, anhand etlicher Beispiele auf die Rassenfülle außerhalb Europas hinzuweisen.

Einige Rassen anderer Länder wurden einbezogen, weil sie bei Einkreuzungen und

Zuchtverbesserungen eine Rolle spielen oder um das Interesse an ihnen wachzuhalten bzw. zu wecken.

Ich habe mich bemüht, die Rassen der Huf- und Klauentiere in dem oben definierten Rahmen vollständig zu erfassen. Es liegt in der Natur der Sache, dass dies nicht gänzlich möglich ist. Für alle Hinweise auf wichtige Veränderungen bin ich dankbar. Mancher Leser wird die Geflügelarten und das Kaninchen vermissen. Diese Tierarten waren in den ersten Auflagen berücksichtigt, kamen aber zweifellos zu kurz. Die Vielzahl der Rassen rechtfertigt eine eigenständige Darstellung in gesonderten Werken. Auch bei den anderen Tierarten entfielen einige Rassen. Es waren ausschließlich solche, die endgültig ausstarben oder wo ich vermeintliche Restbestände früher zu optimistisch beurteilt hatte.

Ich habe vielen Personen zu danken, die mir Hinweise auf einzelne Rassen gegeben haben; allen voran Frau Evelyn Simak, die einen bewundernswerten Überblick speziell über die bei uns vorkommenden Pferderassen hat. Zu großem Dank bin ich Herrn Ludwig Bauer, Eichstätt, verpflichtet, der mit seiner umfangreichen Erfahrung und mit großem Sachverstand vor allem wertvolle Hilfen bei den Beschreibungen der sowjetischen Pferderassen gegeben hat. Zusätzliche Anregungen kamen von vielen Seiten und ich danke allen Züchtern und Zuchtverbänden, die ausnahmslos bereitwillig Auskunft gaben, ihre Tiere mit großer Geduld vorführten und Literatur oder Abbildungen zur Verfügung stellten, die auf andere Weise kaum erreichbar gewesen wären.

Dem Verlag Eugen Ulmer bin ich dankbar für die großzügige Ausstattung des Buches sowie dafür, dass er meinen Wünschen nach Änderung und Ergänzung stets entgegenkam.

Ich hoffe, dass das Buch durch die Neubearbeitung und Erweiterung an Attraktivität gewonnen hat.

Weihenstephan, Frühjahr 2001
Hans Hinrich Sambraus

Für Catherine
und Daniel

Inhalt

9

Einführung

Die Bedeutung der Nutztiere

Als Haustiere bezeichnet man solche Tiere, die der Mensch in seine Obhut nahm und isoliert von wildlebenden Artgenossen hielt. Mutationen und gezielte Auswahl bestimmter Individuen zur Zucht führten dazu, dass sich Haustiere von ihrer freilebenden Stammform in körperlichen und physiologischen Merkmalen sowie in Leistung und Verhalten unterscheiden. Diese Eigenschaften sind erblich. Der Ausdruck „Haustier" ist gleichbedeutend mit „domestiziertes Tier".

Gefangene und gezähmte Wildtiere sind, auch wenn sie sich schon seit Generationen in der Hand des Menschen befinden, keine Haustiere, sofern sie sich in erblichen Merkmalen nicht von der Ausgangsform unterscheiden. Verwilderte Tiere sind nicht im eigentlichen Sinn Haustiere, weil sie sich nicht in der Obhut des Menschen befinden und keine gezielte Selektion auf sie wirkt. Sie unterscheiden sich aber in erblichen Merkmalen von Wildtieren.

Unter landwirtschaftlichen Nutztieren werden innerhalb der Haustiere Arten verstanden, deren Produkte gegessen oder verarbeitet werden und deren Arbeit der Mensch nutzt. Problematisch ist die Einordnung von Wildtieren, die in menschlicher Obhut gehalten werden. Sofern sie einen wesentlichen wirtschaftlichen Betriebszweig in der Landwirtschaft darstellen – wie seit einiger Zeit das Damwild – sind sie zwar ein landwirtschaftlich genutztes Tier, nicht jedoch im eigentlichen Sinn ein landwirtschaftliches Nutztier.

Ohne Nutztiere wären menschliche Hochkulturen nicht denkbar. Weder wäre der Mensch vor Jahrtausenden fähig gewesen, bedeutende Kulturen aufzubauen, deren Überreste wir heute noch bewundern, noch wären wir heute in der Lage, unsere Zivilisation zu erhalten. Gelegentliche Ansätze zur intensiveren Bewirtschaftung von Wildbeständen führen zwar zu einer intensiveren Nutzung der betroffenen Landstriche. Eine bessere Ernährung der Bevölkerung und eine gesicherte Vorratswirtschaft weil mehr Fleisch vorhanden ist, mögen dort die Folge sein. Der Nahrungsbedarf der gesamten Menschheit lässt sich auf diese Weise jedoch keinesfalls decken.

Die Art der Nutzung von Haustieren ist vielfältig. An erster Stelle ist an die menschliche Ernährung zu denken. Wir essen Fleisch und Eier, trinken Milch und verzehren Milchprodukte vielfältiger Art, wie Butter, Käse und Joghurt. Manche Völker, die Nutztiere als Prestigeobjekte halten und sie nicht schlachten, gewinnen von diesen immerhin Blut zum Verzehr und decken so einen Teil des unabdingbaren Bedarfs an tierischem Eiweiß.

Tierische Organe und Substanzen werden aber auch zu vielfältigen Produkten verarbeitet: Wolle zu Stoffen und Teppichen, Häute zu Fellen und Leder, die als Kleidung und Schuhzeug Verwendung finden. Aus Haaren werden Matratzen, Pinsel oder Zeltplanen gemacht. Hörner werden zu

Schmuck, Gebrauchsgegenständen und Musikinstrumenten verarbeitet. Hohlorgane wie Magen, Darm und Blase dienen als Hüllen, in denen Wurstwaren oder Käse aufgehoben werden. Vollständige Häute dienen als Vorrats- und Transportbehälter für Wasser und Wein. Tierische Produkte werden von der Medizin benötigt: Als Hautersatz, Nahtmaterial nach operativen Eingriffen oder Tierkohle zur Behandlung bestimmter Verdauungsstörungen. Aus endokrinen Drüsen werden Hormone gewonnen. Weitere Produkte aus tierischen Organen sind Seife, Leim, Kerzen, Saiten für Musikinstrumente und Haare für Bögen von Streichinstrumenten. Als Bespannung von Trommel und Tamburin sind tierische Produkte Grundlage künstlerischer Gestaltung oder verbessern das Lebensgefühl.

Der Dung der Nutztiere erhält die Fruchtbarkeit landwirtschaftlich genutzter Flächen. Getrockneter Dung wird in brennstoffarmen Gegenden der Welt verheizt. Er dient damit nicht nur als Wärmequelle, sondern liefert auch die zum Kochen erforderliche Hitze.

Es wird beim heutigen Stand der Motorisierung leicht vergessen, dass fast die gesamte Menschheitsgeschichte hindurch Haustiere als Arbeits-, Trag- und Reittiere die menschliche Zivilisation erst möglich machten. Pferde, Rinder, Büffel und Kamele werden vor den Pflug gespannt; sie betätigen Wasserräder und helfen beim Dreschen. Pferde, Esel und Rinder ziehen Wagen und ermöglichen dadurch weitreichenden Handel. Pferde ziehen Kutschen und erhöhen damit die Freude an einem Ferienaufenthalt oder sie unterstreichen die Würde eines Potentaten. Pferde, Maultiere, Kamele und Lamas übersteigen mit Lasten unwirtliche Gebirge und durchqueren lebensfeindliche Wüsten. Erst auf diese Weise konnten entlegene Landstriche besiedelt und später der

Kontakt mit der übrigen Welt aufrechterhalten werden. Nordamerikanische Indianer konnten von den Randgebieten erst dann weit in die Prärie zur Bisonjagd eindringen, als sie – auf Umwegen über die Weißen – Pferde besaßen und reiten konnten. Nur so war es ihnen möglich, in angemessenen Zeitabständen aus trockenen Landstrichen zurück ans Wasser zu gelangen. Güter konnten ausgetauscht, Fertigkeiten vermittelt, Botschaften rasch mitgeteilt werden. Haustiere wurden aber auch gebraucht, um Kriege zu führen, sei es um Soldaten zu tragen oder um kriegswichtiges Material zu ziehen. Sie machten Völkerwanderungen möglich und verhalfen andererseits Bevölkerungsgruppen in Notzeiten zur Flucht.

Ferner nutzen wir Tiere dort, wo unsere eigenen Sinnesleistungen nicht ausreichen. Das gilt nicht nur für die Jagd, wo der Hund (der hier nicht weiter berücksichtigt werden soll) mit seinem guten Riechvermögen unentbehrlicher Helfer des Menschen ist. Schweine wittern Trüffeln in der Erde und wühlen sie heraus. Die Sage berichtet, dass Gänse durch ihr Geschnatter vor Überfällen warnten. Perlhühner machen andere Nutztiere auf Feinde aufmerksam und bewahren so den Besitzer vor wirtschaftlichem Schaden.

Wesentliches Motiv für die Zucht von Rassen waren oftmals absonderliche Formen und Leistungen. Zwergformen, körperliche Missgestaltungen mannigfaltiger Art, Haarlosigkeit, besondere Federformen oder Verhaltensstereotypien aufgrund von vererbbaren Gehirnanomalien waren in manchen Teilen der Erde so geschätzt, dass ein ursprünglicher Nutzungszweck seine Bedeutung verlor. Ferner gibt es bei den unterschiedlichen Arten verschiedene Rassen, bei denen möglichst hohe Laufgeschwindigkeit (Pferd, Hund) oder Kampfneigung erwünscht ist (Rind, Hund, Huhn, Gans, Fisch).

Das Zusammenleben von Nutztier und Mensch wird als Symbiose bezeichnet. Das würde bedeuten, dass sie beide einen Vorteil aus der Verbindung ziehen. Dies ist zweifellos richtig und galt bis vor einiger Zeit ohne Einschränkung: Mensch und Nutztier lebten unter einem Dach, ja teilweise im gleichen Raum mit Vor- und Nachteilen für beide. Heute sind die Vorteile dieser Symbiose sehr ungleich auf Mensch und Tier verteilt. Das Nutztier ermöglicht uns Wohlstand und Vergnügen. Wir gönnen ihm in Intensivhaltung nur wenig mehr als das Überleben, und das auch nur aus egoistischen Gründen. Aus Tierzucht wurde Tierproduktion, im englischen Sprachbereich gar „Animal Industries". Gestorbene Tiere wurden zu „Ausfällen", die nur deshalb die Aufmerksamkeit erregen, weil sie möglicherweise die Wirtschaftlichkeit der Haltung in Frage stellen. Wir sollten uns wieder mehr darauf besinnen, dass Tiere leidensfähig sind und dass auch Nutztiere differenzierte Wesen sind, die das menschliche Leben bereichern können.

Unter den in Mitteleuropa vorkommenden größeren Nutzsäugern sind Rind und Schaf mit über 1 Milliarde am stärksten auf der Welt verbreitet (Tab. 1). An dritter Stelle liegt das Schwein mit mehr als 900 Millionen, gefolgt von der Ziege. Die Einhufer haben zahlenmäßig eine geringere Bedeutung.

Alle Paarhufer haben in den letzten 50 Jahren weltweit stark zugenommen, während die Zahl der Einhufer während dieser Zeit rückläufig war. Eine Ausnahme macht der Esel, der offenbar erst in den 60er-Jahren des 20. Jh. seine größte Verbreitung fand.

Der Umfang der Nutztierhaltung in den einzelnen Regionen und Kontinenten ist sehr verschieden. Bei dieser Betrachtung darf jedoch nicht die unterschiedliche Größe der Regionen vergessen werden. Eine Umrechnung auf die Flächeneinheit oder die Bevölkerungszahl würde zweifellos die Relationen verschieben. Erkennbar ist, dass der Schwerpunkt der Haltung bei allen Tierarten, abgesehen vom Pferd, in Asien liegt. Pferde kommen in Nordamerika am häufigsten vor.

Vergleicht man die Tierbestände in den einzelnen Staaten, dann überrascht nicht, dass in der riesigen Volksrepublik China Einhufer und Schweine am häufigsten vorkommen. Die meisten Rinder gibt es in Indien, wo ihr Fleisch allerdings aus religiösen Gründen wirtschaftlich meist nicht genutzt wird. Gleichsam als Ersatz hierfür wird die Ziege gehalten, die zudem in Indien auf günstige klimatische und ökologische Bedingungen stößt. In Europa hat jede Nutztierart in einem anderen Land ihre größte Verbreitung.

Bei vielen Nutztierarten hat Deutschland innerhalb der EU die höchsten Bestandszah-

Tab. 1. Weltbestände bei den verschiedenen Nutztierarten (in Millionen)				
Tierart	1937–39	1947–52	1967/68	1998
Rind	615,0	764,3	1099,4	1318,4
Schaf	635,0	778,4	1063,6	1064,1
Ziege	238,4	287,1	380,6	700,0
Schwein	260,0	295,7	605,2	953,6
Pferd	73,0	75,8	66,0	60,9
Esel	33,8	36,5	42,5	43,4
Maultier/Maulesel	20,0	14,8	14,9	14,1
Quelle: FAO Production Yearbooks				

Tab. 2. Bestandszahlen bei Nutzsäugern in den Ländern der Europäischen Gemeinschaft sowie der Schweiz 1998 (Angaben in Tausend)

Land	Rinder	Schafe	Ziegen	Schweine	Pferde	Esel
Belgien/Luxemburg	3 184	155	10	7 436	25	0
Dänemark	1 974	142	0	12 004	39	0
Deutschland	15 227	2 302	110	24 795	680	0
Finnland	1 145	103	7	1 467	55	0
Frankreich	20 389	10 305	1 200	15 430	347	25
Griechenland	580	9 516	5 878	938	35	85
Großbritannien	11 519	44 471	0	8 146	173	2
Irland	7 093	5 624	0	1 801	52	14
Italien	7 166	10 890	1 347	8 281	323	30
Niederlande	4 292	1 674	50	11 438	97	0
Österreich	2 198	384	58	3 680	74	0
Protugal	1 295	6 300	815	2 365	25	140
Schweden	1 704	407	0	2 309	87	2
Schweiz	1 637	420	60	1 486	55	2
Spanien	5 839	24 542	2 895	19 346	260	90

Quelle: FAO Production Yearbook 1998.

len; sie ist allerdings auch flächenmäßig nahezu am größten (Tab. 2). In der Schweiz werden noch viele Ziegen und Esel bzw. Maultiere gehalten. Das ist eine Folge der geographischen Verhältnisse; diese gebirgsliebenden und trittsicheren Tiere lassen sich hier gut nutzen.

Trotz großer Mengen eigenerzeugten Geflügels kann Deutschland seinen Bedarf an Geflügelfleisch noch nicht einmal zu zwei Dritteln decken. Der Selbstversorgungsgrad ist bei Hühnern am größten, und zwar insbesondere bei Suppenhennen (Althähne fallen zahlenmäßig nicht ins Gewicht). Das Huhn stellt den größten Anteil am verzehrten Geflügelfleisch. An zweiter Stelle liegt die Pute. Die mit ihr gemeinsam statistisch erfassten Geflügelarten sind mengenmäßig ähnlich unbedeutend wie das Wassergeflügel.

In Deutschland ist der Anteil von erzeugtem Schweinefleisch auffallend hoch, verglichen mit der Welterzeugung und mit den anderen Tierarten. Gering ist die Erzeugung

von Schaf-, Lamm- und Ziegenfleisch sowie von Pferdefleisch. Dies ist eine Folge entweder der geringen Zahl von Tieren der betreffenden Arten in Deutschland oder der Verzehrsgewohnheiten.

Der Fleischverbrauch pro Person und Jahr liegt in Deutschland gegenwärtig bei 93 kg (Tab. 3). Damit hat sich der Fleischverzehr seit der Nachkriegszeit vervierfacht. Nach dem Kriege hatte das Schwein geringere Bedeutung, weil es Nahrungskonkurrent des Menschen ist. Gegenwärtig liegt der Verbrauch von Schweinefleisch über 56 kg pro Person und Jahr. Es nimmt damit mehr als die Hälfte der verzehrten Fleischmenge ein. Auffallend gering ist der Verzehr von Schaf- und insbesondere von Pferdefleisch.

Domestikation

Man ist heute nahezu einmütig der Auffassung, dass jede domestizierte Tierart von jeweils nur einer Wildtierart abstammt. Ja, manchmal haben domestizierte Formen mit sehr unterschiedlichem Aussehen, die zudem verschiedene Namen besitzen (Dromedar-Trampeltier, Rind–Zebu), eindeutig die gleiche Wildform als Vorfahren. Bei Lama und Alpakka haben neuere Untersuchungen doch eine unterschiedliche Abstammung ergeben. Diese Tatsache war noch lange Zeit nach Bekanntwerden der Vererbungsgesetze und des auch auf Haustierpopulationen wirkenden Grundsatzes von Mutation und Selektion offenbar kaum einzusehen; gab es doch bei jeder Art Rassen bzw. Individuen, die sich in Größe, Färbung, Haarstruktur sowie Proportionen der einzelnen Körperteile zueinander außerordentlich unterschieden. Die Abstammung der domestizierten Formen von der Wildform zeigt Tab. 4. Genaue Untersuchungen von Verhalten, Körperbau und physiologischen Reaktionen der Haustierrassen sowie Berücksichtigung der Region der frühesten Domestikation ermöglichen es, die Unterart der Wildform zu bestimmen, aus der die domestizierte Form hervorging.

Biologische Voraussetzung für die Domestikation einer Art ist die Möglichkeit der

Tab. 3. Fleischverbrauch in kg pro Kopf der Bevölkerung in Deutschland

Tierart	1935/ 1938	1946/ 1947	1963	1998
Rind + Kalb	17,5	11,0	21,7	15,0
Schwein	28,4	9,1	31,3	56,0
Schaf + Ziege	0,5	0,5	0,3	1,2
Pferd	0,5	0,3	0,2	0,1
Geflügel	1,7	0,6	5,0	15,0
Sonstiges (z. B. Wild)	0,7	0,5	0,6	1,5
Innereien	1,7	0,8	4,5	4,2
Gesamt	51,0	22,8	63,6	93,0

Quelle: Geschäftsbericht der Vereinigung Deutscher Landesschafzuchtverbände 1952/53 und BML-Bericht »Fleischwirtschaft in Zahlen«.

Fremdprägung. Zur Fremdprägung kommt es, wenn Jungtiere kurz nach der Geburt von Artgenossen entfernt und vor. einer anderen Art, im Spezialfall von Menschen, aufgezogen werden. Solche Individuen fühlen sich später der Art zugehörig, auf die sie geprägt wurden. Wenn sie auf Menschen geprägt wurden hat dies zur Folge, dass sie sich vor Personen nicht fürchten, sondern mit ihnen in Kontakt bleiben wollen. Sie richten allerdings sowohl ihre Aggressionen als auch Paarungsversuche bevorzugt gegen Personen (Abb. Seite 17). Vor Artgenossen haben sie dagegen Angst.

Voraussetzung für die Domestikation von Seiten des Menschen ist ein Bedarf an den Produkten und Leistungen der betreffenden Tierart. Es wird vermutet, dass zunächst gezähmte Tiere dem Menschen über Notzeiten hinweghelfen sollten. Dabei musste es sich zunächst um Arten handeln, die dem Menschen durch ihre Größe, Kraft und Angriffslust zu gefährlich werden konnten. Es durften auch keine Nahrungskonkurrenten des Menschen sein, oder sie mussten sich zumindest in Gefangenschaft mit den Essabfällen des Menschen zufriedengeben, wie beispielsweise das Schwein. Schließlich mussten gezähmte Wildtiere durch Anbindung an Zäune oder Mauern am Entkommen gehindert werden. Später, als sich die domestizierte Form in einem vom Menschen gewünschten Sinn von ihren wilden Vorfahren unterschied, mussten Paarungen mit dieser Stammform unterbunden werden, um den gewonnenen Zuchtvorteil nicht wieder zu verlieren. Dies setzt bereits einen langwierigen Prozess der Selektion über viele Generationen voraus. Die Domestikation bringt also für den Menschen einerseits Erleichterungen, andererseits aber auch erhebliche Belastungen durch die ständige Versorgung der Tiere mit sich.

Tab. 4. Abstammung der in Mitteleuropa gehaltenen Nutzsäuger		
Haustier	Nichtdomestizierter Vorfahre	
	Trivialname	lat. Name
Rind	Auerochse	*Bos primigenius*
Hausbüffel	Wasserbüffel	*Bubalus arnee*
Hausyak	Wildyak	*Bos mutus*
Schaf	Mufflon	*Ovis ammon*
Ziege	Bezoarziege	*Capra aegagrus*
Schwein	Wildschwein	*Sus scrofa*
Pferd	Przewalskipferd	*Equus przewalskii*
Esel	Wildesel	*Equus africanus*
Kaninchen	Wildkaninchen	*Oryctolagus cuniculus*

Es darf als sicher gelten, dass die ursprünglichen Gründe für die Domestikation einzelner Arten nicht mit den jetzigen Nutzungszwecken übereinstimmen. Die Leistung der Wildform wich erheblich von der domestizierter Tiere ab. Schaf, Ziege und Guanaco z. B. tragen als Wildform keine Wolle. Das Bankiva-Huhn legt nur eine geringe Zahl von Eiern, die sicher nicht Anlass für eine ganzjährige Haltung in Gefangenschaft war. Die Milchleistung weiblicher Wildsäuger reicht gerade für die Aufzucht der eigenen Jungen.

Dass sich die Leistung im Verlaufe der Domestikation einmal so entwickeln würde, konnte der Mensch nicht ahnen (HERBE und RÖHRS 1990). Vermutet wird, dass sich einzelne Arten (Hund, Schwein) dem Menschen freiwillig anschlossen und von seinen Abfällen lebten. Andere Tiere haben möglicherweise anfangs bei Kulthandlungen als Opfertiere gedient (NACHTSHEIM 1936), wobei eine gewisse Vorratshaltung mit lebenden Tieren geherrscht haben mag. Diese könnten Ausgangspunkt der Domestikation geworden sein. Es ist anzunehmen, dass Ackerbau vor Viehzucht entstand. Ackerbau zwingt zur Sesshaftigkeit. Wildtiere mussten von den Nutzpflanzen ferngehalten werden. Sollten sie dennoch weiterhin als Jagdtiere dienen, mussten große Strecken zurückgelegt werden, um an ihre Einstände zu kommen. Besser war es dann, sie in Gehegen zu halten und mit einem Teil der erwirtschafteten Nutzpflanzen zu füttern.

Heute gibt es weltweit etwa 20 Säugerarten und zusätzlich etwa 10 Vogelarten, die wirtschaftlich genutzt werden. Nicht eingerechnet sind Labor- und Pelztiere sowie Arten, die, wie das Meerschweinchen, zunächst als Fleischlieferant domestiziert wurden, bei uns heute aber ausschließlich anderen Zwecken dienen. Gelegentlich wird auch von einigen anderen Arten angenommen, dass sie in frühen Hochkulturen domestiziert wurden, dass man ihre Nutzung später aber dann aufgab. Diese Vermutung, die sich auf frühe Abbildungen stützt, kann jedoch durch Knochenfunde nicht bestätigt werden. Möglicherweise handelt es sich bei den abgebildeten Tieren um gezähmte Wildtiere.

Die ersten Tiere wurden während des Neolithikums, also der Jungsteinzeit, domestiziert (s. Abb. S. 17). Bei diesem Abschnitt der Menschheitsgeschichte handelt es sich um eine Zeit, in der einschneidende Neuerungen stattfanden, z. B. Züchtung bestimmter Nutzpflanzen und Beginn der Töpferei. Man spricht deshalb auch von „neoli-

Begattungsversuch eines menschengeprägten Ziegenbocks

thischer Revolution". Dieser Begriff erweckt irreführend den Eindruck, als traten solche Veränderungen explosiv in einem kurzen Zeitabschnitt auf. Immerhin nahm dieser Abschnitt rund ein Jahrtausend in Anspruch. Die Domestikation von Tieren fand zunächst dort statt, wo die Wildformen natürlicherweise vorkamen.

Dabei gab es bestimmte Zentren der Domestikation. In weiten Gegenden der Erde wurde dagegen keine Tierart domestiziert, obwohl dort Arten vorkommen, die durchaus als domestizierbar erscheinen und obwohl die dort lebenden Menschen später Haustiere aus anderen Gegenden übernahmen. Nicht domestiziert wurde vermutlich in Gegenden, in denen das Futter für Haustiere nicht vorhanden war oder Klima bzw. geographische Sonderheiten ihre Haltung nicht zuließen. In wildreichen Gegenden war eine Domestizierung der dort vorkommenden Arten nicht erforderlich, weil die Bevölkerung dort zu jeder Jahreszeit ausreichend Nahrung fand. So kam es, dass viele menschliche Gesellschaften nur den Hund hielten. Dieser nahm eine Sonderstellung ein. Sein Fleisch wurde nur in gewissen Situationen und von bestimmten Völkern gegessen.

Verwilderung

Bei allen Nutztierarten entkamen immer wieder Gruppen der menschlichen Obhut und verwilderten. Unter Verwildern wird verstanden, dass fortan keine Selektion durch den Menschen auf die Tiere einwirkt, sondern dass sie ausschließlich unter dem Druck natürlicher Selektion stehen. Vor allem drückt der Begriff „Verwilderung" aus, dass die Tiere in ihrem Verhalten, in ihrer Scheu vor dem Menschen, Wildtieren ähneln. Diese Scheu tritt sehr rasch auf. In Mitteleuropa entkommene Individuen von Kulturrassen wichen schon nach wenigen erfolglosen Verfolgungen Menschen auf

Zeit v. Chr.	„Fruchtbarer Halbmond"	Nord-Griechenland	Mittel-Europa	Ukraine	Nord-Amerika
12000			🐕		
11500					
11000					
10500					
10000	🐕				
9500					
9000	🐑				
8500					🐕
8000				🐖	
7500	🐐 🐐		🐕		
7000	🐖				
6500		🐐 🐕			
6000	🐄	🐐 🐖 🐖			
4000				🐎	

Die frühesten Haustiernachweise in verschiedenen Regionen der Erde
(nach BOESSNECK 1983 sowie ANTHONY et al. 1991).

große Entfernungen aus und wurden zu nachtaktiven Tieren. Kühe warfen im Winter in der Wildnis Kälber und zogen sie erfolgreich auf. Die Meinung, dass verwilderte Tiere im Gegensatz zu Zuchtformen wieder alle Verhaltensmuster der ursprünglichen Wildart annehmen, beruht auf einem Irrtum. Auch Haustiere in der Obhut des Menschen verfügen über das gesamte ursprüngliche Verhaltensrepertoire. Durch die Domestikation ist keine Verhaltensweise verloren gegangen; nur Intensität und Frequenz haben sich verändert. Beim verwilderten Tier treten unter den hier vielfältigeren Umweltreizen die verloren geglaubten Verhaltensformen bei Anwesenheit geeigneter Auslöser wieder auf.

Für die Verwilderung von Haustieren gibt es vier Gründe:

- Sie wurden schon vor Jahrhunderten im Rahmen der Schifffahrt von Seeleuten ausgesetzt, um diesen bei ihrer Rückkehr als Proviant zu dienen.
- Sie entkamen in wenig besiedelten Gegenden und konnten nicht wieder eingefangen werden. In Australien gibt es Herden von verwilderten Rindern, die sich im Laufe der Zeit hunderte von Kilometern von der Gegend entfernten, in der sie entkamen. Sie wurden erst nach langer Zeit in einem ihnen zusagenden Gebiet ortsbeständig.
- Sie wurden zurückgelassen, wenn entlegene Industriegebiete (z. B. im „Tal des Todes" in den USA) oder Farmen aus wirtschaftlichen Gründen bzw. in Trockenzeiten aufgegeben wurden.
- Haustiere (Hunde, Katzen) wurden bewusst dort ausgesetzt, wo verwilderte Tiere anderer Arten sich unmäßig vermehrt hatten und zu einer Gefahr für die übrige Tierwelt und die Landschaft geworden waren. Man hoffte, manch-

mal irrtümlich, dass die ausgesetzten Raubtiere die Schadtiere dezimierten.

Es ist davon auszugehen, dass es sich bei Populationen von verwilderten Haustieren ursprünglich um Landrassen handelte. Das bedeutet, dass schon die Ausgangsform temperamentvoll war und daran gewöhnt, mit klimatischen Unbilden und dürftiger Ernährung fertig zu werden. Es kommt noch hinzu, dass solche Tiere der Wildform im Körperbau im allgemeinen näherstehen als Kulturrassen und in Form, Größe, Färbung und auch in ihrem Anpassungsvermögen stark variieren. Zweifellos wirkt die natürliche Selektion auf verwilderte Populationen und lässt Träger ungeeigneter Gene ausscheiden. Dennoch bleibt eine beträchtliche Variationsbreite erhalten: das ist vor allem an der Färbung erkennbar. Bei vielen sehr früh verwilderten Populationen ist nahezu die volle Palette der bei einer Tierart auftretenden Farben und Farbkombinationen vorhanden. Anders ist es nur dort, wo bereits die Ausgangsform, das Haustier, in Bezug auf ein Merkmal homogen war. Das Chillingham-Rind in England, auf das seit Jahrhunderten nachweislich keine künstliche Selektion wirkte, ist seit Menschengedenken ausschließlich rein weiß. Eine farbliche Annäherung an die Wildform tritt nicht ein. Es ist auffallend, dass bei verwilderten Tieren Färbungen auftreten (z. B. Scheckung bei verwilderten Eseln in Süd-Dakota), die bei den entsprechenden Haustieren selten vorkommen. Vermutlich handelt es sich hier nicht um Mutanten, die bei den verwilderten Tieren neu auftraten, sondern bereits bei der domestizierten Vorform vorhanden waren. Scheckung war früher bei manchen Völkerschaften sehr beliebt und ist so, z. B. auch bei den Mustangs, den verwilderten

Pferden spanischer Abstammung in Nordamerika, erhalten geblieben.

Verwilderte Tiere nähern sich also unter natürlicher Selektion der Wildform nur unbedeutend wieder an. Sie zeigen jedoch teilweise ein an ihr zufällig erworbenes Habitat ausgezeichnet angepasstes Verhalten, das jenes der Wildform zuweilen übertrifft: es gibt verwilderte Rinder auf Inseln, auf denen es während des größten Teils des Jahres nicht regnet. Da auch keine sonstigen Wasserstellen vorhanden sind, decken die Tiere ihren Flüssigkeitsbedarf, indem sie morgens den Tau von den Pflanzen lecken. North-Ronaldsay-Schafe gehen beispielsweise an den Strand und fressen dort stark salzhaltigen Tang.

Mehrfach sind verwilderte Tiere erneut in Gefangenhaltung geraten und gelten dann in der vorgefundenen Form oder nach entsprechender Selektion als Rasse. Das trifft sowohl für einige nordamerikanische Pferderassen (z. B. Appaloosa) als auch beispielsweise für das Texas Longhorn-Rind zu. Gegenwärtig werden Mustangs hauptsächlich im Nordwesten der USA eingefangen und in den übrigen Teilen der USA von Interessenten „adoptiert". Gezähmte Mustangs können durchaus zu einer weiteren eigenständigen Pferderasse werden. In Großbritannien wird das vor vielen Jahrhunderten verwilderte Soay-Schaf von den St. Kilda-Inseln seit einiger Zeit wieder in Gefangenschaft gehalten. Es ist allerdings auffallend scheu.

Rassenvielfalt

Unter einer Rasse versteht man eine Gruppe von domestizierten Tieren, die einander in wesentlichen morphologischen und physiologischen Merkmalen ähnlich sind und eine gemeinsame Zuchtgeschichte haben. Die Abgrenzung einer Rasse gegenüber anderen ist manchmal nicht einfach. Kommen ähnliche Formen in benachbarten Gebieten vor, dann wird es in der Regel auch zu einem Austausch von geeignetem Zuchtmaterial kommen. Man wird in diesem Fall eher von verschiedenen Schlägen *einer* Rasse sprechen. Sind ähnliche Formen geographisch voneinander getrennt und stammt die eine nicht von der anderen ab, dann wird man sie eher als verschiedene Rassen bezeichnen. Offen ist die Frage, wie groß die Ähnlichkeiten sein müssen, damit man noch von einer Rasse spricht. Zweifellos unterscheiden sich z. B. die deutschen Schwarzbunten Rinder von den niederländischen. Beide sind einander aber ähnlich, verglichen mit den nordamerikanischen Holstein-Friesians, die aus ihnen hervorgegangen sind. Die mitteleuropäischen Schwarzbunten ähneln sogar dem unabhängig von ihnen entstandenen ursprünglichen Freiburger Schwarzfleckvieh, mit dem sie genetisch nicht verwandt sind, mehr als den Holstein-Friesians. Gibt es deshalb die Rasse der Deutschen Schwarzbunten, oder die der Schwarzbunten um Nord- und Ostsee, oder die der Europäischen Schwarzbunten oder die der Schwarzbunten insgesamt? Die Ansichten hierüber gehen weit auseinander.

Die Eindeutigkeit leidet noch mehr, wenn man bedenkt, dass z. B. ein Jütländer, der zu Zuchtzwecken nach Deutschland geholt wird, hier als Schleswiger Kaltblut geführt wird. Dies ist allerdings nur deshalb möglich, weil die Ähnlichkeit der beiden Rassen groß ist. Mitunter genügt ein Unterschied in einem einzigen Genort, um ein Individuum z. B. wegen seiner hierdurch bedingten anderen Farbe von der Rasse seiner Eltern in eine andere Rasse gleiten zu lassen. Seit einiger Zeit wird das Wort Rasse häufig durch Population ersetzt. Die Schwierigkeiten der

Definition wurden dadurch nicht geringer. So kann unter Population von den Tieren eines Zuchtverbandes bis zur Gesamtheit aller domestizierten Tiere einer Art alles verstanden werden. Im Übrigen deckt sich dieser Begriff weitgehend mit dem der Rasse.

Rassen entstehen durch Auswahl von Individuen mit bestimmten Eigenschaften für die Zucht und Ausschluss solcher Tiere von der Fortpflanzung, die diese Eigenschaften nicht (bei qualitativen Merkmalen) oder nicht genügend ausgeprägt (bei quantitativen Merkmalen) besitzen. Die Art dieser Merkmale ist vielfältig. Es kann sich sowohl um morphologische Merkmale als auch um Verhaltenseigentümlichkeiten handeln. Hinter jeder Sonderheit im Verhalten steht ohne Zweifel eine Besonderheit im Zentralnervensystem, wie auch hinter jedem Produkt des lebenden Tieres (Eier, Milch, Wolle) ein physiologischer Mechanismus steckt. Aber dieser ist für den Züchter nicht erkennbar; er hält sich an das für ihn Wahrnehmbare.

Unter körperlichen Merkmalen ist nicht allein die Fleisch- oder Fettmenge zu verstehen. Es kommen Ausprägungen hinzu, die das Anpassungsvermögen von Tieren an bestimmte klimatische Bedingungen verbessern. Dichte, lange Behaarung bei Rassen, die in rauem Klima gehalten werden (z. B. Schottisches Hochlandrind) oder eine möglichst dürftige Behaarung in den Tropen (z. B. Zebus, Haarschafe) erhöhen die Kälte- bzw. Hitzetoleranz. Das Gleiche gilt für eine im Vergleich zum Körper große Haut mit vielen Falten oder ausgeprägten sonstigen Hautorganen, die der Abfuhr der Körperwärme dienen: Zebus haben eine besonders ausgeprägte Wamme und ein stark herabhängendes Präputium. Mamberziegen besitzen extrem lange Ohren (Abb. Seite 22). Ein weiteres Selektionsmerkmal sind die Hörner. Es ist Zucht auf Hornlosigkeit oder auf Mehrhörnigkeit (vierhörnige Schafe und Ziegen) bzw. besonders lange und umfangreiche Hörner möglich.

Lange Hörner oder Verdoppelung der ursprünglichen Hornzahl steigern nicht etwa den Kampfwert des Tieres bei der Abwehr von Feinden. Sie sind entweder Kuriosität oder wirken auf Menschen imponierend und erhöhen damit das Prestige des Besitzers. Andere Merkmale sind oft noch weniger sachlich begründet. Das gilt insbesondere für Färbungen. Besonders gezeichnete Tiere finden oft einfach das Wohlgefallen des Besitzers. In anderen Fällen wird die Ansicht vertreten, es sei an bestimmte Färbungen eine besonders gute Leistung gebunden. Noch heute wird im Allgäu gelegentlich angenommen, dass Gurtenkühe (Abb. Seite 23), eine Variante des Braunviehs, besonders viel Milch geben.

Dunklen Fleckviehbullen wird eine starke Geschlechtslust nachgesagt. Der Wunsch, aus erkennbaren Merkmalen auf zukünftige Leistungen schließen zu können, ist verständlich; es ist jedoch allgemein zu bemerken, dass hier eine nur geringe Beziehung besteht. Dennoch trug die Selektion auf solche Merkmale zur Rassenbildung bei. Einheitlichkeit in bestimmten Eigenschaften schuf in vielen Fällen die Möglichkeit, Einkreuzungen zu erkennen.

Manchmal werden die Paarungspartner für ein Individuum ausschließlich und seit langer Zeit innerhalb der eigenen Rasse gesucht. Man spricht dann vom „geschlossenen Zuchtbuch". Dies ist z. B. der Fall beim Englischen Vollblut oder beim Galloway. Bei vielen Rassen wird gelegentlich Blut äußerlich ähnlicher Rassen eingekreuzt, um das Charakteristische zu erhalten. Das gilt z. B. für das Deutsche Reitpferd und den Shagya.

Ein weiterer Grund für die Paarung mit rassefremden Tieren ist die Änderung des

Mamberziege

Zuchtzieles als Folge veränderter Verbrauchererwartung. Der Wandel vom Fett-
schwein zum Fleischschwein und die Zucht
größerer Schafe mit besserem Fleischansatz
auf Kosten der Wollqualität sind Beispiele
für dieses Vorgehen. Zwar ist die genetische
Variabilität der Rassen meist noch groß genug, um aus sich heraus einen Wandel voll-
ziehen zu können, doch geschieht der Vor-
gang auf diese Weise deutlich langsamer
und ist damit schwerfälliger. Im Allgemeinen wählt man für die Einkreuzung eine
Rasse aus, die einerseits dem neuen Zuchtziel nahe kommt und andererseits der zu
verbessernden Rasse im Erscheinungsbild
nahe steht.

Der Grund für dieses Vorgehen ist, dass
die Züchter zwar die Leistung verbessern
wollen; sie hängen jedoch an der von ihnen
bisher gezüchteten Rasse und möchten
diese in ihren wesentlichen Erkennungs-
merkmalen erhalten. So ist es zu erklären,
dass man in die weißköpfigen Herefords

Nordamerikas, um einen größeren Rahmen
zu bekommen, die ebenfalls weißköpfigen
Simmentaler (Fleckvieh) eingekreuzt hat.
Zur Verbesserung der Milchleistung der
Pinzgauer und des Fleckviehs in Österreich
und der Schweiz wurde Red Holstein und
nicht etwa schwarzweiße Holstein-Friesian
gewählt.

Die Art und Weise der Kreuzungszucht
ist abhängig vom angestrebten Zuchtziel. Als
Veredlungskreuzung wird bezeichnet, wenn
in die bodenständige Rasse nur zuweilen Vatertiere bestimmter anderer Rassen eingekreuzt werden. Dieses Vorgehen ist bei
manchen Pferderassen üblich. Sowohl Aussehen als auch wertvolle Eigenschaften und
vorhandene Anpassung an Standortverhältnisse bleiben auf diese Weise weitgehend erhalten.

Bei der Kombinationskreuzung werden
mindestens zwei Ausgangsrassen verpaart,
um einen völlig neuen Typ zu schaffen. Dabei
bei variieren die Nachkommen in den

Gurtenkuh

nächsten Generationen ganz erheblich und es ist eine scharfe Selektion erforderlich, um das angestrebte Zuchtziel zu erreichen. Viele der jetzt bei uns üblichen Rassen sind auf diese Weise entstanden. Beispiele aus der jüngsten Vergangenheit sind die Auerochsen-Rückzüchtung sowie das Deutsch-Angus-Rind.

Bei der Verdrängungskreuzung werden die weiblichen Tiere einer bodenständigen Rasse über mehrere Generationen ausschließlich mit einer dem Zuchtziel entsprechenden Verbesserungsrasse verpaart. Da sich das Genmaterial der Lokalrasse mit jeder weiteren Generation halbiert, sind nach sechs Generationen nur noch 1,6% ihres Genbestandes vorhanden oder umgekehrt ausgedrückt: 98,4% des Genbestandes stammen von der eingekreuzten Rasse. Dies hat zur Folge, dass die Tiere jetzt in Aussehen und Leistung der eingekreuzten Rasse nahezu gleichen. Die eingekreuzte hat die Ausgangsrasse verdrängt. Eine solche Ver-

drängung gab es beim Schwein als Folge des wirtschaftlichen Aufschwungs in der Bundesrepublik und den damit zusammenhängenden Verbrauchererwartungen. Aus einem dem Fettschweintyp entsprechenden Veredelten Deutschen Landschwein wurde mit Hilfe von Ebern dänischer und holländischer Abstammung ein Fleischschwein mit wesentlich weniger Fett und einem erheblich höheren Anteil wertvoller Teilstücke. Diesem Typwandel wurde später durch Änderung des Rassenamens Rechnung getragen. Häufig werden Kreuzungen durchgeführt, um Heterosiseffekte zu erzielen. Unter Heterosis versteht man, dass die Nachkommen der nächsten Generation in ihren Leistungen über dem Durchschnitt der Leistungen ihrer Eltern liegen und dabei womöglich den besseren Elternteil noch übertreffen. Bei der Zweirassenkreuzung werden die aus der Kreuzung hervorgegangenen Tiere nicht züchterisch genutzt, sondern sind zur Schlachtung vorgesehen. Bei der Dreirassenkreuzung wird eine Sau der Rasse A von einem Eber der Rasse B gedeckt. Die aus dieser Paarung hervorgehenden weiblichen Tiere werden später von einem Eber der Rasse C gedeckt und erzeugen damit das „Mastendprodukt".

Eine besondere Form der Kreuzung ist die Hybridzucht. Hier werden zunächst einmal viele Rassen und Linien getestet, um herauszufinden, welche Kombination von „Passerlinien" am geeignetsten ist. Man nutzt dabei außer dem Heterosiseffekt auch Positionseffekte. Hybridzucht ist nur in großem Rahmen und unter Beteiligung vieler Betriebe möglich.

Besondere und sich voneinander unterscheidende Rassen gab es schon bald nach Beginn der Domestikation. Anhand von Knochenfunden und Abbildungen lässt sich belegen, dass es bereits in Assyrien und Babylonien, bei den alten Ägyptern und im Römischen Reich verschiedene Rassen einer Art nebeneinander gab und dass in bestimmten Zeiten in unterschiedlichen Regionen der Erde verschiedene Rassen gehalten wurden. Ursache einer solchen Vielfalt sind unterschiedliche Nutzungszwecke, Anpassung an die vorhandenen Standortverhältnisse sowie individueller Geschmack von Besitzern oder von Bevölkerungsgruppen. Wesentlich trägt zu dieser Vielfalt die geographische Abgeschiedenheit von zwei Bevölkerungsgruppen bei (Inseln, Täler, Oasen).

Der Ausdruck „Race" oder „Rasse" wird in der Tierzucht seit mehreren Jahrhunderten gebraucht. Ursprünglich meint er die Gesamtheit der Tiere einer Art in einer bestimmten Gegend, die sich trotz erheblicher Variabilität in Größe, Aussehen oder Leistung doch anhand einzelner Merkmale einigermaßen von der Population anderer Gebiete unterschied. Diese Vielfalt innerhalb

einer Fortpflanzungsgemeinschaft war sogar erwünscht, um die unterschiedlichen Bedürfnisse der Besitzer zufriedenstellen zu können. Erst in der zweiten Hälfte des 18. Jahrhunderts begann man mit klaren Vorstellungen von Zuchtziel und Auswahl der diesem Ziel am besten entsprechenden Tiere eine Rassenzucht in unserem Sinne. Zunächst wurde zur Festigung des Zuchtziels häufig auf Inzucht zurückgegriffen.

Die jetzt vorhandenen Rassen sind noch gar nicht so alt. Sie entstanden zumeist im Verlaufe des 19. oder gar erst Anfang des 20. Jahrhunderts. Allerdings traten Einzeltiere, die phänotypisch heutigen Rassen ähneln, schon lange vorher auf, wie sich Beschreibungen und Abbildungen entnehmen lässt. Die gezielte und konsequente Zucht war eine Folge der steigenden Nachfrage nach tierischen Produkten im Gefolge der Industrialisierung. Die Verbesserung des Tierstapels wurde teilweise durch den Import bewährter Rassen, Einkreuzung in die heimische Zucht und Verdrängung erreicht. Es kommt hinzu, dass die ursprüngliche Formenfülle eingeschränkt wurde. Die verbliebenen Rassen hatten so eine breitere Zuchtbasis.

Im 19. Jahrhundert gab es z. B. in Bayern 46 namentlich verschiedene Rinder-„Rassen". In vielen Fällen würden wir heute mehrere dieser unterschiedlichen Formen ohne Zögern zu einer Rasse zusammenfassen; es waren also Schläge. So entsprechen allein vier Schläge in ihrem Farbmuster den Pinzgauern. Neben einer hauptsächlich auftretenden Färbung wurden für die meisten Rassen mehrere außerdem auftretende Farben beschrieben. Der Hinweis, dass Pinzgauer in Oberbayern 1883 noch 20,5% des Rinderbestandes ausmachten, neun Jahre später aber nur noch 13,1% (RASP 1893), darf sicher nicht so gedeutet werden, dass in der Zwischenzeit fast die Hälfte dieser Rasse abgeschafft und durch andere Rinder ersetzt wurde. Vielmehr ist davon auszugehen, dass in dieser Zeit im Sinne einer Verdrängungskreuzung Bullen einer anderen Rasse (offenbar Simmentaler) eingekreuzt wurden und den Phänotyp der Population veränderten. Manche Rasse ging in der Folgezeit verloren (z. B. das Oberpfälzer Rotvieh), während andere (z.B. Mainländer als Schlag des Frankenviehs) bereits in der Mitte des vergangenen Jahrhunderts farblich das noch heute vorhandene Bild boten (Abb. Seite 26). Freilich entsprachen die damaligen Rassen weder im Typ noch im Gewicht ihren heute lebenden Nachkommen. Bemerkenswert ist, dass sich im Verlaufe der letzten hundert Jahre keine geradlinige Entwicklung vollzog, wie sich DLG-Berichten entnehmen lässt. Dies spricht für die Plastizität des genetischen Materials, sofern nicht andere Rassen eingekreuzt wurden. Sollte es jedoch – gefördert durch den weitreichenden Einsatz von nur wenigen Vatertieren mittels künstlicher Besamung – in Zukunft zu Selektionsplateaus kommen, wird eine Rasse aus eigener Kraft dieses Plateau nicht überwinden können. Dies ist einer der Gründe dafür, dass Rassen mit gegenwärtig geringer Zahl von Individuen – also nicht trendgemäßem Zuchtziel – nicht aufgegeben werden sollten. Es wäre nicht das erste Mal, dass an einer Rasse plötzlich Eigenschaften geschätzt werden, die vorübergehend übersehen, verkannt oder durch bestimmte Verbrauchererwartungen anders eingeschätzt wurden. Eine Nutztierrasse ist zudem ein Kulturgut, das ebensowenig zerstört werden sollte wie ein alter Baum, ein historisches Gebäude oder ein Kunstwerk. In fast allen Bundesländern bestehen Programme, die die Erhaltung gefährdeter alter Rassen zum Ziel haben. Dies geschieht u. a.

durch Aufzucht-, Erhaltungs- und Deckprämien.

In mehreren Fällen wurden Nucleusherden in staatlichen Betrieben aufgestellt. Ergänzend werden Sperma und Embryonen als Genreserve tiefgefroren aufbewahrt, um im Bedarfsfall eingesetzt werden zu können. Gerade die alten Landrassen sind in Form und Färbung oft vom Allgemeinen stark abweichend mit besonderem Schauwert, so dass sie in Tierparks gezeigt werden. In jüngster Zeit wurden in verschiedenen Gegenden Aktivitäten eingeleitet, um regional gefährdete Rassen auf speziellen Bauernhöfen der Bevölkerung zugänglich zu machen.

Rassebestimmung

Die Variationsbreite innerhalb von Rassen ist meist größer als die Unterschiede zwischen den Individuen innerhalb einer Art. Neben gemeinsamen Eigenschaften gibt es zahlreiche, in denen die Einzeltiere innerhalb der Rasse voneinander abweichen. Gelegentlich sind sogar innerhalb recht homogener Rassen deutlich abweichende Individuen erwünscht. So ist es z. B. dem Schäfer in unübersichtlichem Gelände nicht möglich, hunderte von Schafen zu zählen, um festzustellen, ob einige verlorengingen. Wenn jedoch jedes 50ste schwarz ist, genügt es, deren Vollständigkeit festzustellen, um sicher zu sein, dass kein größerer Teil der Herde abhanden kam. In manchen Gegenden wird ein reinrassiges Tier mit abweichender Färbung als Glücksbringer angesehen; es wird deshalb keinesfalls gemerzt. Daher ist es nicht möglich, einen zuverlässig funktionierenden Bestimmungsschlüssel anzubieten wie in Zoologie und Botanik. Oft bleibt bei der Betrachtung des Einzeltieres ein Zweifel zurück. Leichter gelingt die Bestimmung, wenn mehrere Tiere einer Rasse

Mainländer: Darstellung v. G. Fraas, 1853

gemeinsam beurteilt werden können. Noch einfacher wird es, wenn bekannt ist, welche Rassen in der betreffenden Gegend vorkommen.

Bei Rindern ist es günstig, zunächst nach der Farbe vorzugehen. Es gibt einfarbig schwarze, rote, braune, gelbe, graue und weiße Rassen. Hinzu kommen gescheckte Rassen, wobei in Kombination mit weiß sowohl schwarz als auch rot, braun und gelb vorkommen kann. Als weitere Möglichkeiten kommen rot- und blaugeschimmelte Pigmentierungen vor. Ein zusätzlicher Anhaltspunkt ist die Farbverteilung. Überwiegt weiß oder die Farbe? Konzentriert sich die Pigmentierung oder das Weiß auf bestimmte Körperteile oder treten unpigmentierte Stellen nur als Abzeichen an bestimmten Körperteilen auf?

Einige Rassen fallen durch ihre lange Behaarung auf und können daran leicht identifiziert werden. Hornbesitz bzw. Hornlosigkeit kann nur noch mit Einschränkung zur Einordnung von Rindern herangezogen werden, da die Tiere in vielen Beständen enthornt werden. Bei einer größeren Zahl enthornter Tiere einer horntragenden Rasse werden allerdings im Allgemeinen doch Einzeltiere mit verbliebenen Hornstümpfen vorkommen. Sofern Hörner vorhanden sind, können Form und Länge eine Zuordnung des Tieres erleichtern.

Der Kenner wird auf Anhieb den Typ eines Tieres, also die Gesamterscheinung und den Körperbau, in die Beurteilung einbeziehen. Milchrinderrassen nähern sich in der Körperform einem Dreieck: der Kopf ist fein, eine Wamme fehlt weitgehend, die Brusttiefe ist relativ gering, die Hinterhand ist durch ein großes Euter besonders betont. Die Unterlinie des Körpers geht vom Maul bis zur Nachhand abwärts. Dagegen haben Fleischrassen eine tiefe Brust und ein weniger ausgeprägtes Euter. Der Rumpf hat dadurch von der Seite gesehen eine Rechteckform. Zweinutzungsrassen stehen in der Erscheinung zwischen diesen beiden Extrem-typen. Landrassen sind meist recht langbei-nig. Als weitere Merkmale für die Bestim-mung können große Rahmen und Bemuske-lung angesehen werden.

Bei Schafen sind zwar Höhe und Rahmen im allgemeinen gut beurteilbar, und bei ge-schorenen Schafen auch der Typ. Schwierig ist es bei Tieren im vollen Vlies, weil durch die Wolle ein anderer Typ und stärkere Be-muskelung vorgetäuscht werden können. Dem Fachmann hilft ein Griff in die Len-dengegend, um sich einen Eindruck vom Fleischansatz zu verschaffen.

Da bei Schafen Enthornung unüblich ist, lassen sich die wenigen behornten Rassen gut abgrenzen. Auch die grobe Beurteilung der Wolle ist dem Laien möglich. Zumindest lassen sich schlicht- und grobwollige Tiere von Merinos unterscheiden. Haarschafe werden häufig für Ziegen gehalten. Sie un-terscheiden sich aber von diesen äußerlich erkennbar durch den längeren, herabhän-genden Schwanz, der keine seitlichen Haar-kämme besitzt, sowie dadurch, dass sie Vor-augen- und Zwischenklauendrüsen besitzen.

Schafrassen unterscheiden sich nicht nur in der Wollqualität, sondern auch im Aus-maß der Bewollung. Während bei den meis-ten Rassen der Schwanz, bei manchen Ras-sen Stirn und vorderer Teil der Beine be-wollt sind, sind diese Körperteile bei anderen Schafrassen behaart.

Das Vlies ist im allgemeinen einfarbig, und zwar weiß, gelblich (meist durch Woll-fett), rötlich, braun, grau oder schwarz. Gescheckte Schafe sind sehr selten. Sie kommen entweder als Ausnahmefälle in be-stimmten Rassen vor (z. B. Merinoland-schaf) oder die Scheckung ist Kennzeichen der Rasse (z. B. Jacobschaf, das zudem vier-hörnig ist, s. Seite 149). Die Färbung der Haare auf den unbewollten Körperteilen

(Kopf, Beine, evtl. Schwanz) weicht häufig von der Wollfarbe ab. Sie kann weiß, röt-lich, braun oder schwarz sein. Manche Ras-sen besitzen an diesen Körperteilen eine dunkle Sprenkelung oder Scheckung auf weißem Untergrund. Üblicherweise sind alle behaarten Körperteile einheitlich ge-färbt. Als Ausnahme sei das Rhönschaf er-wähnt, bei dem der Kopf braun, die Beine jedoch weiß sind. Als weitere Kriterien zur Festlegung der Rasse können Ohrstellung und Form des Nasenrückens dienen. Ein Schema zur Bestimmung für die in den deutschsprachigen Ländern gehaltenen Schafrassen bietet Abb. Seite 104 und 105.

Bei Ziegen kann der Hornbesitz zur Ein-teilung der Rassen dienen, jedoch mit zwei Einschränkungen: 1. Auch Ziegen werden gelegentlich enthornt. 2. Es wird bei man-chen bisher hornlosen Rassen wegen der hiermit oft gekoppelten Fruchtbarkeits-störungen wieder mehr auf Hornbesitz ge-züchtet. Als weitere rassetypische Merkmale gelten: Form des Nasenrückens, Ohrlänge, Rahmen sowie Länge der Körperbehaarung.

Schweine können zunächst nach Typ und Rahmen unterteilt werden. Man unterschei-det den früher bevorzugten Fettschweintyp und das moderne Fleischschwein. Getrennt zu behandeln sind die ostasiatischen und die als Versuchstiere gezüchteten Rassen. Sie sind wegen ihrer geringen Größe leicht zu erkennen. Fettschweine sind meist groß-rahmig, mittellang, haben eine tiefe Brust und einen voluminösen Bauch. Ihre Bemus-kelung ist nicht auffallend. Fleischschweine sind lang mit geringer Rumpftiefe. Schinken und Schultern sind betont. Bei der Rassebe-stimmung ist die Färbung wesentliches Hilfsmerkmal. Es gibt einfarbige Rassen und zwar weiße, rote, braune und schwarze. Manche Rassen sind weitgehend einfarbig, besitzen jedoch einige weiße Abzeichen,

(z. B. Berkshire). Weitere Rassen sind schwarzgescheckt, wobei der Untergrund weiß, grau oder rötlich sein kann. Als Sondergruppe sind gegürtelte Schweine anzusehen, bei denen ein heller Gürtel die Körpermitte umgibt. Die pigmentierten Körperpartien können schwarz oder rotbraun sein.

Weitere rassetypische Ausprägungen von Körperteilen sind

Kopf- form:	– gestreckt (gerade Nasenprofillinie) – gestaucht (eingedellte Nasenlinie)
Ohr- stellung:	– Stehohren – Schlappohren

Beim Pferd kann die Farbe nur sehr bedingt zur Bestimmung einer Rasse herangezogen werden. Im Gegensatz zu den meisten anderen Nutztierarten ist die Rassezugehörigkeit meist nicht an eine Farbe gebunden. Ausnahmen sind selten (z. B. Lipizzaner und Friesen), wobei jedoch auch dort gelegentlich abweichende Farben vorkommen. Die meisten Zuchtverbände lassen alle Grundfarben zu, wobei auch weiße Abzeichen vorkommen dürfen. Schecken sind jedoch ausgeschlossen. Abgesehen von solchen Rassen, für die sie unabdingbare Voraussetzung ist, kommt Scheckung bewusst und gezielt gezüchtet nur selten neben anderen Farbvarianten innerhalb einer Rasse vor (z. B. Noriker).

Pferderassen variieren außerordentlich in der Größe, so dass auch dieses Merkmal zur Rassebestimmung herangezogen werden kann. Bis zu einer Widerristhöhe von 147,3 cm gelten sie als Ponys, darüber als Großpferde. Mit diesem Maß ist zwar die Rassengruppe bestimmt, allerdings nicht die Rasse selbst. Erschwerend kommt hinzu, dass manche Rassen im Mittel nahe diesem Grenzwert liegen, so dass einzelne Individuen als Ponys, andere als Großpferde eingestuft werden müssen (z. B. Welsh-Cob). Viele Ponys sind nicht nur klein, sondern entsprechen auch im Typ dieser Rassengruppe: sie sind gedrungen, muskulös, dickbäuchig und relativ kurzbeinig. Andere Ponyrassen entsprechen in ihren Proportionen weitgehend Großpferden. Unter den Großpferden lassen sich die Kaltblüter von den anderen Rassen gut abtrennen. Kaltblüter haben kräftige Knochen, sind muskulös und besitzen einen relativ schweren Kopf. Bei manchen Rassen kommt die außerordentliche Größe hinzu. Vor allem besitzen Kaltblüter eine „gespaltene Kruppe" (die am Becken ansetzende Muskulatur überragt beiderseits das Kreuzbein) sowie eine quadratische Körperform: die Rückenhöhe entspricht dem Abstand der Hinter- von den Vorderbeinen. Nach diesem Kriterium ist also z. B. der Friese ein schweres Warmblut, der Freiberger ein leichtes Kaltblut. Die übrigen Großpferderassen sind durch Typ und Rahmen sowie u. a. durch Nasenlinie, Körperbau, Haarbeschaffenheit und relative Beinlänge charakterisiert. Die Körperform des Warmbluts entspricht einem quergestellten, die des Vollbluts einem hochgestellten Rechteck.

Bei den nachfolgenden Rassebeschreibungen sind alle Längenmaße, soweit nicht anders vermerkt, in cm, die Gewichte in kg angegeben.

Rinder

In der zoologischen Systematik wird der Begriff „Rind" viel weiter gefasst, als man es bei der Betrachtung unserer Haustiere annehmen möchte. Innerhalb der großen Familie der Hornträger, zu denen auch Antilopen, Schafe und Ziegen gehören, bilden die Rinder eine Unterfamilie. Es gibt neun Rinderarten, wobei man die Büffel von den Bisons und den Eigentlichen Rindern abtrennen kann. Als eindeutiges Unterscheidungsmerkmal zwischen Büffeln und Eigentlichen Rindern können u. a. die Hörner dienen. Bei Büffeln ist der Hornquerschnitt dreieckig, bei den Eigentlichen Rindern ist er rund. Zur Gattung der Eigentlichen Rinder zählt der Ur bzw. Auerochse, von dem nur domestizierte Formen überlebten. Aber auch einige der anderen Eigentlichen Rinder wurden domestiziert (Tab. 4). Alle fünf Arten der Eigentlichen Rinder (Ur, Gaur, Banteng, Kouprey und Yak) sind untereinander und mit Bison und Wisent kreuzbar, jedoch sind die männlichen Nachkommen fast stets unfruchtbar, so dass nur mit den weiblichen Kreuzungstieren weitergezüchtet werden kann. Vorübergehend eine gewisse wirtschaftliche Bedeutung hatten in Nordamerika Kreuzungen zwischen europäischen Rinderrassen und dem Bison (Beefalo, Cattalo). In den Randgebieten des Himalaya kommen gehäuft Kreuzungen von Yaks und Hausrindern vor.

Die Hausrinder, die vom Auerochsen abstammen, werden in zwei große Gruppen unterteilt. Zum einen in die Zebus, die hauptsächlich in Asien und Afrika, seit dem 19. Jahrhundert auch in Südamerika und um den Golf von Mexiko vorkommen. Sie sind vor allem am Buckel im Brust- bzw. Halsbereich erkennbar, der durch einen übermäßig stark entwickelten Muskel gebildet wird.

Für die übrigen Rassen, also die buckellosen – die wir gemeinhin als Rinder bezeichnen – gibt es keinen zutreffenden gemeinsamen Begriff. Gelegentlich wird von europäischen Rinderrassen gesprochen, doch kommen auch in Afrika und Ostasien bodenständige buckellose Rinder vor.

Die Hauptnutzung von Rindern besteht in Fleisch, Milch und Arbeit. Diese Nutzungsformen dienen der Einordnung in Rassengruppen der ungefähr 450 auf der Erde vorkommenden Rinderrassen. Bei manchen Rassen steht eines dieser drei Leistungskriterien so sehr im Vordergrund, dass man von Fleisch-, Milch- oder Arbeitsrassen spricht; es sind sogenannte Einnutzungsrassen. Viele Rinder gehören Zweinutzungsrassen an, bei denen annähernd gleich viel Wert auf Fleisch- wie auf Milchleistung gelegt wird. Steht einer dieser beiden Nutzungszwecke im Vordergrund, spricht man von fleisch- bzw. milchbetonter Zweinutzungsrasse. Die Arbeitsleistung spielt zwar im westlichen Teil Europas, in Nordamerika und anderen hochtechnisierten Regionen keine Rolle mehr, hat jedoch weltweit gesehen noch erhebliche Bedeutung. Rinder mit guter Arbeitsleistung sind in der Regel auch stark bemuskelt. Es war deshalb naheliegend, dass Arbeitsrassen nach der Motorisierung in Fleischrassen oder fleischbetonte Zweinutzungsrassen umgezüchtet wurden, sofern sie nicht ausstarben.

Kämpfende Eringer.

Neben den Hochleistungsrassen gibt es zahlreiche Landrassen, die im Grunde zumeist Dreinutzungsrassen sind, aber in jeder Leistungsrichtung hinter den vorgenannten Typen deutlich zurückbleiben. Sie sind anspruchslos, wetterhart und zäh. Häufig wird übersehen, dass solche Tiere mit einer wesentlich schlechteren Ernährungsgrundlage auskommen als Hochleistungsrinder und unter bestimmten Voraussetzungen letzteren gegenüber Vorteile besitzen. Doch Vorsicht: Landrassen sind nicht Wildtieren gleichzusetzen. Bei ganzjähriger Weidehaltung benötigen sie wie andere Rassen einen Witterungsschutz.

Neben den genannten Hauptnutzungen gibt es zahlreiche Nutzungsrichtungen, die das Bild bestimmter Rassen formten, also nicht nur Nebenprodukte darstellten. Rinderrassen in Ostafrika, die aus Prestigegründen gehalten und nicht geschlachtet werden – man verzehrt nur Milch und Blut – haben Hörner von mehr als einem Meter Länge

und enormer Dicke. Auf der Iberischen Halbinsel, in Mexiko und in Südfrankreich werden Kampfrinder gehalten. Bei diesen Tieren ist nicht nur die Angriffslust dem Menschen gegenüber sehr ausgeprägt; sie sind auch untereinander sehr aggressiv. Dadurch werden die Ausweichdistanzen der Tiere untereinander erhöht, so dass sie nur in geringerer Besatzdichte als unsere Rinder gehalten werden können. Eine Intensivhaltung verbietet sich schon aus diesem Grund. Die ebenfalls sehr aggressiven Eringer im Wallis lässt man miteinander kämpfen. Die Kämpfe stellen in der dortigen Gegend ein bedeutendes gesellschaftliches Ereignis dar (Abb. oben), der Kampferfolg bestimmt ganz wesentlich den Handelswert einer Kuh.

Von den Hindus in Indien wird das Rind verehrt. Der Legende nach rettete einst eine Kuh mit ihrer Milch das Leben des verfolgten Krischna, der volkstümlichsten und menschlichsten Inkarnation des universalen Gottes und Welterhalters Wischnu. Die

Tab. 5. Anteil der Rassen an den Herdbuchrindern Deutschlands. 1951 nur alte Bundesländer

Rasse	1951 %			1998 Anzahl	%	
Holstein-Schwarzbunt	34,3	⎫		1 521 996	57,1	⎫
Holstein-Rotbunt	8,4	⎪	86,7	205 050	7,7	⎪ 95,8
Fleckvieh	38,5	⎬		660 593	24,8	⎬
Braunvieh	5,5	⎭		165 634	6,2	⎭
Gelbvieh	7,7			9 412	0,4	
Rotvieh	2,1			17 791		
Vorderwälder		⎱ 0,8		5 515	0,2	
Hinterwälder		⎰		692	0,0	
Pinzgauer	0,7			1 142	0,0	
Murnau-Werdenfelser	0,2			185	0,0	
Jersey	0,0			2 463	0,1	
Fleckvieh Fleischnutzung	–			14 659	0,6	
Charolais	⎫			10 821	0,4	
Galloway	⎪	0,4		10 807	0,4	
Angus	⎬			9 046	0,3	
Limousin	⎭			8 362	0,3	
Highland	–			5 649	0,2	
Hereford	–			3 386	0,1	
Salers	–			1 563	0,1	
Uckermärker	–			1 274	0,0	
Welsh-Black	–			843	0,0	
Sonstige	1,4			6 421	0,2	
Insgesamt				2 663 304		

Quelle: Rinderproduktion Bundesrepublik Deutschland (verändert)

Kuh Krischnas wurde zur lebensspendenden „Mutter" eines jeden gläubigen Hindus. Deshalb darf ihr Fleisch nicht gegessen werden. Wer einer Kuh etwas antut oder gar Schuld ist an ihrem Tod, begeht nach der orthodox-religiösen Moralvorstellung der Hindus eine Todsünde, die schwerer wiegt als etwa die Ermordung eines Mitglieds der obersten Kaste.

In den deutschsprachigen Ländern gibt es keine einheimischen Einnutzungsrassen. Solche sind im Einzelfall (Fleisch-Shorthorn) schon im vergangenen Jahrhundert, in der Regel aber erst in den letzten Jahrzehnten aus anderen europäischen Ländern (Großbritannien, Frankreich) oder Nordamerika zu uns gekommen. Unter den in Deutsch-

land vorkommenden Rinderrassen nehmen einige schon seit langem eine führende Rolle ein (Tab. 5). Es handelt sich um milchbetonte Zweinutzungsrassen wie Schwarz-

Tab. 6. Rinder in Österreich 1995 (Angaben in 1000)

Rasse	Anzahl	%
Fleckvieh	1 891	82,3
Braunvieh	231	10,1
Pinzgauer	54	2,4
Schwarzbunte	60	2,6
Grauvieh	17	0,7
Sonstige Rassen einschl. Gelbvieh	47	2,0
Insgesamt	2 297	

Quelle: ÖSTAT

Intensive Bisonhaltung

bunte, Fleckvieh und Braunvieh. Ihr Anteil an der Gesamtproduktion hat sich im Verlaufe der letzten Jahrzehnte nur wenig verändert; im Allgemeinen ist er gestiegen. Bei den Viehzählungen wird die Rassezugehö-

rigkeit nicht berücksichtigt. Die Angaben basieren deshalb auf der Zahl der Herdbuchtiere, die von den Zuchtorganisationen erfasst werden. Es ist damit zu rechnen, dass der Anteil an Herdbuchtieren nicht in allen Rassen gleich groß ist, so dass mit gewissen Verzerrungen in den Angaben gerechnet werden muss. Der Anteil anderer einheimischer Rassen ist zurückgegangen. Erst seit Anfang der 80er-Jahre sind Bestrebungen im Gange, mit staatlicher Unterstützung gefährdete Rassen als Genreserven zu erhalten. Hinzugekommen sind in verstärktem Maße Fleisch- und Landrassen, die extensiv gehalten werden können. In Österreich und in der Schweiz sind Fleckvieh und Braunvieh die häufigsten Rinderrassen. In beiden Ländern kommen außerdem in geringerem Umfang Lokalrassen vor (Tab. 6 und 7).

Tab. 7. Anzahl der Betriebe und Herdbuchrinder in der Schweiz 1999

Verbände		Herdbuchrinder	
			Anteil in
	Mitglieder	total	Prozent
Braunviehzucht-verband	14 661	234 484	40,1
Fleckviehzucht-verband	14 796	275 174	47,1
Holsteinzucht-verband	2 494	61 793	10,6
Eringerviehzucht-verband	1 230	7 786	1,3
Vereinigung der Mutterkuhhalter	435	5 096	0,9
Total		584 333	

Quelle: Arbeitsgemeinschaft schweiz. Rinderzüchter

Schwarzbunte

Kennzeichen: Schwarz-weiß gescheckt.
Schwarzer Kopf mit weißen Abzeichen.
Die Augen sind stets von pigmentierter
Haut umgeben. Durch Einkreuzung von
Holstein-Friesian ist der Anteil weißer Haut-
bezirke und weißer Abzeichen am Kopf in
den letzten Jahren größer geworden. Der
ursprüngliche Typ der Deutschen Schwarzbunten, der kaum noch anzutreffen ist,
ist mittelrahmig mit mittlerer Muskelfülle.
Je höher der Anteil an Holstein-Friesian-
Blut ist, um so großrahmiger, hochbeiniger
und flacher bemuskelt sind sie. Behornt,
doch als Folge von Enthornungsmaßnah-
men sieht man zunehmend hornlose
Tiere.

	Stier	Kuh
Widerristhöhe	152	140
Gewicht	1000–1200	600–700

Verbreitung: Weltweit. Die am häufigsten
vertretene Rinderrasse der Erde. In den
deutschsprachigen Ländern besonders in der
nördlichen Hälfte Deutschlands.
Leistung: Milchbetonte Zweinutzungsrasse.
Jahresmilchmenge der Herdbuchkühe im
Mittel 7300 kg bei 4,3% Fett und 3,4%
Eiweiß. Tägliche Zunahmen von Mastbullen
auf Stationen 1150 g.
Zuchtgeschichte: In den Niederungsgebie-
ten von den Niederlanden bis Dänemark
entstand ein Rind, dessen hohe Milchleistung schon im 16. Jahrhundert gelobt
wurde. 1811 werden sie so beschrieben:
„schwarz und weiß gefleckt, sehr milchreich und zur Mast wohl geschickt und daher auch schon vielfältig zur Veredelung anderer deutscher Rassen gebraucht". 1868
entstand das erste Herdbuch. Ungefähr zu
dieser Zeit entwickelte sich eine intensive
Schwarzbuntzucht in den U.S.A., die sich
1885 unter dem Namen „Holstein-Friesian"
zusammenschloss. Durch ihre Einkreuzung
in die mehr im Zweinutzungstyp gezüchtete
europäische Population entstand der jetzige
Typ mit extrem hoher Milchleistung.

Rotbunte

Kennzeichen: Großrahmig. Dunkelrot und weiß gescheckt. Der Kopf ist rot mit weißen Abzeichen. Bis vor wenigen Jahren ein gut bemuskeltes Rind mittleren Rahmens. Durch Einkreuzung von Red Holstein jetzt höher und flacher bemuskelt. Behornt. Gegenwärtig werden sie oft enthornt.

	Stier	Kuh
Widerristhöhe	150	140
Gewicht	1100	700

Verbreitung: Nord- und Westdeutschland; in geringerer Zahl in den anderen Regionen Deutschlands. Ähnliche Formen mit lokalen Bezeichnungen in anderen mitteleuropäischen Ländern. In Nordamerika als Red Holstein.

Leistung: Auch für weniger gute Standorte geeignet. Gute Futterverwertung. Milchbetontes Zweinutzungsrind. Die Jahresmilchmenge liegt bei 6500 kg mit 4,3% Fett und 3,5% Eiweiß. Gute Melkbarkeit. Jung-bullen dieser Rasse erreichen durchschnittliche tägliche Gewichtszunahmen von 1300 g. Die Ausschlachtungsergebnisse liegen bei 60%.

Zuchtgeschichte: Rotbunte Tiere kamen als Minderheiten in den Rinderpopulationen des norddeutschen Tieflandes seit langem vor. Seit Beginn des 19. Jahrhunderts wurden sie, unter besonderem Einfluss von Shorthorn, in mehreren Gegenden als recht unterschiedliche Schläge gezüchtet. 1934 erfolgte eine Einigung aller deutschen Zuchtgebiete. Aus den bei den Holstein-Friesian gelegentlich anfallenden rotbunten Tieren wurde in Nordamerika die Red-Holstein-Population aufgebaut. Durch die Hereinnahme entsprechenden Genmaterials in die deutsche Rotbuntzucht konnte hier die Milchleistung verbessert werden bei gleichzeitiger Änderung des Typs und Abnahme der Bemuskelung. Gleiches geschah bei anderen braunscheckigen Rassen, so z. B. bei den Schweizer Simmentalern und den österreichischen Pinzgauern.

Angler

Kennzeichen: Mittelrahmig. Einfarbig dunkelrot bis sattbraun. Dunkles Flotzmaul. Gelegentlich kleine weiße Flecken am Euter. Im Milchtyp stehend, d. h. lang und schmal mit geringer Bemuskelung. Von Natur aus Hörner, meist jedoch enthornt.

	Stier	Kuh
Widerristhöhe	145	140
Gewicht	1100	650

Verbreitung: Halbinsel Angeln an der Ostseeküste Schleswig-Holsteins. Wurde in viele andere Rassen eingekreuzt (Harzer Rotvieh, Frankenvieh, Glanrind, sowie in Rinder Osteuropas, der Niederlande und anderer Länder), wobei die ursprünglichen Populationen z. T. nahezu verdrängt wurden.
Leistung: Milchbetontes Zweinutzungsrind. Gute Anpassungsfähigkeit an extreme Klimabereiche. Hervorragende Marschfähigkeit durch gesundes Fundament und gute Klauen. Die mittlere Jahresmilchmenge

1998 betrug 6200 kg Milch mit 4,9% Fett und 3,6% Eiweiß. Die Rasse zeichnet sich durch eine besonders feine Fleischfaser aus. Niedriges Erstkalbealter. Geringe Rate an Schwergeburten. Geringe Kälberverluste. Kurze Zwischenkalbezeit. Hoher prozentualer Anteil an Dauerleistungskühen über 2000 kg Milchfett. Vererber auf Mastitisresistenz positiv geprüft.
Zuchtgeschichte: Entstand in Angeln schon Mitte des 19. Jahrhunderts aus einem alten einheimischen Landschlag. 1879 wurde der Angler Viehzuchtverein gegründet. Ab 1902 Leistungskontrolle. Die ursprünglich nur wenig mehr als 300 kg wiegenden Tiere wurden im Verlaufe der Zeit erheblich schwerer. Seit 1945 sind die Angler mit den anderen deutschen Rotviehschlägen zum „Verband deutscher Rotviehzüchter" zusammengeschlossen. In die Angler wird gelegentlich Rotes Dänenvieh und entsprechendes Blut aus Schweden eingekreuzt. Dadurch deutliche Typänderung sowie weiße Abzeichen.

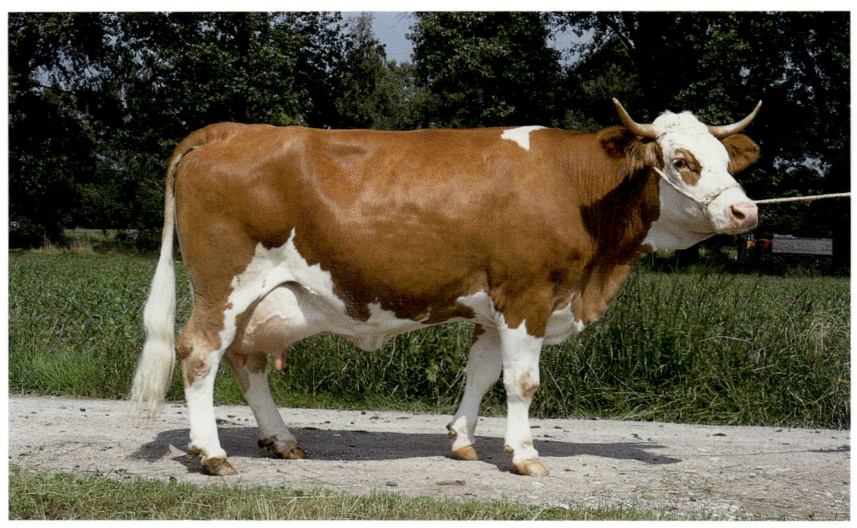

Fleckvieh, Simmentaler

Kennzeichen: Mittelgroßes bis großwüchsiges Rind mit kräftigen Knochen und guter Bemuskelung. Gescheckt, gelegentlich auch gedeckt mit nur wenigen weißen Abzeichen. Die Farbe variiert von hellgelb bis zu einem dunklen Rotbraun. Stets ist der Kopf bis hinter die Augen weiß. Auch der untere Teil der Beine ist weitgehend weiß. Behornt; eine Linie genetisch hornlos.

	Stier	Kuh
Widerristhöhe	150–158	138–142
Gewicht	1200	750

Verbreitung: Alpen und deren Umfeld. Südost-Europa. GUS. Nord- und Südamerika. Großbritannien. China. Südafrika und andere Länder. In Deutschland insgesamt 1,5 Mio. Milchkühe.
Leistung: Zweinutzungsrasse mit gleicher Betonung von Milch- und Fleisch. Die Jahresmilchmenge von Kühen in Herdbuchbetrieben betrug 1998 in Deutschland ca.

5800 kg Milch mit 4,2% Fett und 3,5% Eiweiß. Hervorragende Mastleistung. Die täglichen Zunahmen von Mastbullen betragen ca. 1300 g; Schlachtausbeute ca. 63%. Erstkalbealter 30 Monate. Für Gebrauchskreuzungen mit kleinwüchsigeren Rassen gut geeignet. In Übersee meist als Fleischrind gehalten. Anpassungsfähig.
Zuchtgeschichte: Geht auf Tiere im Berner Oberland zurück, die bereits im Mittelalter als großwüchsige, gescheckte Rinder bekannt waren. Von hier Ausbreitung der „Simmentaler" in die westliche und nördliche Schweiz. Schon im 18. Jahrhundert wurden sie wiederholt in etliche deutsche Rassen eingekreuzt. In das jetzige Verbreitungsgebiet Deutschlands kamen sie zuerst 1837. Die Kreuzung mit den einheimischen Rindern wurde zunächst „neuer Miesbacher Schlag" genannt. Nach Österreich kamen die ersten Simmentaler 1830. In der Schweiz wurde in die Population in den letzten Jahrzehnten Red Holstein sowie Montbéliard aus Frankreich eingekreuzt.

Braunvieh

Kennzeichen: Mittelgroße und mittelschwere Rasse. Einheitlich braun bzw. graubraun. Die Stiere sind dunkler als die Kühe. Hornspitzen, Flotzmaul und Klauen dunkel pigmentiert. Flotzmaul und Augen hell gesäumt. Gut bemuskelt bei relativ feinem Knochenbau. Behornt.

	Stier	Kuh
Widerristhöhe	150–160	135–142
Gewicht	1000–1200	600–700

Verbreitung: Weite Gebiete der Alpen und Voralpen. Wegen der hohen Milchleistung und der sicheren Anpassungsfähigkeit an unterschiedliche Klima- und Haltungsbedingungen jetzt nahezu weltweit verbreitet. Hauptzuchtgebiet in Deutschland ist das Allgäu, in der Schweiz der Ostteil. In Deutschland 280 000 Braunviehkühe.
Leistung: Milchbetontes Zweinutzungsrind. Erbringt pro Jahr das zehnfache des Körpergewichts an Milch, also 6500 kg

bei 4,2 % Fett und 3,5 % Eiweiß. Hohe Einsatzleistung. Die täglichen Zunahmen von Mastbullen liegen bei 1300 g, die Schlachtausbeute liegt bei 62 %. Frühes Erstkalbealter. Langlebig.
Zuchtgeschichte: Die Rasse soll auf einen Rindertyp zurückgehen, den Siedler vor Beginn der Zeitrechnung aus dem Osten in den Alpenraum brachten. Die Zuchtarbeit setzte vor 600 Jahren in der Zentralschweiz ein. Von dort Ausbreitung in die östliche Hälfte der Schweiz sowie angrenzende Regionen. Die bekannteste Zucht hatte das Kloster Einsiedeln im Kanton Schwyz. Bereits um 1870 wurden die ersten Milchleistungsprüfungen durchgeführt. Zu dieser Zeit kamen auch die ersten Tiere nach Nordamerika. Während das Braunvieh in Deutschland eher kleiner wurde, züchtete man in Nordamerika größere Tiere mit verbesserter Milchleistung (Brown Swiss). Durch sie wurden seit den 60er-Jahren des 20. Jh. Fundament und Melkbarkeit des europäischen Braunviehs deutlich verbessert.

Gelbvieh, Frankenvieh

Kennzeichen: Großwüchsiges, langes Rind mit guter Bemuskelung und kräftigen Knochen. Einfarbig gelb. Im Allgemeinen helles, gelegentlich jedoch dunkles Flotzmaul. Behornt.

	Stier	Kuh
Widerristhöhe	150–158	138–142
Gewicht	1150–1300	700–800

Verbreitung: Franken (mit Schwerpunkt Unterfranken), Thüringer Wald, Nord- und Südamerika, Südafrika.

Leistung: Fleischbetonte Zweinutzungsrasse. In anderen Ländern vor allem als Fleischrind genutzt. Frohwüchsig. Futterdankbar. Frühreif. Problemlose Abkalbungen. Gutartig. Lange Nutzungsdauer. Jahresmilchmenge in Herdbuchbetrieben 5200 kg bei 4,1% Fett und 3,5% Eiweiß. Die täglichen Zunahmen von Mastbullen liegen bei 1300 g bei bester Schlachtkörperqualität und hohem Ausschlachtungsgrad. Feinfaseriges, zartes und gut marmoriertes Fleisch.

Zuchtgeschichte: Anfang des 19. Jahrhunderts führte man Heilbronner Vieh, eine Kreuzung aus rotem Landvieh und rotbraunem Berner Vieh, in Franken ein. Um 1870 herrschte dort noch eine große Rassenvielfalt, wobei allerdings gelbbraune Schläge überwogen. 1872 wurde ein eindeutiges Zuchtziel aufgestellt. Unter Einkreuzung von Simmentalern, South-Devon und Shorthorn wurde das Gelbe Frankenvieh geschaffen. Mit Gründung des Zuchtverbandes 1897 entschloss man sich, keine Kreuzungen mehr vorzunehmen. Nach dem 2. Weltkrieg Einkreuzung des Roten Dänischen und des Roten Flämischen Rindes. Stets Austausch mit anderen Gelbviehrassen (Limpurger, Glan-Donnersberger). Verdrängte weitgehend die österreichischen Gelbviehschläge. Der Gesamtbestand sinkt rapide, weil einzelne Bestände teils abgeschafft, teils durch Fleckvieh „aufgefleckt" werden. In jüngster Zeit auch Besamungen mit Sperma des Roten Flamenviehs.

Pinzgauer Rind

Kennzeichen: Mittel- bis großrahmig mit
auffallend langem Rumpf. Kastanienbraun
mit breitem weißem Streifen vom Widerrist
über Rücken, Hinterseite der Oberschenkel,
Bauch bis zur Unterbrust. Der Schwanz ist
ebenfalls weiß. Über den Unterschenkel und
in der Regel auch über den Oberarm laufen
weiße Binden („Fatschen"). Gelegentlich
schwarz-weiße Tiere. Flotzmaul und Klauen
dunkel. Kurzköpfig. Gute Brust- und Flankentiefe. Ausgeprägte Bemuskelung der
Oberschenkel. Behornt.

	Stier	Kuh
Widerristhöhe	145–150	135–140
Gewicht	110–1200	650–750

Verbreitung: Hauptsächlich Österreich und
Osteuropa. In Deutschland vor allem im
Südosten Oberbayerns sowie in den östlichen Bundesländern.
Leistung: Bewährt sowohl in Tropen- und
Steppengebieten als auch in Regionen extremer Kälte und in hochalpinen Zonen. Hervorragende Futterverwertung. Widerstandsfähig. Friedfertig. Gutes Beinwerk. Harte
Klauen. In Übersee und in Mitteleuropa
häufig als Fleischrind in Mutterkuhherden
gehalten. Für Gebrauchskreuzungen geeignet. Zweinutzungsrind mit gleichmäßiger
Betonung von Fleisch und Milch. Jahresmilchmenge bei 5000 kg mit 3,9% Fett
und 3,4% Eiweiß. Spitzenleistungen über
11000 kg. Gute Melkbarkeit. Tägliche Zunahmen in der Bullenmast 1300 g. Gut marmoriertes, helles Fleisch bester Qualität.
Zuchtgeschichte: Anfang des 19. Jahrhunderts aus Einkreuzung von Rindern aus dem
Wallis in bodenständige Landrassen Österreichs entstanden. Ihren Namen erhielt
diese Rasse nach dem Pinzgau, einer Region
im Land Salzburg: Ursprünglich Dreinutzungsrind. In Österreich 1957 noch häufigste Rinderrasse. Nach dem 2. Weltkrieg dort
und in Deutschland erheblich zurückgegangen. In den letzten Jahren Einkreuzung von
Red Holstein.

Murnau-Werdenfelser

Kennzeichen: Einfarbig stroh- bis dunkel-
gelb; auch rotbraune Töne kommen vor.
Heller Aalstrich. Dunkles Flotzmaul mit
hellem Saum. Insgesamt dunklere Tiere
besitzen schwarze „Masken". Dunkle
Schwanzquaste. Klauen und Hornspitzen
schwarz.

	Stier	Kuh
Widerristhöhe	138–145	128–130
Gewicht	850–950	500–600

Verbreitung: Murnauer Moos, Werdenfelser Land sowie die Gegend von Mitten-
wald/Oberbayern.
Leistung: Robuste alte Landrasse. Genügsam. Vital. Harte Klauen. Feste Gelenke.
Bringt eine Jahresmilchmenge von ungefähr
4300 kg mit 3,7% Fett und 3,4% Eiweiß,
weitgehend aus wirtschaftseigenem Futter.
Sehr gute Fruchtbarkeit und Langlebigkeit.
Zuchtgeschichte: Ursprünglich stammen
die Murnau-Werdenfelser vermutlich aus

Tirol und wurden durch Ettal und andere
Klöster in das jetzige Verbreitungsgebiet gebracht. Durch Blutgruppenuntersuchungen
konnte nachgewiesen werden, dass sie mit
dem Braunvieh eng verwandt sind. Als
Mitte des 19. Jahrhunderts verstärkt auf
Hochleistung gezüchtet wurde, wurden die
Murnau-Werdenfelser durch das im Westen
und Osten benachbarte Braunvieh bzw.
Fleckvieh stark bedrängt. Ein deutlicher
Rückgang setzte um 1900 ein, der in den
50er- und 60er-Jahren im Rahmen der
Tuberkulose- und Brucellosebekämpfung
nahezu zum Zusammenbruch der Rasse
führte. Übersehen wurde, dass raue klimatische Bedingungen und schlechte Futter-
grundlage die Milchleistung dieser Rasse
einschränken, so dass erst bei vergleichba-
ren Bedingungen das recht beachtliche Leis-
tungsvermögen deutlich wird. Gegenwärtig
gibt es noch etwas mehr als 1200 Tiere, wo-
von 500 Kühe sind. Als Förderungsmaßnahmen werden Haltungsentschädigungen
sowie Paarungs- und Körprämien gezahlt.

Ansbach-Triesdorfer

Kennzeichen: Mittelgroß; rot-weiß gescheckt. Rumpf mit vielen dunklen Flecken.
Kopf und Unterbeine weitgehend pigmentiert. Ziemlich breiter Kopf. Kräftiges Fundament; dunkle Klauen. Hörner gewöhnlich
weit nach außen und hinten gestellt.

	Stier	Kuh
Widerristhöhe	150	140
Gewicht	1100	700

Verbreitung: Mittelfranken.
Leistung: Zweinutzungsrasse mit gleicher
Betonung von Milch und Fleisch. Gute
Mastfähigkeit. Die Jahresmilchmenge beträgt annähernd 5000 kg.
Zuchtgeschichte: Mitte des 18. Jahrhunderts durch Einkreuzung von Schwarzbunten aus Holland und Ostfriesland in mittel-
fränkische Landschläge entstanden. Ende
des Jahrhunderts wurden auch Rinder aus
der Westschweiz eingekreuzt. Mastochsen
sollen um 1800 ein Gewicht bis zu 1700 kg

erreicht haben. Mitte des 19. Jahrhunderts
hatten sich zwei Typen herausgebildet:
rötliche Tiere mit schwarzen und weißen
Flecken sowie Rot- bzw. Schwarzschecken.
Dank ihrer Größe und Schwere war die
Rasse sehr stark; sie wurde deshalb bevorzugt zur Arbeit herangezogen. Nachdem sie
zunächst nur in der Umgebung von Ans-
bach und Triesdorf (Mittelfranken) vorkam,
hielt man diese Rasse in der zweiten Hälfte
des 19. Jahrhunderts auch in den benachbarten Regionen. Selbst nach Frankreich
und England exportierte man sie. Nach dem
1888 in Bayern erlassenen Körgesetz durften nur noch „Tiger" gekört werden (weiße
Grundfarbe mit kleinen gelben oder rotbraunen Flecken). Damit wurde die Rasse dras-
tisch reduziert. 1897 wurde eine Stamm-
zuchtgenossenschaft gegründet. Nach 1919
lag die Zucht ausschließlich in Händen von
Kleinbauern. 1925 gab es nur noch zwölf
gekörte Stiere. Seit den 80er-Jahren Erfas-
sung der Restbestände und Aufbau einer
kleinen Population.

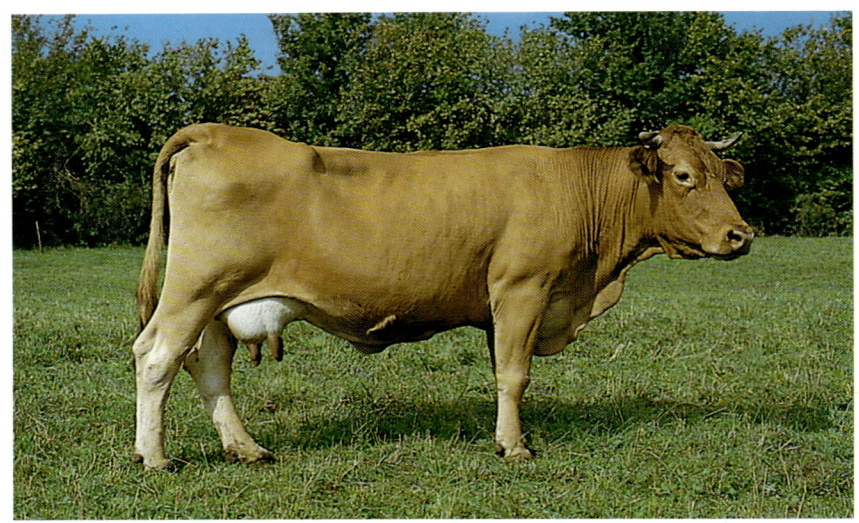

Limpurger

Kennzeichen: Mittelrahmiges Rind mit feinem Knochenbau und mäßiger Bemuskelung. Verhältnismäßig kurzer, feingeschnittener Kopf. Schlanker Hals. Kräftige Schulter. Die Farbe reicht von hell- bis rotgelb. Bauch- und Schamgegend, Innenseite der Schenkel, Umgebung der Augen und Innenseite der Ohren sind heller als die übrigen Körperteile. Das Flotzmaul ist fleischfarben. Hörner und Klauen gelb.

	Stier	Kuh
Widerristhöhe	143–148	134–137
Gewicht	1000–1100	600–650

Verbreitung: Das Zuchtgebiet liegt in Baden-Württemberg im Raum Aalen, Schwäbisch-Gmünd und Gaildorf.
Leistung: Gute Mastfähigkeit. Das Fleisch ist feinfasrig, zart und gut marmoriert. Harte widerstandsfähige Klauen. Die Milchleistung der heutigen Kühe liegt bei etwas mehr als 4400 kg.

Zuchtgeschichte: Der Name dieser Rasse geht auf ihre Heimat, die Grafschaft Limpurg, zurück. Später wurden sie in der Gegend von Schwäbisch-Gmünd, Aalen und Gaildorf gehalten, und zwar hauptsächlich am Flüsschen Lein. Zumindest seit Anfang des 19. Jahrhunderts werden die Limpurger als einfarbig gelbe Rinder erwähnt, die freilich damals noch ganz im Typ eines kleinen, zierlichen Landschlags standen. Seit Ende des 19. Jahrhunderts wurde gehäuft Gelbes Frankenvieh und Glan-Donnersberger herangezogen. Limpurger sind dennoch deutlich kleiner und zierlicher als Frankenvieh. Die ersten Vereine zur Erhaltung und Pflege des Limpurger Viehes wurden 1890 in Aalen und Gaildorf, 1891 in Schwäbisch-Gmünd gegründet. Seit Anfang des 20. Jahrhunderts ging die Zahl der Limpurger ständig zurück. Vor dem Zweiten Weltkrieg gab es noch 13 000, 1952 noch 5000 Tiere. Seit Ende der 80er-Jahre des 20. Jh. Aufschwung durch eine Züchtervereinigung und Förderungsmaßnahmen. 260 Kühe sowie 10 Bullen im Zuchtbuch.

Vorderwälder

Kennzeichen: Kleines Rind mit feinem
Knochenbau. Dunkelrotweiß gescheckt.
Z.T. auch gedeckt, wobei jedoch stets Kopf
und Beine überwiegend weiß sind. Es hat
im Aussehen, aber nicht im Rahmen, Ähnlichkeit mit dem Fleckvieh. Behornt.

	Stier	Kuh
Widerristhöhe	145	135
Gewicht	1050	600

Verbreitung: Mittlerer und südlicher
Schwarzwald, ausgenommen die höchsten
Lagen.
Leistung: An das Beweiden karger Berg-
hänge angepasst. Kommt gut auf den mine-
ralstoffarmen Böden zurecht. Leichtkalbig.
Langlebig. Vital. Gleiche Betonung von
Milch und Fleisch. Jahresmilchmenge der
HB-Kühe 5400 kg bei 4,0% Fett und 3,3%
Eiweiß. Lebensleistung mehrerer Kühe über
100 000 kg Milch. Tägliche Zunahmen der
Bullen auf Prüfstation 1150 g. Trockenes,
klares Fundament mit guter Winkelung und
ausgezeichneten Klauen ermöglicht Beweidung auch steiler Hänge.
Zuchtgeschichte: Urkundlich wird das
„Wäldervieh" erstmals 1829 erwähnt.
Schon damals unterschied man eine größere
(heutige Vorderwälder) und eine kleinere
Rasse (heutige Hinterwälder). Mitte der
60er-Jahre des 20. Jh. entschloss man sich,
Sperma von vier Ayrshire-Stieren einzusetzen. Tatsächlich konnten Milch- und Fettmenge unter leichten Einbußen des Fettge-
haltes erhöht werden. Die Bemuskelung war
allerdings schlechter. Da sich bald eine bestimmte Blutlinie (B-Linie) durchsetzte, beschloss man, 1978 sechs Red-Holstein-Stiere
einzusetzen. Durch diese Einkreuzung
konnten Milchmenge und -inhaltsstoffe deutlich erhöht werden. Allerdings waren auch
Mängel unübersehbar, so z. B. Fundament-
fehler und schlechte Klauen. Der Ayrshire-
Genanteil der Vorderwälder liegt bei 15%,
der Red Holstein-Genanteil bei 20%. Kürz-
lich Linienerweiterung mit Montbéliard.

Hinterwälder

Kennzeichen: Edles, zierliches Rind. Kleinste Rinderrasse in Mitteleuropa. Ledergelb bis rot. Meist gescheckt, aber auch gedeckt. Kopf und Beine sind stets weiß. Lange Mittelhand. Trockene, feine Gliedmaßen. Behornt.

	Stier	Kuh
Widerristhöhe	130	115–125
Gewicht	750	430–480

Verbreitung: In den höheren Lagen des südlichen Schwarzwaldes (südlich des Feldbergs und um den Belchen herum). Etliche Herden in der Schweiz.
Leistung: Gut geeignet für steile Hanglagen, da sie geringe Erosionsschäden anrichten. Niedriger Erhaltungsbedarf. Geringe Krankheitsanfälligkeit. Langlebig. Leichtkalbig. Gut geeignet zur Haltung in Ländern der Dritten Welt. Die Jahresmilchmenge von Herdbuchkühen beträgt 3500 kg bei 4,1% Fett und 3,4% Eiweiß. Bei guter Fütterung Leistungen von 4000 kg und mehr. Die täglichen Zunahmen der zur Körung vorgestellten Bullen betragen 900 g. Hoher Ausschlachtungsgrad. Hervorragende Fleischqualität. Für Mutterkuhhaltung geeignet.
Zuchtgeschichte: Ursprünglich in der rechtsseitigen Oberrheinebene als „Hirschvieh" bekannt, wurde es allmählich in die Täler des südlichen Hochschwarzwaldes zurückgedrängt. 1888 wurde die „Viehzuchtgenossenschaft für Wäldervieh" gegründet. 1914 umfasste diese rund 1000 Mitglieder. Lange Zeit von anderen Rinderrassen kaum beeinflusst. Erst in jüngster Zeit behutsame Hereinnahme von Vorderwälderblut, um der gesteigerten Nachfrage nach einem etwas größeren Rahmen gerecht zu werden. Das Land Baden-Württemberg zahlt den Besitzern Haltungsprämien. Es wurde ein Depot an Tiefgefriersperma angelegt, um eine Genreserve zu schaffen und Nachfragen von außerhalb des Zuchtgebietes befriedigen zu können. Die Gesamtpopulation beträgt noch ca. 2200 Kühe.

Glan-Rind

Kennzeichen: Mittelrahmig. Einfarbig hell-gelb bis rötlich-braun. Umgebung von Augen und Flotzmaul sowie Unterbauch und unterer Teil der Beine heller. Fleischfarbenes Flotzmaul. Hörner und Klauen gelb bis gelb-braun. Breite Stirn. Leicht abwärts gebogene Hörner. Kurze Nasenpartie. Breites, langes Becken. Kräftiges Fundament.

	Stier	Kuh
Widerristhöhe	140–150	135–140
Gewicht	1000–1100	600–700

Verbreitung: In Rheinland-Pfalz im Umfeld des Flüsschens Glan.
Leistung: Früher gutes Arbeitsrind unter Anpassung an die Scholle und spezielle klimatische Verhältnisse. Jetzt fleischbetontes Zweinutzungsrind. Futterdankbar. Frohwüchsig. Langlebig. Jahresmilchmenge 4500 kg mit einem Fettgehalt von 4,0%. Gute Fleischqualität. Hohe Fruchtbarkeit. Tägliche Zunahmen der Jungbullen ca. 1300 g.

Zuchtgeschichte: Im Verlaufe des 18. Jahrhunderts aus einem kleinen, einfarbig roten Landschlag unter Einkreuzung von Grauvieh, Braunvieh, Simmentalern und Charolais entstanden. Von den 30er-Jahren des 20. Jahrhunderts an intensiver Blutaustausch mit den angrenzenden Zuchtgebieten, z. B. Lahnvieh, sowie Einkreuzung in das Waldviertler Blondvieh. Nach dem 2. Weltkrieg Einkreuzung von fränkischem Gelbvieh. Um die Milchleistung zu erhöhen, wurden ab 1950 Rotes Dänenvieh und Angler hereingenommen. Die Zuchtorganisation „Verband Rheinischer Glanviehzüchter" löste sich 1972 auf. Während die Rasse im Gebiet des Donnersberges vollständig unterging, blieben an der Glan noch etliche Tiere im ursprünglichen Typ erhalten. 1985 wurde ein Förderverein gegründet, der 1990 über 100 Mitglieder hatte. Das Land Rheinland-Pfalz zahlt für jedes registrierte Tier eine Zuchterhaltungsprämie. Nach fast 20 Jahren wurde 1986 wieder ein Glan-Bulle gekört. Gesamtbestand 600 Individuen.

Rotes Höhenvieh

Kennzeichen: Mittelrahmig. Einfarbig rotbraun. Kräftiger Körperbau. Gut bemuskelt. Helles Flotzmaul. Helle Hörner mit dunkler Spitze.

	Stier	Kuh
Widerristhöhe	135–140	125–130
Gewicht	850–950	500–600

Verbreitung: Mittelgebirgsregion in Deutschland.
Leistung: Genügsam, robust, fruchtbar und langlebig. Fleischbetontes Zweinutzungsrind. Gute Mastfähigkeit und Schlachtkörperqualität. Jahresmilchmenge ca. 4000 kg mit 4,5% Fett.
Zuchtgeschichte: Rotviehrassen gibt es in vielen Ländern Europas. Während die Rassen im Norden (Angler, Rotes Dänisches Milchvieh), in Großbritannien (Red Poll) und in Italien starke Eigenständigkeit besaßen, wurden in einem mittleren Bereich von West (La Rouge Flamande in Frankreich) nach Ost (Rotes Steppenvieh in Russland) immer wieder Zuchttiere ausgetauscht. In der Regel im Mittelgebirge gehalten, geht es auf meist zierliche rote Landschläge zurück. In Deutschland kannte man: Westfälisches Rotvieh, Odenwälder Rotvieh, Harzer Rotvieh, Vogelsberger, Vogtländer, Schlesisches Rotvieh sowie Oberpfälzer Rotvieh, die bis auf das Harzer Rotvieh, das Vogelsberger Rind und das Vogtländer in der Nachkriegszeit untergegangen sind. Schon 1911 wurde der Verband Mitteldeutscher Rotviehzüchter gegründet, später zum Verband Deutscher Rotviehzüchter erweitert. Zuchtziel war eine gute Arbeitsleistung. Nach dem 2. Weltkrieg wurden alle Rassen durch Angler nahezu verdrängt. Fast alle Kühe mit nennenswerten Blutanteilen des Harzer Rotviehs wurden in den letzten Jahren den Vogelsbergern eingegliedert. Dort hält sich eine kleine Population, vom 1985 gegründeten »Verein zur Förderung und Erhaltung des Roten Höhenviehs e. V.« betreut. Weitere Tiere im Vogtland.

Wittgensteiner Blessvieh

Kennzeichen: Mittelgroßes Rind. Rötlichgelb bis rotbraun. Blesse. Weiße Flecken
an Euter, Bauch und Vorbrust (bei den jetzigen Tieren kaum noch vorhanden). Behornt.

	Stier	Kuh
Widerristhöhe	140	130
Gewicht	900–950	500–600

Verbreitung: Wittgensteiner Land (Westfalen) sowie angrenzende Teile von
Hessen.
Leistung: Robust, widerstandsfähig, temperamentvoll. Harte Klauen. Zweinutzungsrind mit gleicher Betonung von
Fleisch und Milch. Jahresmilchmenge
ca. 4000 kg mit hohem Fettgehalt.
Zuchtgeschichte: Aus der weißen Blesse
wird geschlossen, dass die Rasse aus der
Kreuzung eines alten Landschlags mit Simmentalern entstand. Für eine Leistungsverbesserung sorgte der 1832 gegründete

„Landwirtschaftliche und Gewerbeverein im
Kreise Wittgenstein". Im 19. Jahrhundert
wurden wiederholt Schweizer bzw. Berner
Bullen (Simmentaler) eingekreuzt. Auch
hierdurch erreichten die Wittgensteiner
kaum eine mittlere Größe. Sie hatten einen
feinen Knochenbau, hochgestellte Gliedmaßen und waren gut bemuskelt. Um 1900
körte man nur Bullen mit Blesse. Das Gebiet, in dem ausschließlich Blessvieh gezüchtet wurde, war immer sehr klein und
galt als „Oase". Im Grunde umfasste es nur
den Kreis Wittgenstein. Schon 1914 setzte
die Verdrängung durch Rotvieh ein. 1931
gibt es nur noch einige hundert reinrassige
Tiere. 1968 sollen in Festzügen noch einzelne typische Wittgensteiner mitgeführt
worden sein. Damals schon erhebliche Einkreuzung von roten Anglern. Dadurch Verbesserung der Milchleistung und der Fettprozente. Es sind nur noch Kreuzungstiere
vorhanden.

Uckermärker

Kennzeichen: Großrahmig mit viel Länge, Breite und Tiefe. Weiß bis cremefarben sowie gescheckt mit allen Farbabstufungen vom hellen Gelb bis Rotbraun auf weißem Grund. Gut ausgebildete Bemuskelung an Schulter, Rücken, Lende und Keule. Korrekte Gliedmaßen. Genetische Hornlosigkeit kommt vor.

	Stier	Kuh
Widerristhöhe	140–150	135–140
Gewicht	1200	700–750

Verbreitung: Brandenburg und Mecklenburg-Vorpommern.
Leistung: Frohwüchsige Kälber mit langanhaltendem Fleischwachstum ohne wertmindernde Verfettung in der Ausmast. Sehr gute Schlachtkörper bei hoher Ausschlachtung. Hoher Fleischanteil. Gute Keulenausbildung. Hervorragende Fleischqualität. Durchschnittliches Geburtsgewicht der Stierkälber 45 kg, der Kuhkälber 40 kg. Tägliche Zunahme der Zuchtbullenkälber 1200 g. Die Uckermark ist eine Region beiderseits der Flüsschen Uecker und Randow im Nordosten von Brandenburg.
Zuchtgeschichte: Seit 1975 durch Kreuzung von Charolais und Fleckvieh in Mecklenburg und Brandenburg entstanden. 1997 wurden auf 11 landwirtschaftlichen Betrieben Uckermärker gehalten. Ins Herdenbuch eingetragen waren 16 Stiere und 310 Kühe. Die Zuchtbuchführung unterliegt der „Rinderproduktion Berlin-Brandenburg GmbH" (RBB).

Waldviertler Blondvieh

Kennzeichen: Mittelrahmig. Einheitlich rahmfarben bis semmelblond, aber auch rostfarben und weiß, mit wachsfarbenen Hörnern und Klauen. Fleischfarbenes Flotzmaul. Durch Einkreuzung anderer Rassen überwiegt heute ein helles Rötlichbraun. Die Hornspitzen sind schwarz. Langer Kopf. Schwach ausgebildete Wamme. Feines, kurz anliegendes, weiches und glänzendes Haarkleid.

	Stier	Kuh
Widerristhöhe	138	130
Gewicht	800–850	500–550

Verbreitung: Niederösterreich
Leistung: Genügsam. Widerstandsfähig. Sehr gute Fleischqualität. Die Milchleistung liegt im Mittel bei 4500 kg mit 4,0% Fett.
Zuchtgeschichte: Wird teils auf Keltenrinder des jetzigen Verbreitungsgebietes, teils auf mitteldeutsches Bergvieh zurückgeführt. Im 19. Jahrhundert Einkreuzungen von Scheinfelder (Frankenvieh) und Murbodner Rindern, zwischen 1938 und 1945 von Glan-Donnersberger und Gelbem Frankenvieh. Ab 1939 werden Körungen und zentrale Absatzveranstaltungen durchgeführt. Nach dem 2. Weltkrieg wurden zunächst in starkem Maße wiederum Glan-Donnersberger eingekreuzt, weil sie in der Größe geeigneter erschienen. Später wurden jedoch erneut Stiere des Gelben Frankenviehs eingesetzt, die das Rassebild deutlich veränderten. 1954 wurden noch 29% der Rinder in Niederösterreich zu dieser Rasse gezählt. Bedrängt durch das Fleckvieh mit der höheren Milchleistung wurde das Waldviertler Blondvieh in entlegene Gegenden und die höheren Lagen des Waldviertels zurückgedrängt. 1958 wurden in 750 Betrieben nur noch insgesamt 4000 Kontrollkühe gehalten. Durch die Nachkriegsereignisse gingen beste Stammherden verloren. Der Zuchtverband löste sich 1966 auf. Seit einiger Zeit Erhaltungsbestrebungen im ursprünglichen Zuchtgebiet.

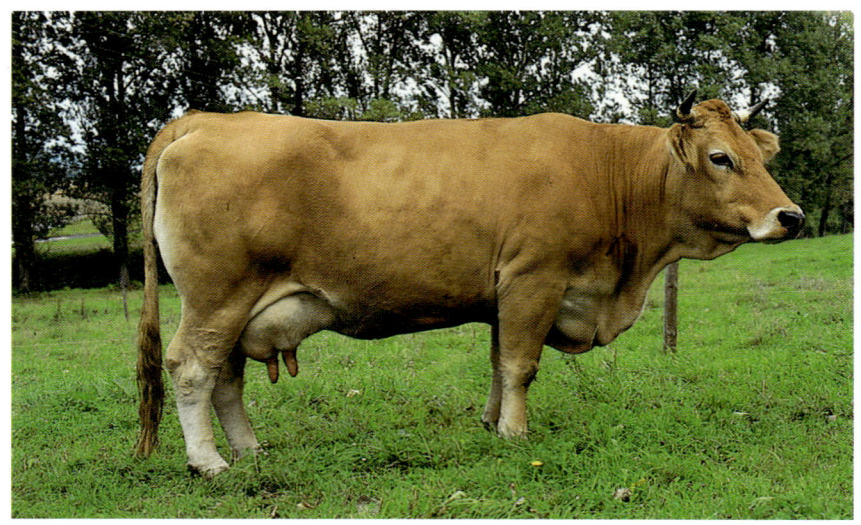

Murbodner

Kennzeichen: Bei den Kühen ist der
Rumpf semmelfarben bis fuchsrot. Euter,
Hinterseite der Oberschenkel, unterer Teil
der Beine sowie Umgebung von Flotzmaul
und Augen sind fast weiß. Typisch ist ein
helles Dreieck (Schnippe) auf dem sonst
schieferblauen Flotzmaul. Dunkle Schwanzquaste. Schwarze Klauen. Die Stiere sind
insgesamt dunkler mit hellem Sattelfleck.
Behornt; die Hornspitzen sind dunkel, der
übrige Teil der Hörner ist hell.

	Stier	Kuh
Widerristhöhe	138–145	130–140
Gewicht	900–1000	550–650

Verbreitung: Steiermark. Kärnten. Nie-
derösterreich. Slowenien.
Leistung: Durch Älpung gute Konstitution.
Widerstandsfähig. Ausdauernd. Anpassungs-
fähig. Früher hervorragende Arbeitstiere.
Langlebig. Durchschnittliche Jahresmilchmenge von 4000 kg bei 4,2% Fett. Gute
Mastfähigkeit. Die Tageszunahmen von
Mastochsen liegen bei 1300 g. Fleisch von
besonders guter Qualität. Fruchtbar.
Zuchtgeschichte: Im Talkessel des Flusses
Mur aus Bergschecken und dem früheren
Mürztaler Schlag entstanden. War früher in
Österreich recht verbreitet. Zunächst je
nach Blutanteil der Ausgangsrassen unterschiedlich gefärbt: von grau über semmelfarben bis fuchsrot. Nach der Anerkennung
als vierte steirische Landesrasse 1869 begann man immer mehr auf die jetzt übliche
Farbe zu selektieren. Das Zuchtziel wurde
anlässlich der Verbandsgründung um die
Wende vom 19. zum 20. Jh. festgelegt. Seitdem lange Zeit keinerlei Blutzufuhr von anderen Rassen. Nach dem 2. Weltkrieg durch
leistungsfähigere Rassen stark zurückgedrängt. In die Restbestände wurde in hohem
Maße Frankenvieh eingekreuzt. Zählt
heute zum Gelbvieh. Anfang der 80er-Jahre
des 20. Jh. wurden etliche Tiere des
ursprünglichen Typs in staatliche Obhut
genommen. Ca. 850 Individuen.

Kärntner Blondvieh

Kennzeichen: Mittelgroß und kräftig gebaut. Einheitlich weiß bzw. silberweiß bis maisgelb. Keine Abzeichen. Flotzmaul und Lider haben meist eine fleischrote Farbe, gelegentlich sind sie aber auch blau bis schwarz pigmentiert. Klauen und Hörner sind wachsfarben oder mit dunklen Spitzen.

	Stier	Kuh
Widerristhöhe	138–145	130–135
Gewicht	900–1000	600–700

Verbreitung: Kärnten. Slowenien.
Leistung: Zweinutzungsrind. Gute Mastfähigkeit. Hervorragende Fleischqualität. Robuste Gesundheit. Anspruchslos. Anpassungsfähig. Hohe Fruchtbarkeit. Arbeitstüchtig. Langlebig.
Zuchtgeschichte: Aus einer Mischung von hell- und graugelben Rindern hunno-slawischer Herkunft mit dem früher in Kärnten dominierenden Rot- und Rotfleckvieh süd-

deutscher Herkunft entstanden. Seit Ende des 18. Jahrhunderts breitete es sich rasch in Kärnten und teilweise in der Steiermark aus. Es stellt den Übergang von den ungarischen Steppenrassen zu den Gebirgsrassen dar. Wichtiges Stammgebiet waren das Lavanttal und das obere Gurktal. Hier wurde auf dem Gut Meierhofen bei Friesach eine Zuchtgrundlage geschaffen, die später großen Einfluss gewonnen hat: der Marienhofer Schlag. Zunächst kamen etliche weitere Schläge vor (Maltliner Schlag, Katschtaler Schlag u. a.). Zu Beginn des 20. Jahrhunderts Einkreuzungen von Gelbem Frankenvieh und Fleckvieh. 1930 machte der Blondviehbestand noch 37% des Rinderbestandes in Kärnten aus. 1938 wurden die bis dahin eigenständigen Zuchtverbände zum „Blondviehverband Südmark" zusammengeschlossen. Nach dem 2. Weltkrieg im Einzelfall Einkreuzung von Rotbunten; später wiederum von Gelbem Frankenvieh. Schließlich durch andere Rinderrassen nahezu verdrängt. Noch ca. 600 Tiere.

Jochberger Hummeln

Kennzeichen: Mittelgroß. Kastanienbraun. Ein weißer Streifen beginnt am Widerrist und verläuft über Becken, Hinterseite der Nachhand und Bauch bis zum Wammenansatz. Schwanz und Euter sind ebenfalls weiß. In der Regel laufen über Oberarm und Unterschenkel weiße Streifen („Fatschen"). Verhältnismäßig langer Kopf. Schmale, zur Mitte nahezu spitz zulaufende Stirn. Dunkle Klauen. Kräftig gebaut. Tiefe Brust. Gut bemuskelt. Hornlos.

	Stier	Kuh
Widerristhöhe	140	130
Gewicht	900–1000	600–650

Verbreitung: Bei Kitzbühel. Weitere Tiere im übrigen Österreich und in Bayern.
Leistung: Gutmütig. Trittsicher. Hohe Schlachtausbeute. Beste Fleischqualität. Respektable Milchleistung aus dem Grundfutter; durchschnittliche Jahresmilchmenge ca. 4300 kg mit 4,0% Fett.

Zuchtgeschichte: Aus den Pinzgauern hervorgegangen. Das erste hornlose Tier wurde nachweislich 1834 geboren und zwar auf dem Hof, auf dem diese Rinder jetzt noch vorkommen. In den 40er-Jahren des 19. Jahrhunderts kamen diese Rinder bei Kitzbühel vorübergehend in Mode und waren auch für den Export gefragt. Ende des 19. Jahrhunderts gab es nur noch wenige Besitzer dieser Variante, 1929 gar nur noch einen, der die „Hummeln" allerdings schon seit Menschengedenken züchtete. Bei F. Filzer kommen die Tiere auch heute noch vor. Er setzt abwechselnd zugekaufte, gehörnte Pinzgauer sowie hornlose Stiere aus eigener Nachzucht ein. Vor Jahren war der Bestand schon einmal auf zwei Kühe zurückgegangen; jetzt beträgt er wieder ca. 15 Tiere. Nur selten wurde im Verlaufe der letzten Jahrzehnte ein Tier, außer zur Schlachtung, verkauft. Als „Hummeln" bezeichnet man im Brixnertal in Tirol hornlose Tiere von ursprünglich behornten Rindern, Schafen und Ziegen.

Tiroler Grauvieh

Kennzeichen: Silber- bis eisengrau; zuweilen mit bräunlichem Anflug. Dunklere Farbschattierungen in der Umgebung der Augen, an Hals und Schultern sowie an der Außenseite der Schenkel. Umgebung des Flotzmaules, Rumpfunterseite, Euter und Innenseite der Beine sind heller. Stiere dunkler und oft hell gesattelt. Dunkle Klauen und Hörner.

	Stier	Kuh
Widerristhöhe	133	120–125
Gewicht	900–1000	500–550

Verbreitung: Nord- und Südtirol, gelegentlich Allgäu. In der Schweiz wird ein kleinerer und leichterer Typ unter dem Namen „Rätisches Grauvieh" gehalten.
Leistung: Robust, genügsam, langlebig. Harte Klauen. Zweinutzungsrasse. Die durchschnittliche Jahresmilchmenge beträgt 4300 kg bei 4,0% Fett; Spitzenleistungen liegen bei 7000 kg. Die Leistung ist umso beachtlicher, als 85% aller Grauviehzuchtbetriebe über 1000 m hoch und die meisten Almen zwischen 1600 und 2000 m hoch liegen. Die täglichen Zunahmen von Masttieren liegen bei 1150 g. Hohe Schlachtausbeute von über 60%. Gute Futterverwertung. Frühreif. Problemlose Abkalbungen.
Zuchtgeschichte: Uralte, bodenständige Rasse. Schon zur Römerzeit war das ligurisch-rätische Grauvieh aus dem Gebiet des oberen Inntals wegen seiner Milchergiebigkeit bekannt. Noch vor 100 Jahren erstreckte sich das Zuchtgebiet über weite Teile der Ostalpen. Gründung des „Oberinntaler Grauviehzuchtverbandes" Anfang des 20. Jahrhunderts. Das Tiroler Grauvieh hat sehr zur Verbesserung von Rinderrassen in Südosteuropa und Italien beigetragen. Die erste Grauviehzuchtgenossenschaft wurde 1922 gegründet. Die Zahl der Tiere ist rückläufig. Die Rasse wird auf karge Gebiete in Seitentälern des ursprünglichen Verbreitungsgebietes abgedrängt.

Tuxer Rind

Kennzeichen: Schwarz oder kräftig rotbraun (Zillertaler Typ) mit weißen Abzeichen auf Beckengegend und Schwanzansatz (Feder), Milchspiegel und am Euter bzw. Unterbauch. Auch das Schwanzende ist weiß. Gelegentlich weiße Binden über Oberarm und Unterschenkel. Helle Umgebung des Flotzmauls. Kurzer, breiter Kopf mit starken Hörnern. Kurze Beine. Breiter, kompakter, stark bemuskelter Rumpf.

	Stier	Kuh
Widerristhöhe	140	120–130
Gewicht	800–900	550–600

Verbreitung: Zillertal (Tirol).
Leistung: Genügsam. Starke Kampflust, die früher beim ersten „Auslassen" auf der Alm zu starken Kämpfen der Kühe untereinander führte (Kuhstechen). Die Siegerin („Moarin" oder „Roblerin") übernahm für die Dauer des Alpsommers die Führung der Herde. Gute Mastfähigkeit.

Zuchtgeschichte: Soll vom Eringer-Rind abstammen. Ursprünglich in weiten Teilen Tirols gehalten; Zuchtinseln auch in Südtirol. Damals wiederholt Einkreuzung anderer Alpenrassen. Wurde aber schon im 19. Jahrhundert auf das Zillertal zurückgedrängt. In früherer Zeit wurde vor allem auf Kampflust selektiert. Dieses Zuchtziel führte zur Vernachlässigung der Milchleistung. Die Jahresmilchleistung lag im Mittel bei nur 1500 kg mit allerdings hohem Fettanteil (bis 8%). Der Zusammenbruch der Rasse begann mit der systematischen Durchführung der Tbc-Bekämpfung. Die mit der Abschaffung der positiven Reagenten verbundene zahlenmäßige Schwächung konnte von der Rasse nicht verkraftet werden. Gegenwärtig sind nur noch ungefähr 110 Tiere vorhanden. Das Tuxer Rind war an der Entstehung der russischen Rassen Gorbatov, Rote Tambov und Yurinov beteiligt. Im Zillertal wurde in den 80er-Jahren des 20. Jh. ein Verein zur Förderung des Tuxer Rindes gegründet. Noch ca. 300 Tiere.

Eringer

Kennzeichen: Kräftige Konstitution. Das Haarkleid dunkelrot bis schwarzbraun. Gescheckte Tiere sind selten. Kurzer, breiter Kopf mit konkaver Stirnlinie. Feine Gliedmaßen. Stark bemuskelt. Kräftige Hörner.

	Stier	Kuh
Widerristhöhe	125–134	118–128
Gewicht	650–750	500–600

Verbreitung: Im Kanton Wallis in der Schweiz.

Leistung: Anspruchslos. Anpassungsfähig. Alptüchtig. Hervorzuheben ist die große Kampfbereitschaft, die häufig Grund für ihre Haltung ist. Man lässt Kühe und Färsen im Frühjahr in fünf Gewichtsklassen gegeneinander kämpfen. Die Siegerin aller Klassen bei den Endkämpfen bringt ihrem Besitzer hohes Ansehen ein; der Kaufpreis solcher Tiere ist beachtlich. Stiere werden häufig für Gebrauchskreuzungen oder zur Vornutzung von Färsen anderer Rassen herangezogen.

Fleischbetonte Zweinutzungsrasse. Kühe schlachten sich zu 54%, Kälber zu 57% aus. Die Jahresmilchmenge beträgt 3200 kg bei 3,8% Fett und 3,3% Eiweiß, die bei Berücksichtigung der speziellen Haltungs- und Fütterungsbedingungen beachtlich sind. Rasche Milchejektion.

Zuchtgeschichte: Soll bereits mit den Römern in das Gebiet des heutigen Wallis gekommen sein. 1884 wurde ein einheitlicher Rassestandard geschaffen. 1917 Gründung des Verbandes der Eringer Zuchtgenossenschaft. Das Eringer-Rind bildete im Verlaufe der Jahrhunderte die Grundlage für mehrere andere Rassen des Alpenraumes. In den letzten 40 Jahren vorübergehend Rückgang des Bestandes. Ein Großteil dieser Rasse wird im Nebenerwerb gehalten. Die Population umfasst ca. 13 500 Tiere, darunter ungefähr 6500 Kühe unter Milchleistungskontrolle. Einige Stiere stehen auf einer Besamungsstation bei Neuenburg. 50% der Kühe werden künstlich besamt. Attraktion des Wallis.

Evolèner

Kennzeichen: Mittelrahmig. Schwarz-, dunkel- oder rotbraun und weiß gescheckt. Im Allgemeinen ist das Weiß an Rücken und Bauch (annähernd Pinzgauerzeichnung). Kräftige Bemuskelung; Kühe haben eine Halsbemuskelung, wie sie bei Zweinutzungsrassen sonst nur bei Stieren üblich ist. Kurze, kräftige Beine. Feiner Knochenbau. Kurzer, breiter Kopf. Weiße, recht lange, außerordentlich kräftige Hörner.

	Stier	Kuh
Widerristhöhe	130	115–125
Gewicht	600–700	400–500

Verbreitung: Im Kanton Wallis in der Schweiz.
Leistung: Fleischbetonte Zweinutzungsrasse. Für die Färsenvornutzung mit anderen Rassen geeignet. Berggängig. Trittsicher. Hervorragende Alptüchtigkeit. Robust gegenüber Temperaturschwankungen. Leichte Geburten. Sehr temperamentvoll und kampflustig. Wird bei den Kuhkämpfen in Wallis eingesetzt. Die durchschnittliche Jahresmilchmenge liegt bei 3200 kg mit 3,8% Fett.
Zuchtgeschichte: Uralte Rasse des Wallis, die schon durch die Römer in diese Gegend gebracht worden sein soll. Der Name dieser Rasse erscheint 1859 zum ersten Mal. Steht dem Eringer Rind genetisch sehr nahe. Alten Abbildungen lässt sich entnehmen, dass die Eringer früher häufig gescheckt waren. Durch die Festlegung des Zuchtziels auf ein einfarbiges Rind wurden gescheckte Tiere ab 1885 immer seltener. Lediglich in dem Dorf Evolène, das in einem Seitental der Rhône liegt, sowie in einigen benachbarten Gemeinden konnten sich gescheckte Bestände halten. Die Zahl der Tiere beträgt ca. 150. Ca. 50 von ihnen sind jedoch nicht im Herdbuch eingetragen. Gelegentlich sollen gescheckte Rinder aus dem Aostatal mit gleichfalls ausgeprägtem Kampfgeist eingekreuzt werden. In der Eringerpopulation kommen zuweilen gescheckte Einzeltiere vor, die von Evolèner nicht zu unterscheiden sind.

Pustertaler Schecken

Kennzeichen: Überwiegend weiß. An den Rumpfseiten, insbesondere in der Flanke, schwarze, kastanienbraune oder hellbraune Platten, die sich bei vielen Tieren am Übergang zum weißen Fell auflösen, so dass hier zahlreiche kleine pigmentierte Hautflecken vorhanden sind. Es sieht so aus, als seien diese Teile durch Farbspritzer entstanden. Daher die Bezeichnung „Sprinzen" für solche Tiere. Je nach Farbe und von der Pigmentierung betroffenem Körperteil sprach man früher von Schwarz- oder Rot-, Kopf- oder Leibsprinzen. Behornt.

	Stier	Kuh
Widerristhöhe	135–145	125–135
Gewicht	800–900	500–600

Verbreitung: Pustertal und dessen Seitentäler in Südtirol. Seit den 80er-Jahren des 20. Jh. ca. 50 Exemplare in Deutschland.
Leistung: Die durchschnittliche Jahresmilchmenge beträgt ca. 3000 kg. Dabei ist zu berücksichtigen, dass die Tiere unter harten Bedingungen gehalten und nur kärglich mit bodenständigem Futter ernährt werden. Langlebig

Zuchtgeschichte: Aus der Einkreuzung von Eringer-Rindern in die bodenständige rote Landrasse im Pustertal entstanden. Einstmals über nahezu das ganze Pustertal verbreitet. Im 19. Jahrhundert Einkreuzung von Pinzgauern. Ende 19. Jahrhundert schwerster Rinderschlag der Ostalpen. Der Zusammenbruch der Rasse wurde dadurch eingeleitet, dass sie 1927 durch einen Erlass des landwirtschaftlichen Inspektorates von der Körung ausgeschlossen wurde. Damals gab es noch mindestens 8000 Tiere. Die Zucht war genossenschaftlich organisiert. Jetzt nur noch ca. 100 Kühe, die auf 15 Betrieben gehalten werden. Vor einigen Jahren wurden etliche Tiere nach Deutschland geholt und auf mehrere Bestände verteilt. Die Zucht gedeiht hier gut. Außerdem wurden Samenproben und Embryonen eingelagert. „Rasse des Jahres" 1999 in Österreich.

Valdostana

Kennzeichen: Klein. Zwei Zuchtrichtungen: rotgescheckte (Valdostana Pezzata Rossa) und schwarzgescheckte (Valdostana Pezzata Nera). Kopf, Rumpfunterseite und Beine meist weiß. Relativ großer Kopf, verhältnismäßig kurzer Rumpf. Becken häufig schmal mit erhöhtem Kreuzbein. Gut entwickeltes Euter. Gehörnt. Hörner der Kühe nach vorn aufwärts gerichtet.

	Stier	Kuh
Widerristhöhe	128–136	116–125
Gewicht	650–750	400–575

Verbreitung: Italien, vor allem im Aostatal, sowie in den Berggebieten des Piemont und Liguriens.
Leistung: Zweinutzungsrasse mit etwa gleicher Betonung von Milch und Fleisch. Durchschnittliche Jahresmilchmenge bei 3600 kg mit 3,6% Fett und 3,2% Eiweiß. Tägliche Zunahmen von Mastbullen 1160 g. Ausschlachtungsergebnis dieser Tiere bei 58%. Mehr als 90% aller Individuen werden gealpt. Unempfindlich gegenüber den großen Temperaturschwankungen im Gebirge. Robust und anspruchslos. Langlebig. Temperamentvoll. Mit den Kühen werden Kämpfe veranstaltet.
Zuchtgeschichte: Die Rasse hat ihren Namen vom Aostatal im Grenzgebiet Italiens zu Frankreich und der Schweiz. Die Vorfahren dieser Rasse sollen im 5. Jahrhundert von alemannischen Siedlern in das heutige Verbreitungsgebiet gebracht worden sein. Noch 1960 umfasste die Population 92 000 Tiere. Ihre Zahl ging bis 1973 auf 50 000 zurück. Die Bestände konnten in den vergangenen zehn Jahren wieder leicht ausgebaut werden. Zur Zeit sind noch 42 000 Individuen vorhanden, davon 32 000 Herdbuchtiere. 17 500 Kühe stehen unter Milchleistungskontrolle. 62% der weiblichen Tiere werden künstlich besamt. Valdostana steht der Rasse Evolène im benachbarten Kanton Wallis nahe.

Chianina

Kennzeichen: Größte Rinderrasse der
Erde. Farbe einheitlich porzellanweiß, gelegentlich leichte Grautönung. Wimpern und
Schwanzquaste sind schwarz. Die Haut ist
pigmentiert, so dass schwachbehaarte Stellen (Lider, After, Scheide) dunkel sind.
Ebenfalls dunkel sind Flotzmaul, Klauen
und Hörner. Sehr langer Rumpf. Schmaler,
mittellanger Kopf. Kurzes, glattes Haarkleid.
Die Kälber werden rötlichgelb geboren und
färben erst im Alter von zwei Monaten um.
Es gibt vier Schläge, die sich in Größe und
Gewicht unterscheiden.

	Stier	Kuh
Widerristhöhe	160–180	150–170
Gewicht	1200–1500	800–1000

Verbreitung: In Italien meist in der Gegend zwischen Florenz und Rom sowie Pisa
und Perugia. Nordamerika. In Deutschland
nur wenige Bestände; hier auch Bullen in
Kreuzungsprogrammen.

Leistung: Früher (gelegentlich auch heute
noch) leistungsfähiges Arbeitsrind. Wird als
Fleischrasse in Mutterkuhherden gehalten.
Hoher Ausschlachtungsgrad. Gute Fleisch-
qualität. Geringe Verfettungsneigung. Hitze-
tolerant. Wenig krankheitsanfällig.
Zuchtgeschichte: Gilt als die älteste
Rinderrasse Italiens. Den Weltrekord im
Lebendgewicht von Rindern stellte 1955 in
Arezzo der Stier „Donetto" mit 1740 kg auf.
Auffallend ist die Ähnlichkeit mit Rinderdar-
stellungen der Etrusker, so dass ein genea-
logischer Zusammenhang gesehen wird.
Ursprünglich kommt sie aus Umbrien in
Oberitalien, erreichte jedoch ihren jetzigen
Typ erst im Chianina-Tal in der Toscana.
Ein offizielles Zuchtprogramm wurde 1932
mit Unterstützung der Regierung begon-
nen. Zur Aufnahme in das Herdbuch
waren Leistungsmerkmale ebenso wichtig
wie die weiße Farbe. Die Bedeutung als
Arbeitsrind nimmt auch in Italien ab.
Man konzentriert sich jetzt auf die Fleischproduktion.

Piemontese

Kennzeichen: Mittelgroße Rinderrasse.
Kühe sind hellgrau mit dunklem Flotzmaul
und After sowie dunkler Scheide. Bullen
insgesamt dunkler, besonders Schulter,
Oberarm, Umgebung der Augen und
Schwanzquaste. Mächtige Muskelmassen an
Nacken, Schulter und Keule. Relativ fein-
knochig. Behornt. Die Kälber werden
rötlichgelb geboren. Sie färben sich nach
einigen Monaten um.

	Stier	Kuh
Widerristhöhe	140	130
Gewicht	800–1000	600–700

Verbreitung: Hauptsächlich westliches
Oberitalien, Nord- und Südamerika, Mittel-
und Westeuropa, Australien, Neuseeland
und China. In den meisten Ländern wird
vorwiegend Sperma für Gebrauchs- und Ver-
drängungskreuzungen eingesetzt.
Leistung: Reine Fleischrasse, in der häufig
Doppellender vorkommen. Hohe Tageszunahmen. Sie schlachten bis zu 65% aus.
Gute Schlachtkörperqualität. Sehr geringer
Fettanteil. Manche Bullen mit erhöhtem An-
teil von Schwergeburten; andere Vatertiere
machen dagegen sehr leichte Geburten, so
dass sie für die Färsenvornutzung geeignet
sind.
Zuchtgeschichte: Einzige europäische
Rinderrasse, die zebublütig sein soll. In der
Region Piemont fasste man 1848 mehrere
Rinderschläge zur „Razza Piemontese" zusammen: Die großen, gelblichen Rinder der
Ebene mit langen Beinen sowie den kleinen,
roten bis strohfarbenen Demont-Schlag der
Bergregion. Erstere waren Arbeits- und
Fleischrinder mit mäßiger Milchleistung.
Hinzu kam das Albese-Rind, welches schon
damals Doppellender-Kälber hervorbrachte,
sowie ein weiterer Schlag. Als Dreinut-
zungsrasse gezüchtet, verlor als Erstes die
Arbeitsleistung an Bedeutung, im Verlauf
der letzten 35 Jahre auch die Milchleistung,
so dass der jetzige Typ herausgebildet werden konnte.

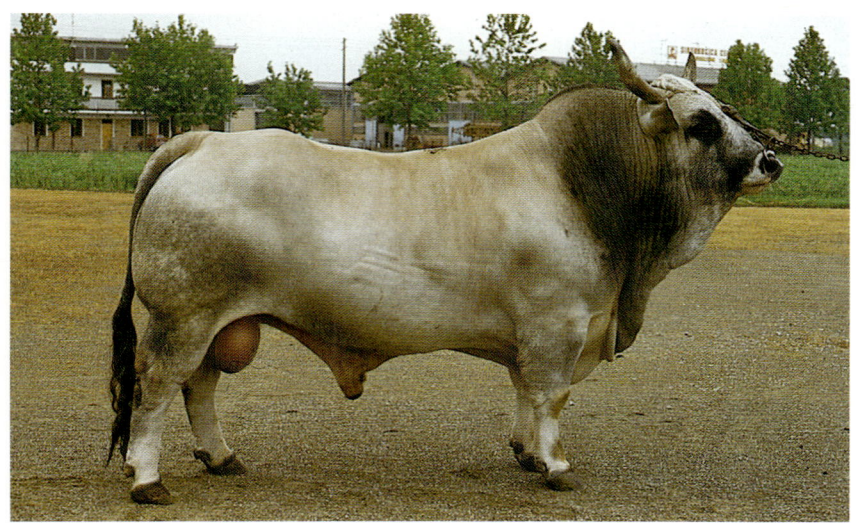

Romagnola

Kennzeichen: Großrahmiges Rind. Die
Kühe sind weiß bis hellgrau, die Bullen sind
intensiver gefärbt; Hals und Umgebung der
Augen sind besonders dunkel. Bei beiden
Geschlechtern sind Lider, After, Schwanzquaste und Flotzmaul, bei den weiblichen
Tieren auch die Scheide, schwarz. Kälber
haben während der ersten Lebensmonate
eine rötlich-gelbe Farbe. Kurzer Kopf und
breite Stirn. Relativ kurzbeinig. Stark bemuskelt. Behornt.

	Stier	Kuh
Widerristhöhe	155	145
Gewicht	1100–1200	650–750

Verbreitung: Italien, insbesondere Apennin
und untere Po-Ebene.
Leistung: Anpassungsfähig und anspruchslos. Ursprünglich Dreinutzungsrind mit starker Beachtung der Arbeitsleistung. Wird
heute als reine Fleischrasse gezüchtet. Die
täglichen Zunahmen der Mastrinder liegen
bei 1300 g. Beste Schlachtkörperqualität.
Geringe Verfettungsneigung. Kaum Schwergeburten. Wird international in Kreuzungsprogrammen mit Milch- und Fleischrassen
verwendet.
Zuchtgeschichte: Aus der Kreuzung von
podolischen Rindern mit einheimischen
Schlägen entstanden. Sie konsolidierte sich
im 19. Jahrhundert in der Provinz Forlì.
Dabei wurde in der Zeit von 1850–1880
Chianina eingekreuzt. Bereits auf der Welt-
ausstellung in Paris 1900 wurde Romagnola
als die beste Mastrasse ausgezeichnet. 1956
wurde ein Herdbuch eröffnet. Man unterscheidet zwei Zuchtrichtungen: der in der
Ebene gehaltene Schlag „Romagnola gen-
tile" ist wüchsiger und frühreifer. Der im
Gebirge gehaltene Schlag „Romagnola di
Montagna" gilt als das bessere Arbeitsrind.

Maremmana

Kennzeichen: Mittelgroß. Die Kühe hellgrau, Stiere insbesondere an Hals und
Schultern dunkler. Kälber bis zum Alter
von drei Monaten rotbraun. Schwarze Haut.
Gerader Rücken mit guter Entwicklung der
Oberschenkel. Breite Brust; breite, lange
Kruppe. Gut geformtes Euter. Extrem lange,
kräftige Hörner, bei der Kuh leierförmig,
beim Stier sichelförmig.

	Stier	Kuh
Widerristhöhe	150–155	140–150
Gewicht	700–800	450–500

Verbreitung: Westliche Hälfte Mittel-
italiens.
Leistung: Landrasse. Robust und anspruchslos. In erster Linie Fleischnutzung.
Ausschlachtung 64%. Langlebig. Gute
Fruchtbarkeit. Erstgeburtsalter bei vier Jahren, in gut geführten Betrieben ein Jahr
früher. Kalbeintervall kürzer als 14 Monate.
Bekannt krankheitsresistent.

Zuchtgeschichte: Vermutlich aus Rindern
der Etrusker und Römer durch Kreuzung
mit Tieren der Hunnen hervorgegangen. Bedingt durch die Bodenreform um 1900 gingen die Bestände stark zurück. Erst in den
30er-Jahren, als die Fleisch- und Arbeitsleistung nach den geringen Produktionskosten
beurteilt wurde, wurde die Wirtschaftlichkeit der Rasse deutlich, die Bestände konnten gesichert werden. Damals führte man
auch Leistungskontrollen und Nachkom-
menprüfungen ein. 1951 wurde die Population auf 170 000 Tiere geschätzt. Die Ab-
wärtsentwicklung – Arbeitsrinder wurden
kaum noch benötigt – konnte bei Marem-
mana in den 60er-Jahren weitgehend beendet werden. Damals umfasste die Population
noch 30000 Individuen. Die Einkreuzung
von Charolais, Chianina und Limousin be-
währte sich nicht; wertvolle Rasseeigenschaften gerieten in Gefahr. 1961 traten die
Züchter dem Italienischen Fleischrinder-
Zuchtverband bei. Gegenwärtig wird die
Rasse auf 25000 Tiere geschätzt.

Ungarisches Steppenrind

Kennzeichen: Großrahmiges Rind. Silberweiß bis aschgrau. Um Augen, Widerrist, Bauchseiten und Keulen insbesondere bei Stieren oft eine dunklere Färbung. Die Kälber werden rötlichgelb geboren. Schmaler und relativ kurzer Kopf. Langer, flacher Hals. Ausgeprägter Widerrist. Oft leichter Senkrücken. Lange, tiefe Brust. Abfallendes Becken. Relativ kleines Euter. Auffallend lange, weitausladende Hörner, die bei Ochsen bis zu 80 cm lang werden können.

	Stier	Kuh
Widerristhöhe	140–155	135–145
Gewicht	750–950	500–650

Verbreitung: Ungarn. In geringer Zahl in anderen mittel- und osteuropäischen Ländern.
Leistung: Ausdauernd. Hervorragendes Arbeitstier. Spätreif. Krankheitsresistent. Langlebig. Anspruchslos. Sehr harte Klauen. Leichte Kalbung. Rasches Wachstum der Kälber. Die Jahresmilchleistung beträgt ungefähr 2000 kg. Wird in der letzten Zeit häufig auf der mütterlichen Seite zur Erzeugung von Mastrindern verwendet.

Zuchtgeschichte: Die Ansichten über die Herkunft gehen auseinander. Es wird angenommen, dass entweder die Magyaren diese Rinder im 9. Jahrhundert aus Osteuropa mit sich brachten, oder dass sie später aus dem Osten bzw. Süden (Balkan, Italien) kamen. Vom 14. bis zum 18. Jahrhundert war dieses Rind bis weit über Ungarn hinaus eine sehr geschätzte Fleischrasse. Besonders begehrt war es in Italien, Österreich und Deutschland. Als im 19. Jahrhundert die Landwirtschaft intensiviert wurde, entstand aus dem Steppenrind ein hervorragendes Arbeitstier. Seit Ende des 19. Jahrhunderts ging der Bestand zurück. Den tiefsten Stand erreichte er mit 187 weiblichen Tieren und sechs Bullen. Herdbuchzucht ab 1931. In Ungarn jetzt insgesamt 1100 Kühe.

Vogesenrind

Kennzeichen: Mittelgroß. Grundfarbe
schwarz. Weißer Rückenstreifen (Feder),
weißer Schwanz und weiße Unterseite,
auch weiße Beine von Karpal- bzw. Tarsalgelenken abwärts. Randgebiete der Pigmentierung entweder scharf gezeichnet oder ge-
sprenkelt. Kopf meist grauschimmelig.
Dunkle Augenringe. Flotzmaul sowie dessen
Umgebung und Ohren ebenfalls dunkel.
Feines, trockenes Fundament. Schwarze
Klauen. Behornt.

	Stier	Kuh
Widerristhöhe	135–140	125–136
Gewicht	900–1000	550–600

Verbreitung: Vogesen/Frankreich
Leistung: Gutmütig. Robust. Genügsam
(Gebirgsvieh). Im Sommer in Hochlagen der
Vogesen gehalten. Milchbetontes Zweinutzungsrind. 600 Kühe unter Milchkontrolle.
Jahresmilchmenge im Mittel 3500 kg mit
3,9% Fett, fast ausschließlich zu Münster-
Käse verarbeitet. Bemerkenswerte Fruchtbarkeit. Leichtkalbigkeit auch bei Färsen
und alten Kühen. Feinfaseriges, sehr
schmackhaftes Fleisch. Hoher Muskelanteil
des Schlachtkörpers.
Zuchtgeschichte: Als ursprüngliche Rasse
mindestens seit Anfang des 19. Jahrhunderts
in den Vogesen. Nach dem 30-jährigen Krieg
kamen Jemtländer, eine in der Färbung ähnliche schwedische Rasse, in diese Gegend.
Ende des 19. Jahrhunderts Einkreuzung von
Rindern aus Lothringen, die dem Vogesen-
rind ähnlich, aber schwerer waren. Selten
kommen braune Tiere vor, die jedoch nicht
zur Zucht genommen werden. Seit dem
1. Weltkrieg sank die Zahl der Tiere. 1974
wurde begonnen, in beschränktem Maße
Sperma von Telemarkstieren aus Norwegen
einzusetzen. Dank der Beharrlichkeit einiger Züchter wurde ein Plan zur Erhaltung
der Rasse aufgestellt, seit 1977 vom Landwirtschaftsministerium unterstützt. Seitdem
wieder deutlicher Anstieg der Individuenzahl. 1990 wurden 8500 Tiere registriert.

Charolais

Kennzeichen: Großrahmiges Fleischrind. Viel Tiefe und Breite des Körpers. Weiß bis cremefarben, mit rosa Flotzmaul und hellen Klauen. Kurzer, breiter Kopf. Stark bemuskelte Lende und Keule. Kräftiges Fundament. Behornt.

	Stier	Kuh
Widerristhöhe	142–155	135–140
Gewicht	1100–1400	700–900

Verbreitung: Frankreich und die meisten anderen Länder Europas, insbesondere Großbritannien, Nord- und Südamerika sowie viele weitere Länder der Welt (insgesamt ca. 70).
Leistung: Frohwüchsig. Geringe Verfettungsneigung. Gute Fleischqualität. Hohe Schlachtausbeute. Ausgezeichnete Fleischfülle, insbesondere der wertvollen Teilstücke. In den Mastprüfungsanstalten werden durchschnittliche Zunahmen von 1300–1600 g pro Tag erzielt. Relativ späte Schlachtreife, daher gut geeignet für Mast auf hohe Endgewichte. Ausschlachtung von Mastbullen 71%. Günstige Futterverwertung. Erstlingskühe neigen zu Schwergeburten. Tolerant gegen Sonneneinstrahlung. Gut geeignet für Gebrauchskreuzungen.
Zuchtgeschichte: Geht auf eine um Charolles (Frankreich) verbreitete Landrasse zurück, die im 19. Jahrhundert mit weißen Shorthorns gekreuzt wurde. Die Zucht erfolgte zunächst auf schwere, leicht mästbare Zugochsen. 1864 wurde in Nevers ein Herdbuch für die Nevers-Charolaise-Rasse eingerichtet, ein anderes 1882 in Charolles. Die Vereinigung dieser beiden zum Charolais-Herdbuch fand 1919 statt. Internationale Bedeutung erlangte die Rasse nach dem 2. Weltkrieg. In die Bundesrepublik kamen die ersten Tiere um 1960. Hier kein zusammenhängendes Zuchtgebiet, doch Schwerpunkte der Zucht in der nördlichen Hälfte. Charolais ist an der Bildung mehrerer neuer Rassen beteiligt, z. B. von Charbray in den USA und Canchim in Brasilien.

Limousin

Kennzeichen: Mittel- bis großrahmiges Fleischrind in Rechteckform. Das Haarkleid ist einfarbig rotbraun mit Aufhellungen in der Umgebung der Augen und des Flotzmaules sowie des unteren Teils der Brust. Stiere dunkler. Rosa Flotzmaul. Relativ kleiner Kopf. Starke Bemuskelung aller fleischtragenden Körperteile. Feiner Knochenbau. Helle Hörner und Klauen.

	Stier	Kuh
Widerristhöhe	145–150	135–140
Gewicht	1000–1200	700–800

Verbreitung: Das ursprüngliche Zuchtgebiet liegt in der Mitte Frankreichs (Zentrum ist die Stadt Limoges). Wurde in über 60 Länder exportiert. In Deutschland vor allem im Norden und Westen. Wird insgesamt in mehr als 40 Ländern gehalten.
Leistung: Widerstandsfähig gegen Witterungseinflüsse. Gute Fruchtbarkeit. Langlebig. Die Jahresmilchmenge beträgt ca.

4100 kg bei 4,0% Fett und 3,2% Eiweiß. Limousin wird jedoch in Frankreich überwiegend und in anderen Ländern ausschließlich als Fleischrind gehalten; die Kühe ziehen ihre Kälber auf. Leichtkalbig. Geburtsgewicht der männlichen Kälber im Mittel 39 kg, der weiblichen 36 kg. Hohe tägliche Zunahmen der Masttiere (durchschnittlich 1250 g). Hoher Ausschlachtungsgrad. Extreme Bemuskelung speziell der Keulenpartie (Apfelkeule). Geringe Verfettungsneigung. Das Fleisch ist zart und feinfaserig. Geringe Schwergeburtenrate. Gut geeignet für Gebrauchskreuzungen.
Zuchtgeschichte: Die organisierte Zucht des Limousin-Rindes reicht bis in die 60er-Jahre des 19. Jahrhunderts zurück. Damals stand die Tauglichkeit zur Arbeit noch sehr im Vordergrund. Ein Herdbuch wurde 1886 gegründet. Die Umzüchtung zum Fleischrind fand erst ab 1900 statt. Limousin macht mit 563 000 Tieren 6,2% des französischen Rinderbestandes aus. Die Zahl steigt.

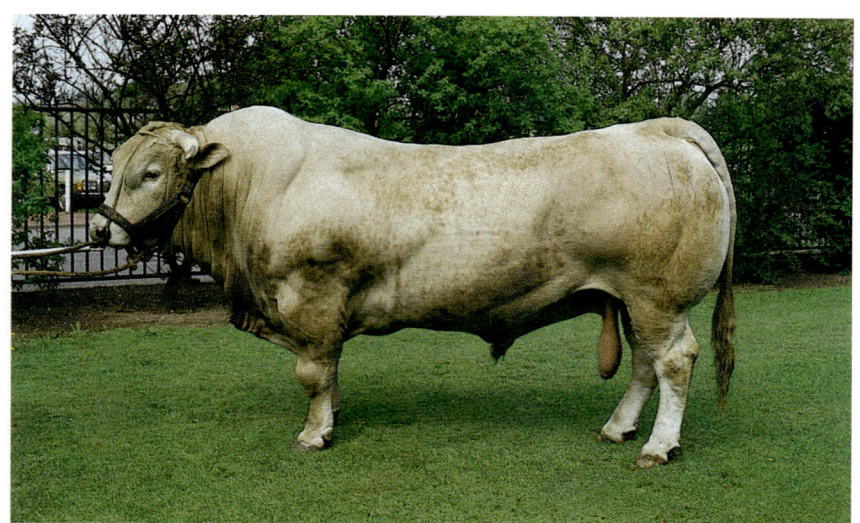

Blonde d'Aquitaine

Kennzeichen: Großrahmig. Außerordentlich lang. Relativ kleiner Kopf. Einfarbig hell bis weizenfarbig. Aufhellungen um Augen und Flotzmaul. Unterseite des Rumpfes und unterer Teil der Beine heller. Flotzmaul und Schleimhäute rosa. Bemuskelung in allen fleischtragenden Partien sehr gut entwickelt. Feines Fundament. Hörner wachsgelb mit dunklen Spitzen.

	Stier	Kuh
Widerristhöhe	155−165	145
Gewicht	1200−1400	850−1000

Verbreitung: Im Ursprungsland Frankreich vor allem im Südwesten. Seit einiger Zeit in allen bedeutenden Fleischerzeugungsländern der Erde, besonders USA, Argentinien, Brasilien und Australien. Einzelne Bestände in Mitteleuropa. Von einigen Besamungsstationen in Deutschland wird Sperma für die Erzeugung von Gebrauchskreuzungen angeboten.

Leistung: Anspruchslos und robust. Anpassungsfähig. Langlebig. Weder gegen extreme Temperaturen noch für hohe Niederschläge empfindlich. Fleischrasse. Wegen der Länge der Kälber nur geringer Anteil von Schwergeburten. Geburtsgewicht der Stierkälber ca. 47 kg. Frohwüchsig. Gutes Fleischbildungsvermögen. Tägliche Zunahmen im Alter von 6−12 Monaten 1400−1500 g. Trotz Frühreife geringer Fettansatz. Ausschlachtung 62%.

Zuchtgeschichte: 1962 entstanden, indem die drei Blondviehrassen Garonnaise, Quercy und Blonde des Pyrénées zusammengefasst wurden. Diese Ausgangsrassen wurden ursprünglich als Arbeitsrinder gehalten, später wurden sie auf Fleischrassen umgezüchtet und zwar vor allem für die Kalbfleischproduktion. Es bestehen in Frankreich Zuchtprogramme, durch die mit gezielter Paarung einerseits Fleischqualität und Muttereigenschaften verbessert, andererseits Bullen für die Kreuzung mit Milch- und Landrassen selektiert werden sollen.

Normanner Rind

Kennzeichen: Großrahmiges Rind mit viel Tiefe und Breite. Gut bemuskelt. Meist lebhaft gescheckt, teils gedeckt. Auffallend ist die Dreifarbigkeit. Grundton der Pigmentierung ist ein mittleres Braun, das oft dunkelbraun bis nahezu schwarz gestromt oder gefleckt ist. Der Kopf ist meist weiß. Die Augen sind oft dunkel gesäumt, das pigmentierte Flotzmaul ebenfalls. Der relativ kurze Kopf besitzt eine rassetypische Eindellung zwischen Stirn- und Nasenteil (Coup de poing). Behornt.

	Stier	Kuh
Widerristhöhe	150–160	135–145
Gewicht	1100–1300	700–800

Verbreitung: Frankreich; hauptsächlich in der Normandie und der Bretagne. Südwärts bis in die Gegend der Loire. Vereinzelt im übrigen Frankreich. Nord- und Südamerika sowie verschiedene europäische Länder.
Leistung: Milchbetontes Zweinutzungsrind. Die Jahresmilchmenge beträgt im Durchschnitt 5600 kg bei 4,2% Fett und 3,6% Eiweiß. Die täglichen Zunahmen von Mastbullen betragen im Mittel 1300 g. Die Rasse eignet sich auch zur Ammenkuhhaltung, wobei die Milchmenge einer Kuh ausreicht, um drei Kälber aufzuziehen.
Zuchtgeschichte: Vermutlich von den Wikingern im 9. und 10. Jahrhundert nach Nordfrankreich gebracht. Um 1850 Einkreuzung von Shorthorn. Zu dieser Zeit starke Ausdehnung der Rasse durch Verdrängungskreuzung nach Süden. Bereits 1883 wurde ein Herdbuch gegründet, dem 1907 der erste Kontrollverein Frankreichs folgte. 1920 wurde das Herdbuch neu organisiert und 1946 traf man die Entscheidung, alle Kühe in die Milchleistungsprüfung einzubeziehen. Zur weiteren Konsolidierung der Rasse wurde das Herdbuch für Bullen geschlossen. 1958 machte diese Rasse ein Viertel des gesamten Rinderbestandes Frankreichs aus. Jetzt noch 2,5 Millionen Individuen. Der Anteil ist jedoch rückläufig.

Salers

Kennzeichen: Großrahmig. Einfarbig dunkelrot (mahagonirot), gelegentlich auch schwarz. Auffallend langes und lockiges Haar. Schleimhäute und Flotzmaul hell. Breiter Kopf mit langen, leierförmigen Hörnern, meist weit nach außen gestellt. Schwanzspitze weiß. Gute Bemuskelung. Kräftiges Fundament.

	Stier	Kuh
Widerristhöhe	150	140
Gewicht	1000–1100	600–800

Verbreitung: Frankreich, Nord- und Südamerika, Spanien, Portugal. In geringer Zahl in vielen weiteren Ländern. Seit Ende der 80er-Jahre des 20. Jh. auch in Deutschland; hier steigende Nachfrage.

Leistung: Robustrasse. Mehr als Fleischrinder in der Mutterkuhhaltung genutzt: die Kälber werden getrennt von den Kühen gehalten und nur vor den Melkzeiten kurz zu den Müttern gelassen. Die Milchmenge (Laktationsdauer ⌀ 274 Tage) beträgt im Mittel 3050 kg mit 3,6% Fett. Berggängig, zäh und anspruchslos. Langlebig. Sehr gute Fruchtbarkeit; leichtkalbig; gute Muttereigenschaften. Wüchsige Kälber; geringe Kälbersterblichkeit. Tägliche Zunahmen der Masttiere bei 1250 g, Ausschlachtung ca. 56%. Gut marmoriertes, schmackhaftes Fleisch.

Zuchtgeschichte: Die Rasse wurde nach Salers benannt, einer Stadt im Zentralmassiv im Süden Frankreichs. Eine der ältesten französischen Rinderrassen. Zuchtbeginn im 19. Jahrhundert. Herdbuch seit 1908, Milchleistungsprüfungen seit 1925. Bis in die 60er-Jahre des 20. Jh. fast nur in einigen Departements des Zentralmassiv. Seitdem fast in ganz Frankreich verbreitet. Ursprünglich Dreinutzungsrasse. Dann zur fleischbetonten Zweinutzungsrasse umgeformt, außerhalb des Ursprungsgebiets meist als reine Fleischrasse gehalten. Salers macht mit 164 000 Kühen 1,8% des französischen Rinderbestandes aus.

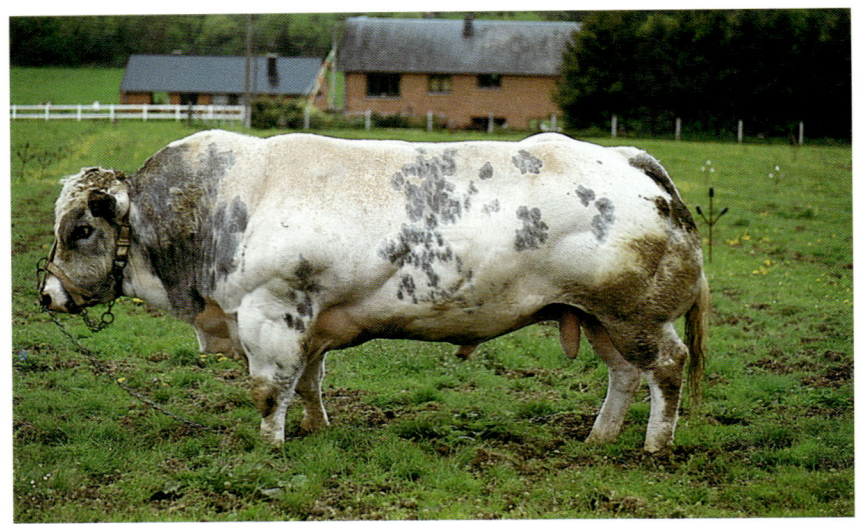

Weißblaue Belgier

Kennzeichen: Mittelgroßes, schweres Rind mit z.T. massiger Muskulatur. Es kommen die Farben Weiß und Blauweiß-gescheckt vor. Gelegentlich treten schwarz-weiße Tiere auf. Relativ kleiner Kopf. Es gibt einen Zweinutzungstyp (Fleisch-Milch) und einen Fleischtyp.

	Stier	Kuh
Widerristhöhe	145–150	138–145
Gewicht	1100–1300	700–800

Verbreitung: Südliche Hälfte von Belgien und Nordosten Frankreichs; Einzelbetriebe auch in Deutschland. Recht häufig Einkreuzung in andere Rassen.

Leistung: Die Jahresmilchmenge des Zweinutzungstyps beträgt annähernd 4000 kg bei 3,8% Fett und 3,3% Eiweiß. Die täglichen Zunahmen liegen bei 1300 g. Der Fleischtyp schlachtet sich zu 65%, der Zweinutzungstyp zu 60% aus. Beste Schlachtkörperqualität, insbesondere der Doppellender.

Hoher Anteil wertvoller Teilstücke. Die konsequente Selektion auf Muskelhypertrophie führte zum gehäuften Auftreten von Doppellendern. Der Anteil der Schwergeburten ist insbesondere bei den Erstkalbenden sehr hoch. Kaiserschnitte werden häufig vom Besitzer selbst durchgeführt. Frühreif.

Zuchtgeschichte: Geht zurück auf zwei im Typ unterschiedliche Landschläge. In der zweiten Hälfte des 19. Jahrhunderts wurden Charolais und Shorthorn eingekreuzt. Zunächst strebte man ausschließlich ein Zweinutzungsrind an. Ab 1950 wurde bei einem Teil der Population die Zucht auf Muskelfülle in den Vordergrund gestellt. Bullen werden für Gebrauchskreuzungen mit Kühen von Zweinutzungsrassen eingesetzt. Die andere Zuchtrichtung steht nach wie vor im Typ einer Zweinutzungsrasse. Mit ca. 45% des Gesamtbestandes die in Belgien verbreitetste Rinderrasse.

Groninger, Blaarkop

Kennzeichen: Mittelgroßes Rind mit beachtlicher Rumpftiefe und -breite. Die Grundfarbe der Mehrzahl der Tiere ist schwarz (ca. 60%), die der übrigen rot. Kopf, Unterbrust, Euter und Extremitätenenden sind weiß. Die Augen sind meist dunkel umrandet (Brillen). Das Flotzmaul ist dunkel. Behornt.

	Stier	Kuh
Widerristhöhe	140–145	130–140
Gewicht	800–900	600–650

Verbreitung: Niederlande, hauptsächlich in den Provinzen Groningen (das Ursprungsgebiet), Südholland, Utrecht und Gelderland. In einige andere Länder zur Verbesserung der dortigen Rinder exportiert.

Leistung: Zweinutzungsrind mit guter Bemuskelung und einer durchschnittlichen Jahresmilchmenge von annähernd 6000 kg bei 4,1% Fett und 3,5% Eiweiß. Spitzentiere haben eine Lebensleistung von mehr als 100 000 kg Milch. Die täglichen Zunahmen von Mastbullen betragen im Durchschnitt 1150 g. Sehr harte Klauen.

Zuchtgeschichte: Aus dem alten einheimischen Schwarzbuntschlag durch Shorthorneinkreuzung in der zweiten Hälfte des 19. Jahrhunderts entstanden. Rinder mit der typischen Farbverteilung dieser Rasse gab es in den Niederlanden schon im 15. Jahrhundert. Ursprünglich mehr ein Fleischrind, das allmählich auf ein milchbetontes Zweinutzungsrind umgezüchtet wurde. Die Rasse wurde 1906 offiziell anerkannt. Groninger machen gegenwärtig weniger als 1% des niederländischen Rinderbestandes aus. Wesentliche Ursache ist die Einkreuzung von Holstein-Friesian bzw. Red Holstein in die häufigeren Rinderpopulationen der Niederlande, wodurch die Groninger in Bezug auf die Milchleistung ins Hintertreffen kamen. 1976 wurde von der „Arbeitsgruppe Blaarkop" ein Plan zur Erhaltung dieser Rasse aufgestellt.

Lakenvelder

Kennzeichen: Mittelrahmig. Kopf, Hals, Vorder- und Hinterhand schwarz (75% der Tiere) oder braun (25%) ohne Abzeichen. Über die Mittelhand läuft ein breites, weißes Band. Behornt.

	Stier	Kuh
Widerristhöhe	135–140	125–135
Gewicht	900–1000	550–650

Verbreitung: Niederlande. Belgien. USA.
Leistung: Zweinutzungsrind mit einer durchschnittlichen Jahresmilchmenge von 5000 kg. Gute Mastfähigkeit der Kälber.
Zuchtgeschichte: Rinder mit dieser charakteristischen Farbverteilung kommen bereits auf Gemälden niederländischer Meister aus dem 17. Jahrhundert vor. Die ersten Beschreibungen derartig gezeichneter Tiere stammen aus dem 18. Jahrhundert. Nachdem bei anderen Rinderrassen immer wieder Tiere mit der Lakenveld-Zeichnung vorkamen, wurden seit Anfang des 20. Jahr-

hunderts systematisch Zuchten aufgebaut. 1918 wurde in den Niederlanden ein Herdbuch eingerichtet. Die Zucht in den USA besteht seit 1850. Nach dem 2. Weltkrieg ging die Zahl der Tiere stark zurück, bis sich einige engagierte Züchter intensiv um die Erhaltung bemühten. In den 60er-Jahren des 20. Jh. wurde ein Belted Galloway-Stier eingekreuzt, der jedoch erwartungsgemäß die Hornlosigkeit dieser Rasse vererbte. Starken Auftrieb bekam die Rasse, als die 1976 gegründete „Stichting zeldzame huisdierrassen" gegründet wurde und sich der Lakenvelder in besonderer Weise annahm. Es gibt jetzt wieder eine beachtliche Anzahl von Züchtern dieser Rasse, wenn auch die Zahl gut gezeichneter Tiere immer noch begrenzt ist.

Ayrshire

Kennzeichen: Ausgesprochene Milchrasse mit verhältnismäßig schwach entwickelter Vorhand und wegen des großen Euters kräftig erscheinender Hinterhand. Braun- oder rotweiß gescheckt; gelegentlich nahezu reinweiß. Kopf pigmentiert mit Blesse. Feiner Knochenbau; mäßige Bemuskelung. Straff ansitzendes Euter mit ausgeprägtem Voreuter und weit nach hinten reichendem Baucheuter. Hörner in einer die Rasse kennzeichnenden Lyraform.

	Stier	Kuh
Widerristhöhe	140	127–135
Gewicht	800–1000	550–650

Verbreitung: Nahezu weltweit. Besonders Großbritannien und Nordamerika. In Finnland über 80% der Rinderpopulation. Außerdem Südamerika, Ostafrika, Australien, Neuseeland.

Leistung: Im Vordergrund steht die Milchleistung. Durchschnittliche Jahres-milchmenge bei 6000 kg mit 3,9% Fett. Für eine Milchrasse recht gute Fleischleistung. In viele andere Rassen zur Verbesserung der Milchleistung eingekreuzt.

Zuchtgeschichte: In ihrem gegenwärtigen Typ Ende des 18. Jahrhunderts in der Grafschaft Ayr im Südwesten Schottlands, vermutlich aus bodenständigen Landrassen durch Einkreuzung dänischer und holländischer Rinder sowie von Highlands und Shorthorn, möglicherweise auch von Rindern der Kanalinseln (Jersey, Guernsey) entstanden. Zunächst war der Name Cunningham-Rind nach dem Norden des ursprünglichen Verbreitungsgebietes, bzw. Dunlop-Rind, nach einem verdienstvollen Züchter, gebräuchlich. Schon 1822 kamen Ayrshires in die USA, wo 1876 das erste Herdbuch eröffnet wurde. Seit Mitte des 19. Jahrhunderts stieg die Milchleistung deutlich, die Fleischleistung wurde immer weniger beachtet. Die „Ayrshire Cattle Herdbook Society of Great Britain and Ireland" wurde 1877 gegründet.

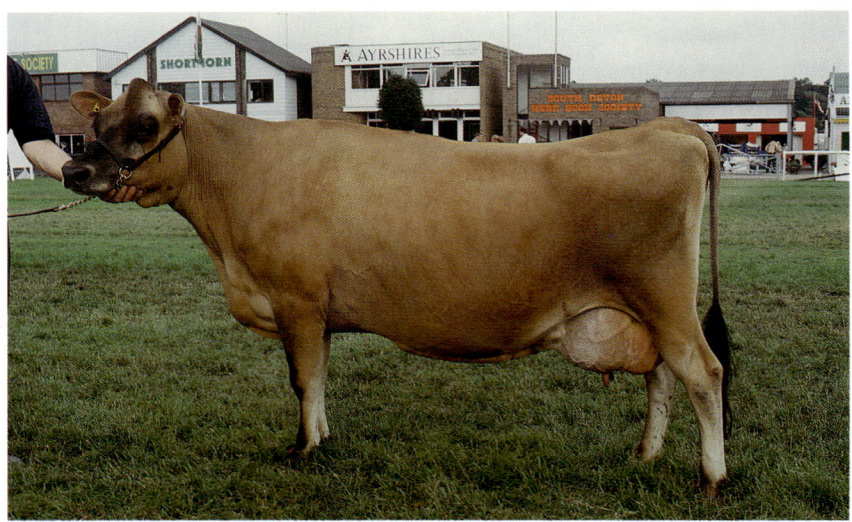

Jersey

Kennzeichen: Kleines, zierliches Rind mit feinem Knochenbau und geringer Bemuskelung. Die Farbe variiert stark: es gibt sowohl gelbbraune bis hellrote als auch cremefarbene und fast schwarze Tiere, gelegentlich Schecken. An Kopf, Schulter und Hüfte fast immer etwas dunkler. Häufig kommt ein Aalstrich vor. Das dunkle Flotzmaul ist fast stets hell gesäumt. Kurzer Kopf mit breiter Stirn. Gesattelte Stirnlinie. Große ausdrucksvolle Augen. Behornt. Meist wird die Hornanlage zerstört, so dass die Tiere hornlos bleiben.

	Stier	Kuh
Widerristhöhe	127	120–125
Gewicht	700	350–400

Verbreitung: Nahezu weltweit. Außer in Großbritannien bedeutende Zucht in Dänemark. In Deutschland kein geschlossenes Zuchtgebiet, aber Schwerpunktbildung in der östlichen Hälfte Niedersachsens. In manchen Rinderherden werden einige Jerseys gehalten, um die Fettprozente in der Bestandsmilch anzuheben.

Leistung: Einseitige Milchrasse. Die Herdbuchkühe in der Bundesrepublik erbrachten 1999 im Mittel 5000 kg Milch bei 6,0% Fett und 4,1% Eiweiß. Gute Persistenz der Milchleistung. Frühreif. Leichtkalbig. Langlebig.

Zuchtgeschichte: Stammt ursprünglich von der Kanalinsel Jersey. Man nimmt an, dass Rinder aus der Normandie und der Bretagne an der Bildung beteiligt waren. Ist schon seit dem 18. Jahrhundert wegen ihrer fettreichen Milch bekannt. 1763 wurde der Import von Rindern nach Jersey aus seuchenpolizeilichen Gründen verboten. Seit dieser Zeit ohne Einkreuzung anderer Rassen. Die erste Herdbuchgesellschaft entstand 1866. Schon Anfang des 19. Jahrhunderts Export von Tieren in die USA, später nach England, Neuseeland und um 1900 nach Dänemark. Die deutsche Jerseyzucht basiert überwiegend auf Importen aus Dänemark.

Guernsey

Kennzeichen: Mittelrahmige Milchrasse
mit feinem, edlem Kopf. Hellgelb bis dunkelrot mit weißen, gut abgesetzten Flecken.
Pigmentierter Kopf mit Blesse. Helles Flotzmaul. Feiner Knochenbau, schwach bemuskelt. Kastenförmiges Euter, weiße Schwanzquaste. Gehörnt.

	Stier	Kuh
Widerristhöhe	130	120
Gewicht	700–900	500–560

Verbreitung: Großbritannien und Nordamerika. In geringerer Zahl in vielen anderen Ländern.
Leistung: Einnutzungs-Milchrasse. Die
durchschnittliche Milchleistung von
annähernd 4500 kg ist, bezogen auf das Gewicht der Kühe, außerordentlich gut. Ihr
Fettgehalt liegt bei 4,7%. Die rassetypische
goldgelbe Milch, bedingt durch einen hohen
Gehalt an Vitamin A, gilt als Qualitätsmerk-
mal. In Großbritannien ist der Verbraucher
bereit, für diese „Gold Top Milk" einen Zu-
schlag zu zahlen. Mäßige Fleischleistung.
Freundliches Wesen, unkompliziert im Umgang. Erstkalbealter bei 30 Monaten.
Zuchtgeschichte: Die Rasse entstand auf
den kleinen britischen Kanalinseln Guernsey, Alderney und Sark (der Insel Jersey, der
Heimat des gleichnamigen Rindes, benach-
bart. Beide Rassen fasst man auch unter
dem Namen „Kanalrassen" zusammen). Es
wird vermutet, dass Mönche, die die Insel
als erste besiedelten, schon vor 1000 Jahren
Rinder aus der Bretagne und der Normandie
mitbrachten. Entscheidend für die Stabilisie-
rung der Rasse war ein Importverbot, das
1789 zum Schutz vor Seuchen erlassen
wurde. Nachdem man 1878 zunächst ein
privates Herdbuch eingerichtet hatte, wurde
1888 ein offizielles Herdbuch eröffnet. In
den USA, dem Hauptimporteur der Rasse
seit 1830, hatte man schon seit 1877 ein
Herdbuch. 1884 wurde die „English Guernsey Cattle Society" gegründet. Die Bestände
gehen zurück.

Shorthorn

Kennzeichen: Zwei Zuchtrichtungen: Milchshorthorn und Fleischshorthorn. In Deutschland nur letztere. Der Rumpf der Fleischshorthorn hat die Rechteckform aller Fleischrinderrassen. Drei Farbvarianten: rot, weiß und rotschimmelig. Letztere ist die häufigste Farbe in Deutschland. Bei Tieren mit farbigem Haarkleid kommen weiße Flecken, besonders am Unterbauch vor. Hörner bleiben relativ kurz und sind wachsfarben. Oft genetisch hornlos.

	Stier	Kuh
Widerristhöhe	140	130
Gewicht	700–900	500–600

Verbreitung: Ursprünglich im Nordosten Englands (u. a. Grafschaft Durham). Jetzt auch in Nord- und Südamerika sowie vielen anderen Ländern. In Deutschland auf der Halbinsel Eiderstedt (Schleswig-Holstein).
Leistung: Das Milchshorthorn ist ein Zweinutzungsrind, mit einer Jahresmilchmenge von durchschnittlich 4800 kg bei 3,6% Fett und 3,3% Eiweiß. Das Fleisch-Shorthorn wird in Mutterkuhherden gehalten. Frühreif. Ruhiges Temperament.
Zuchtgeschichte: Das Ursprungsgebiet war schon im 16. Jahrhundert für große Zugrinder mit starker Bemuskelung bekannt. Im 18. Jahrhundert züchteten die Brüder Colling die Shorthorns auf der Basis von einigen Herden großwüchsiger Rinder mit guter Milchleistung. Erstes Rinderherdbuch der Welt (1822) und erste weltweit verbreitete Rasse. Anfang des 19. Jahrhunderts kamen die ersten Tiere nach Norddeutschland. Etwas später in viele kontinental-europäische Rinderrassen eingekreuzt. Da ohne klare Ausrichtung auf ein Zuchtziel, in den gleichen Herden Bullen der Milch- wie der Fleischshorthorn eingesetzt. Die Ausgeglichenheit der Rasse ging so verloren. Verlor in Großbritannien und in Deutschland an Boden, insbesondere nach dem zweiten Weltkrieg. Nur noch wenige Züchter.

Hereford

Kennzeichen: Rind in mittlerem Rahmen.
Die Grundfarbe ist rot. Weiß sind Kopf und
unterer Teil des Halses, Brust, Unterbauch,
Euter bzw. Hodensack, Schwanzquaste und
unterer Teil der Beine, sowie ein schmaler
Streifen an der Oberseite des Halses bis zum
Widerrist. Stark ausgebildete Vorhand.
Große Brusttiefe. Relativ kurze Beine. Die
meisten Tiere sind behornt (die Hörner sind
in typischer Weise an den Kopfseiten bogen-
förmig nach unten gezogen). In Nordamerika und Großbritannien gibt es auch einen
hornlosen Schlag (Polled Hereford).

	Stier	Kuh
Widerristhöhe	135–140	125–135
Gewicht	800–1000	500–600

Verbreitung: Mit über 5 Millionen Herdbuchtieren in 56 Ländern die auf der Erde
am stärksten verbreitete Fleischrinderrasse.
Vor allem in Großbritannien, Nord- und
Südamerika, Australien, Neuseeland, Südafrika, aber auch in vielen anderen Ländern.
In Deutschland nur in wenigen Beständen
in Schleswig-Holstein.

Leistung: Anspruchslos. Anpassungsfähig.
Klimatolerant. Langlebig. Tageszunahmen
von Mastbullen im Durchschnitt 1100 g.
Fleisch ohne zu starke Verfettung. Frühreif.
Leichtkalbig.

Zuchtgeschichte: Uralte Rasse, die seit
Jahrhunderten im Westen Englands (Here-
fordshire) gehalten wurde. Ihr heutiges
Aussehen erhielt sie um 1800 durch Einkreuzung von Rindern aus Flandern. Ursprünglich waren Herefords großrahmige
Arbeitsrinder. Im Verlaufe des 19. Jahrhunderts wurde auf Frühreife selektiert, wobei
eine Verkleinerung des Rahmens in Kauf genommen wurde. Das erste Herdbuch wurde
1846 veröffentlicht und später von der 1878
gegründeten „Hereford Herd Book Society"
übernommen. Bis heute befindet sich der
Schwerpunkt der Zucht in der Hereford-
Gegend. Die ersten hornlosen Herefords
erschienen 1955 in Großbritannien.

Luing

Kennzeichen: Fleischrasse; mittelgroß.
Zumeist braunrot bis dunkelbraun, zum
Teil auch geschimmelt, rotweiß gescheckt
oder mit weißen Abzeichen versehen; langhaarig. Kompakt, tiefrumpfig, gut bemuskelt. Behornt; manche Herden durch Einkreuzung hornloser Rassen ohne Hörner.

	Stier	Kuh
Widerristhöhe	140	130
Gewicht	950	450–500

Verbreitung: Großbritannien, insbesondere
im schottischen Hochland, Irland, Kanada,
Neuseeland, Australien, Uruguay. In allen
diesen Ländern eigene Zuchtverbände. In
Deutschland etliche Bestände mit wach-
sender Tendenz.
Leistung: Anspruchslos, robust und gutmütig. Gut geeignet für raues Klima.
Unproblematisch in der Haltung. Hervorragende Fruchtbarkeit, leichtkalbig. Gute
Aufzuchtleistung durch ausgezeichnete
Muttereigenschaften und hohe Milchleistung. Langlebig. Gutmütig. Gute Fleisch-
qualität. Ausgezeichnete Nachzucht aus der
Kreuzung mit Fleckvieh, Limousin, Charo-
lais und anderen Rassen. Ochsen erreichen
mit 20 Monaten ein Gewicht von 500 kg.
Zuchtgeschichte: Ab 1947 kreuzten die
Brüder Shane, Dennis und Ralph Cadzow
auf der Schottland westlich vorgelagerten
Insel Luing (daher der Name) Beef-Short-
horns mit Schottischen Hochlandrindern.
Die aus dieser Kreuzung hervorgegangenen
Kreuzungsfärsen wurden von einem Short-
hornbullen gedeckt. Von da an nur noch
Weiterzucht innerhalb der Kreuzungstiere.
Recht bald typtreue Tiere. 1965 Anerkennung als eigenständige Rasse durch die briti-
sche Regierung.

Welsh Black

Kennzeichen: Mittelrahmig. Meist einfarbig schwarz, zum Teil mit bräunlichem Anflug; gelegentlich weiße Flecken an der Unterseite. Im Sommer kurzhaarig, im Winter langes, dichtes Haarkleid. Lang und tief. Trockenes Fundament. Recht kurze Beine. Mittelgroßer Kopf mit breiter Stirn. Gut gewölbte Brust. Starke, breit angelegte Nierenpartie. Gut ausgeprägte, tiefe Keule. Überwiegend gehörnt.

	Stier	Kuh
Widerristhöhe	138–142	127–132
Gewicht	1000–1100	600–700

Verbreitung: Ursprünglich nur in den Bergen von Wales. Später auch in anderen Teilen Großbritanniens. Seit etlichen Jahren in Nord- und Mittelamerika, Neuseeland, einigen arabischen Ländern und im tropischen Afrika. In Deutschland erst seit 1985. Erfreut sich hier rasch zunehmender Beliebtheit, besonders in Niedersachsen.

Leistung: Robust und anspruchslos. Gute Futterverwerter. Anpassungsfähig. Leichtkalbig. Geburtsgewicht Stierkälber 38 kg, Kuhkälber 35 kg. Ausgezeichnete Milchleistung mit hohem Fettanteil; daher hohe tägliche Zunahmen der Kälber. Weibliche Tiere gute Ammenkühe. Geringe Kälbersterblichkeit. Hervorragende Fleischqualität. Krankheitsresistent. Spätreif; langlebig. Ruhiges Temperament.

Zuchtgeschichte: Soll in Wales seit der Römerzeit vorkommen. Ursprünglich wurden der kleinere, kompaktere Fleischtyp von Nord-Wales (Anglesey) und der größere, schwerere Zweinutzungstyp von Süd-Wales (Pembrokshire-Rind) unterschieden. 1873 erste Herdbuchgesellschaft, dann Teilung in die beiden Zuchtrichtungen. 1904 erneuter Zusammenschluss. Streben nach einer einheitlichen Zuchtrichtung. In den letzten Jahrzehnten Wandel von einer Zweinutzungsrasse zum Fleischrind. Das Herdbuch führt gehörnte und von Natur aus hornlose Tiere.

Aberdeen Angus

Kennzeichen: Formmäßig die ausgeprägteste Fleischrinderrasse. Kleinrahmig. Vollständig schwarz (in Nord- und Südamerika gibt es auch einen rotbraunen Schlag = Red Angus). Kurzbeinig. Tiefrumpfig. Der Rumpf ist walzenförmig und hat eine ausgesprochene Rechteckform. Deutlich zwischen den Vorderbeinen hervortretendes Brustbein. Kleiner, kurzer Kopf. Hornlos.

	Stier	Kuh
Widerristhöhe	130–140	120–130
Gewicht	900–1000	500–650

Verbreitung: Großbritannien. Nord- und Südamerika. Neuseeland. Australien. Einzelne Bestände in Deutschland; hier kein zusammenhängendes Zuchtgebiet.
Leistung: Robust gegenüber rauen Witterungsverhältnissen. Ausgesprochen gutmütig und friedfertig. Anspruchslos. Anpassungsfähig. Hohe Schlachtausbeute. Feinfaseriges, gut marmoriertes Fleisch.

Rassetypisch ist die gelbe Farbe des Fettes. Die durchschnittliche tägliche Zunahme in Mastprüfungsanstalten beträgt ca. 1150 g. Ab 350 kg Lebendgewicht starker Fettansatz. Extrem frühreif. Leichtkalbig. Gute Aufzuchtleistung. Die Hornlosigkeit wird dominant vererbt.
Zuchtgeschichte: Die Rasse entstand im Nordosten Schottlands in den Grafschaften Aberdeen und Angus. An Ausgrabungsfunden lässt sich belegen, dass es dort schon in vorgeschichtlicher Zeit hornlose Rinder gab. Gezielte Zucht begann Ende des 18. Jahrhunderts. Um die Entwicklung der Rasse besonders verdient gemacht hat sich der Züchter H. Watson. 1862 wurde das erste Herdbuch herausgegeben. Ab 1878 Export der ersten Tiere in die USA und andere Länder. In Deutschland seit den 50er-Jahren des 20. Jahrhunderts. Hier meist für Gebrauchskreuzungen oder auch bei Neuzüchtung von Rassen eingesetzt (s. a. Deutsch-Angus). Es gibt in Mitteleuropa nur wenige reinrassige Herden.

Deutsch-Angus

Kennzeichen: Fleischrind im mittleren
Rahmen. Es gibt die beiden Farbrichtungen
schwarz bis dunkelbraun sowie rot bis gelb-
grau, die jedoch in einem Herdbuch geführt
werden. Weiße Abzeichen kommen vor.
Walzenförmig. Lange Mittelhand. Gute
Muskelbildung an Keule, Lende und Schulter. Festsitzendes Euter mit kurzen Strichen.
Voraussetzung für die Eintragung ins Herdbuch ist angeborene Hornlosigkeit.

	Stier	Kuh
Widerristhöhe	135–150	125–140
Gewicht	1000–1200	500–700

Verbreitung: Deutschland; ohne zusam-
menhängendes Zuchtgebiet.
Leistung: Gute Muttereigenschaften.
Genügsam. Anpassungsfähig. Gutartigkeit
aller Tiere, einschließlich der alten Bullen.
Hohe Aufzucht- und Mastleistung. Tägliche
Zunahmen in Mastprüfungsanstalten von
ca. 1300 g bei Bullen. Das Absetzgewicht

zehnmonatiger Stierkälber liegt bei 300 bis
350 kg; Kuhkälber wiegen in diesem Alter
ungefähr 50 kg weniger. Hohe Schlachtkörperausbeute. Hervorragende Fleischqualität
(Babybeef). Gegenüber Aberdeen Angus
wüchsiger, keine frühe Verfettung und
das Fett ist weiß. Frühreif. Erstkalbealter
24–27 Monate. Leichtkalbig.
Zuchtgeschichte: In Deutschland in den
50er-Jahren des 20. Jh. als Kombinationskreuzung mit Beteiligung von Aberdeen
Angus und deutschen Zweinutzungsrassen.
Die für die Kreuzung genommenen Aberdeen Angus-Tiere kamen aus Schottland,
aber auch aus den USA und Schweden.
Man achtete bei der Auswahl dieser Tiere
auf Körperlänge, Bodenfreiheit und mäßigen
Fettansatz. Die Kreuzungen wurden in
Deutschland zunächst Landangus genannt.
Für sie besteht seit 1956 ein Herdbuch. An
der Kombination war zu ⅝ Aberdeen Angus
und zu ⅜ deutsche Rassen beteiligt. War
hier lange Zeit die häufigste Fleischrinderrasse. Mittlerweile recht einheitlich im Typ.

Galloway

Kennzeichen: Die Rasse steht in kleinem bis mittlerem Rahmen. Das Haar ist lang, weich und wellig mit dichtem Unterhaar. Die häufigste Farbe ist schwarz, daneben gibt es gelblichgraue bis hellbraune Tiere; weiße sind selten. Die neugeborenen Kälber sind mahagonibraun. Als eigene Rasse werden die Belted Galloway geführt. Der Kopf ist kurz und breit, die Ohren mittellang und breit mit langen Fransen. Mittellanger Hals, kantige und hohe Schultern; volle, tiefe Brust. Hinterkeulen vollfleischig, runde Hinterkeulen jedoch unerwünscht. Länger, aber nicht so tief wie Aberdeen Angus. Hornlos.

	Stier	Kuh
Widerristhöhe	128	120
Körpergewicht	800	450–500

Verbreitung: Großbritannien. Steigende Nachfrage in Kanada, Argentinien und Australien. In Deutschland seit Anfang der 70er-Jahre in zahlreichen Betrieben.

Leistung: Anspruchslos in Futter und Haltung. Widerstandsfähig. Ruhiges Temperament, friedfertig und fügsam. Im Verhältnis zum Körpergewicht großflächige Klauen. Deshalb gut geeignet für sumpfiges Gelände (Landschaftspflege). Geringe Geburtsgewichte, daher leichte Kalbungen. 200-Tage-Gewicht 180 kg. Gut geeignet zur Kreuzung mit anderen Rassen, traditionell mit Shorthorn. Gute Fleischqualität; zart und marmoriert.

Zuchtgeschichte: In der Region Galloway im Südwesten Schottlands schon vor Jahrhunderten entstanden. Älteste Rinderrasse Großbritanniens. Unglücklicherweise wurden alle Aufzeichnungen über die Rasse 1851 bei einem Brand vernichtet. 1878 Gründung der Zuchtgesellschaft; ein Jahr später wurde das erste Galloway-Herdbuch herausgegeben. Es fanden nie Einkreuzungen anderer Rassen statt. In Deutschland besteht seit einigen Jahren eine starke Nachfrage. Zuchttiere werden zu hohen Preisen gehandelt.

Belted Galloway

Kennzeichen: Mittel- bis kleinrahmiges
Fleischrind. Breiter, flacher Kopf. Mittel-
langer Hals. Tiefer Rumpf. Gut gewölbter
Brustkorb. Kurze, trockene Beine. Feiner
Knochenbau. Dichtes, weiches und langes
Haarkleid, insbesondere im Winter. Vor-
und Hinterhand sind schwarz mit rötlichem
Schimmer; die Mittelhand ist ein geschlos-
sener weißer Ring. Gelegentlich kommen
braune Tiere vor. Hornlos.

	Stier	Kuh
Widerristhöhe	128	120
Gewicht	750–950	500–600

Verbreitung: Großbritannien, USA,
Kanada, Neuseeland, Argentinien und einige
afrikanische Staaten. In Deutschland befinden sich neben Einzeltieren etliche renom-
mierte Zuchten.
Leistung: Widerstandsfähig. Anspruchslos.
Anpassungsfähig. Gutmütig und leicht lenkbar. Hervorragende Fleischqualität. Gut geeignet für Gebrauchskreuzungen. Hornlosigkeit vererbt sich dominant. Leichtkalbig.
Gute Muttereigenschaften der Kühe.
Zuchtgeschichte: Die „Belties" sind, wie
sechs weitere Farbvarianten, vermutlich
schon vor Jahrhunderten aus den rein
schwarzen Galloways hervorgegangen.
Erwähnt werden sie seit 1790. Die Einkreuzung anderer gegürtelter Rassen wird vermutet, konnte aber nie nachgewiesen werden. Einige Züchter gründeten 1921 die
„Dun and Belted Galloway Association".
1922 wurde für diese Rasse ein eigenes
Herdbuch eingerichtet. Es enthielt damals
200 Tiere. Nach dem 2. Weltkrieg wurden
in Großbritannien zahlreiche Bestände neu
aufgebaut. Ab 1951 eigener Zuchtverband
und Umbenennung in „The Belted Galloway Cattle Society". Seit ca. 1970 auch auf
dem europäischen Kontinent bekannt. In
Nordamerika wurde 1951 ein eigener Zuchtverband gegründet. Eine entsprechende Gesellschaft in Neuseeland betreut sowohl rein
schwarze als auch Belted Galloway.

Schottisches Hochlandrind, Highlands

Kennzeichen: Kleinrahmig. Im Allgemeinen einfarbig rotbraun, dunkelbraun, oder gelblich; selten schwarz, weiß oder gescheckt. Langes, zottiges Haarkleid. Kurzer, breiter Kopf. Gedrungener Körperbau. Lange, zur Seite und nach oben geschwungene Hörner. Kurze, stämmige Beine. Highlands haben keine Wamme.

	Stier	Kuh
Widerristhöhe	125–130	110–120
Körpergewicht	600–750	420–520

Das im Westen Schottlands und auf den vorgelagerten Inseln gezüchtete Kyloe ist etwas kleiner.

Verbreitung: Ursprünglich in West- und Zentral-Schottland und auf den Hebriden. Seit etlichen Jahren in zahlreichen Herden auch in Mittel- und Nordeuropa sowie Nordamerika.

Leistung: Robust, wetterhart, anspruchslos, langlebig. Gut für die Mutterkuhhaltung geeignet. Spätreif. Leichte Geburten. Gute Muttereigenschaften. Beste Fleischqualität. Finden speziell in der Landschaftspflege Verwendung.

Zuchtgeschichte: Ursprüngliches Rind des westlichen Hochlandes von Schottland und der vorgelagerten Inseln. Seit gezielte Rinderzucht in Großbritannien betrieben wird, d. h. seit ca. 200 Jahren, ist diese Rasse in unveränderter Form und ohne Einkreuzung von fremdem Blut vorhanden. Die Gründung des Hochlandrind-Zuchtverbandes erfolgte 1884; bereits 1885 wurden die ersten Herdbuchtiere registriert. Seit 1978 Zucht auch in Deutschland. Hier wurde 1983 der Verband Deutscher Highland Cattle-Züchter und -Halter e. V gegründet. Gegenwärtig gibt es Züchter und Halter mit insgesamt ungefähr 1500 Muttertieren. Deutschland ist das größte Highland-Cattle-Zuchtgebiet auf dem europäischen Festland.

British Longhorn

Kennzeichen: Mittelrahmig. Große Vielfalt in der Farbe von Dunkelbraun über Rostrot bis Hellrot; gestromt und rotgeschimmelt. Obligatorisch sind ein weißer Streifen auf Rücken und Bauch sowie ein weißer Schwanz. Erwünscht ist ein weißer Fleck auf den Oberschenkeln. Gerader Rücken, gut gewölbte Rippe, gerade Unterlinie, ausgeprägte Hinterviertel. Kräftiges Fundament mit guten Klauen. Dichtes und seidiges Haarkleid. Lange, schlanke, weit ausladende, oft nach unten und vorn weisende Hörner.

	Stier	Kuh
Widerristhöhe	145–150	130–140
Gewicht	1000	50000

Verbreitung: Vor allem Großbritannien. Nur einzelne Tiere außerhalb. In Deutschland ein Bestand in der Eifel.
Leistung: Robust, anspruchslos. Kommt weitgehend mit Grundfutter, in Notzeiten auch mit schlechterer Qualität aus. Langlebig, gutmütig. Hohe Fruchtbarkeit, problemlose Kalbungen. Hoher Ausschlachtungsgrad. Günstiges Fleisch-Knochen-Verhältnis. Gut für Kreuzungen mit Fleischrassen geeignet. Wegen der relativ hohen Milchleistung hervorragend als Ammenkühe zur Aufzucht von zwei Kälbern geeignet. 400-Tage-Gewicht von Bullen durchschnittlich 475 kg.
Zuchtgeschichte: Der Ursprung in der englischen Grafschaft Yorkshire. Seit Jahrhunderten bekannt; erreichte seine größte Popularität im 18. Jahrhundert. Der erste Zuchtverband, „The Longhorn Cattle Society", wurde 1878 gegründet. Zunächst Dreinutzungsrasse mit gleicher Betonung von Milch, Fleisch und Arbeit. British Longhorn ist jetzt im Grunde eine Landrasse. 1950 nur noch in wenigen Betrieben und daher in ihrem Bestand gefährdet. Verstärkte Nachfrage nach intensiver Betreuung durch den „Rare Breeds Survival Trust". Gegenwärtig gibt es ca. 1800 Zuchttiere in ungefähr 150 Beständen.

Dexter

Kennzeichen: Extrem kleines Rind.
Breiter, tiefer Rumpf. Sehr kurze Beine mit
auffallend starker Winkelung der Hinterbeine. Stark bemuskelte Hinterhand. Gut
entwickeltes Euter. Gewöhnlich schwarz,
gelegentlich rot oder graubraun. Die Hörner
sind nach oben gerichtet.

	Stier	Kuh
Widerristhöhe	115	100–110
Gewicht	400–450	300–350

Verbreitung: Zahlreiche kleine Herden
in Großbritannien und etlichen anderen
Ländern. In Deutschland Bestände vor allem
im Taunus sowie in Norddeutschland.
Leistung: Zweinutzungsrasse mit einer für
ihre Größe erstaunlichen Milchleistung von
durchschnittlich 2500 kg/Jahr bei 4,3%
Fett. Manche Kühe erreichen eine Jahresmilchmenge, die das 20fache ihres Körpergewichts beträgt. Anspruchslos und langlebig. Auffallend hoch ist der Anteil miss-
gebildeter Kälber (Bulldogkälber), die zwischen dem 5. und 9. Trächtigkeitsmonat
verworfen werden.
Zuchtgeschichte: Diese Rasse wird als
verzwergter Schlag der irischen Kerry angesehen. Sie entstand Ende des 18. Jahrhunderts im Südwesten von Irland durch
Mr. Dexter. Dieser wollte ein kleines Rind
züchten, das sowohl für die Milch- als auch
für die Fleischproduktion geeignet ist.
Mr. Dexter ließ eine sehr kleine, kurzbei-
nige Kuh mit großem Euter von einem
Kerry-Bullen decken. Die Nachkommen aus
dieser Paarung waren der Grundstock der
Rasse. In Irland wird sie jetzt nicht mehr
gehalten. Seit 1882 in Großbritannien eingeführt. 1905 wurde die Dexter Cattle Society
gegründet. Diese Rasse gilt als in ihrem Bestand gefährdet; aus diesem Grund wurde
von mehreren Bullen Sperma als Genreserve tiefgefroren.

Fjäll-Rind

Kennzeichen: Kleines, zierliches Rind
mit feinem Knochenbau und von ausgeprägtem Milchtyp. Gute Rumpftiefe. Gut
entwickeltes Euter. Die Farbe variiert von
weiß mit nur wenigen dunklen Flecken bis
zu nahezu vollständiger Pigmentierung mit
nur wenig weiß. Das Pigment ist entweder
rot oder schwarz. Zumindest Ohren und
Umgebung der Augen sowie das Flotzmaul pigmentiert. Bei stärkerer Pigmentierung tritt eine Farbverteilung auf, die
der des Vogesenrindes und der Pustertaler
Schecken ähnelt. Fjäll-Rinder gehören zu
den wenigen von Natur aus hornlosen
Rinderrassen.

	Stier	Kuh
Widerristhöhe	128	120
Gewicht	650	420–460

Verbreitung: Schweden. Ähnliche hornlose
Rassen, zu denen Blutanschluss besteht, in
Norwegen (Seitengezeichnetes Tröndervieh)
und Finnland (Nordfinnisches Rind). Ein
recht ansehnlicher Bestand wird in Mecklenburg an der Müritz zur Landschaftspflege
gehalten. Ansonsten in Deutschland nur
kleine Zuchtgruppen.

Leistung: Widerstandsfähig. Gut angepasst
an raues Klima. Lebhaft und gutmütig.
Ausgezeichnete Fruchtbarkeit. Langlebig.
Die Jahresmilchleistung beträgt annähernd
4000 kg bei ca. 4,2% Fett.

Zuchtgeschichte: Nachweislich gibt es in
Skandinavien seit vielen Jahrhunderten
hornlose Rinder in beträchtlicher Zahl. Vom
Ende des 19. Jahrhunderts an erregten diese
Tiere starke Aufmerksamkeit. Es gab zwei
Typen, einen vorwiegend roten und einen
überwiegend weißen. Beide wurden 1938
in einem Herdbuch vereinigt. Dennoch kam
es später kaum zu einem Blutaustausch zwischen diesen beiden Varianten. Mit den entsprechenden Rassen der angrenzenden Länder besteht enger Zuchtkontakt. Die Zahl
der Tiere geht zurück, so dass der Bestand
gefährdet ist.

Polnisches Rotvieh

Kennzeichen: Mittelgroß. Einfarbig kirsch-
bis braunrot. Kopf, Hals, Bauch und Beine
häufig dunkler als der übrige Körper. Mittellanger, breiter Kopf. Gerader Rücken. Ab-
gedachtes Becken. Mäßige Bemuskelung.
Kleines, feinbehaartes Euter. Kurze Hörner;
bei der Kuh stark gekrümmt und nach vorn
gerichtet.

	Stier	Kuh
Widerristhöhe	132–138	122–128
Gewicht	700–900	400–550

Verbreitung: Süd-Polen.
Leistung: Widerstandsfähig. Langlebig.
Genügsam. Willige Arbeitstiere. Sehr gute
Fruchtbarkeit. Milchleistung im Mittel
2600 kg jährlich. Hohe Fett (4,1%) und
Eiweißgehalte (3,5%) in der Milch. Geringe
Kälberverluste.
Zuchtgeschichte: Einzige bodenständige
Rinderrasse Polens. Die planmäßige Zucht
begann nach Gründung von Zuchtverbän-

den Ende des 19. Jahrhunderts. Anfang des
20. Jahrhunderts wurden verstärkt ostfrie-
sisches Rotvieh und Shorthorn eingekreuzt.
Ab 1910, insbesondere aber nach dem Zweiten Weltkrieg Import von Bullen des Roten
Dänenviehs. Ende der 60er-Jahre des 20. Jh.
machte die Rasse noch 20% der polnischen
Rinder aus, danach wurde sie weitgehend
verdrängt. Um das Polnische Rotvieh zu erhalten, wurde 1975 bei Nowy Sacz eine
Schutzzone eingerichtet. In dem staatlichen
Zuchtbetrieb Jodlownik besteht für das Rotvieh eine Eigenleistungsprüfstation für Jung-
bullen sowie eine Nachkommenprüfstation
für Milchleistungseigenschaften. In den
größten Teil der Population wurden in
jüngster Zeit Angler und andere Rotviehrassen eingekreuzt. Haltung meist in Kleinbetrieben bis 5 ha. Der Flachlandschlag gilt als
ausgestorben. Vom Vorgebirgsschlag (Pod-
gorska) wurde eine Genreserve aufgebaut,
die aber nur noch ca. 40 Kühe umfasst. Von
den besten Kühen wurden 1500 Embryonen eingelagert.

Brahman

Kennzeichen: Großrahmig. Tiefer, breiter Rumpf. Kräftiges Fundament mit festen Klauen. Gut bemuskelt, vor allem die Hinterhand. Großer runder Buckel, der bei alten Tieren nach hinten kippt. Langer Kopf; tiefangesetzte Hängeohren. Lang herabhängende Wamme und ausgeprägte Vorhaut. Kurze Haare, dichtes Haarkleid. Farbe silber- bis stahlgrau. Hals, Brust und Buckel insbesondere bei Bullen dunkler. Daneben auch ein kräftiges Rot. Nach hinten gerichtete, kurze, kräftige Hörner.

	Stier	Kuh
Widerristhöhe	140–150	130–140
Gewicht	800–1100	500–700

Verbreitung: USA, sowie ca. 60 Länder der Tropen und Subtropen.
Leistung: Ein Fleischrind mit sehr hohen täglichen Zunahmen. Gute Fleischqualität. Temperamentvoll; bei ruhigem Umgang jedoch friedfertig. Hitzetolerant und krank-heitsresistent. Beachtliche Milchleistung. Anspruchslos und genügsam. Zierliche Kälber, leichtes Abkalben.
Zuchtgeschichte: Die ersten Zebus wurden 1849 und 1854 in die USA nach Süd-Carolina bzw. Louisiana gebracht. In die Brahmans gingen im Verlauf einiger Jahrzehnte vier Zeburassen ein: Kankrej (Guzerat), Nellore, Gir und Krishna Valley, möglicherweise auch etwas Blut britischer Fleischrassen. Die Ausgangsrassen waren ursprünglich Zug-Rinder. Nach Gründung einer Züchtervereinigung 1924 wurde konsequent auf Fleischleistung selektiert. Brahmans trugen zur Bildung zahlreicher weiterer Rassen bei, wie Santa Gertrudis, Beefmaster, Brangus und Braford. Ab ca. 1980 auch in Deutschland und zwar auf dem Wege der Verdrängung mit Sperma von Brahmans aus Afrika. Ausgangsrassen waren hier Schwarzbunte, Rotbunte, Glan-Vieh sowie Weißblaue Belgier. 1985 wurde der „Verband Deutscher Brahman-Rinderzüchter e. V." gegründet.

Texas Longhorn

Kennzeichen: Kleines, schmales Rind. Variantenreiche Färbung. Es kommen oft an ein und demselben Tier die Farben schwarz, grau, braun und weiß vor. Es gibt einfarbige, gescheckte, gesprenkelte und gestromte Exemplare. Hochbeinig, schmal und schwach bemuskelt. Imponierend lange und weitgeschwungene Hörner, insbesondere bei älteren Ochsen.

	Stier	Kuh
Widerristhöhe	130	120
Gewicht	600	350–400

Verbreitung: Nordamerika, insbesondere Südwesten der USA und Nord-Mexiko.
Leistung: Anspruchslos. Widerstandsfähig. Geeignet für regenarme Regionen. Temperamentvoll. Bereit zur Verteidigung. Brauchbar für Kreuzungsprogramme und zur Färsenvornutzung mit anderen Rassen. Trockenes, fettarmes Fleisch, das für manche Spezialitäten gut geeignet ist.

Zuchtgeschichte: Wurden im 16. Jahrhundert von den Spaniern über Mexiko in das Gebiet der heutigen USA gebracht. Bei stärkerer Besiedlung des Südwestens Anschluss an den Nordosten der USA. Nach dem Bürgerkrieg (1861–64) explosionsartige Vergrößerung der Bestände. Schlachttiere wurden auf breiten „Trails" über zwei Jahre hinweg langsam in den dichter besiedelten Nordosten der USA zur Vermarktung getrieben. Im äußerst harten Winter 1885/86 kamen in manchen Gebieten ca. 85% der Tiere um. Nach einem darauf folgenden extrem trockenen Sommer und einem ungewöhnlich starken Blizzard im Januar 1887 war die Zucht völlig zusammengebrochen und die Bedeutung dieser Rasse praktisch erloschen. In den zwanziger Jahren des vergangenen Jahrhunderts gab es nur noch einige hundert Longhorns. Mit Unterstützung der Regierung wurden wieder Bestände aufgebaut. Heute umfasst die Population wieder ca. 10 000 dieser Rinder.

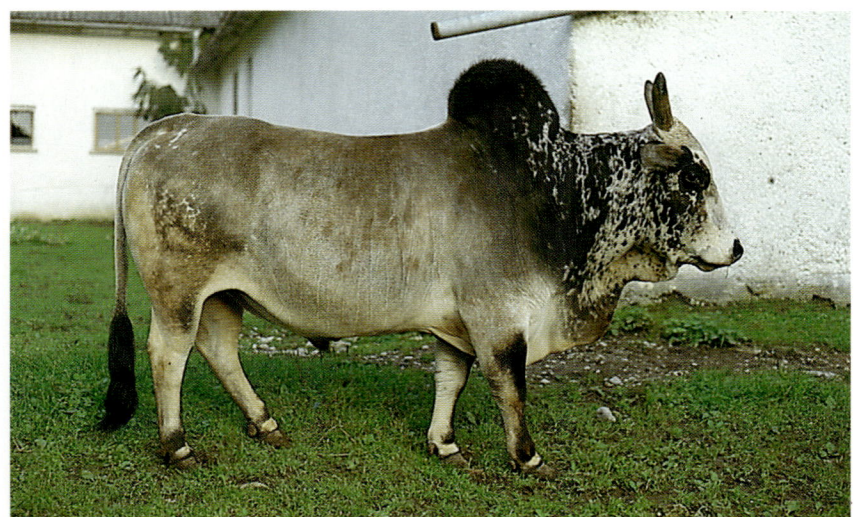

Zwergzebu

Kennzeichen: Zierliche Rinder mit Buckel im Widerristbereich. Es kommen schwarze, graue, braune, weiße sowie gescheckte und gestromte Tiere vor. Schmal. Häufig mit abgeschlagenem Becken. Hochbeinig. Hoch angesetzte, nach oben oder hinten führende Hörner. Hängeohren. Starke Wamme. Ausgeprägte Vorhaut.

	Stier	Kuh
Widerristhöhe	120	110–115
Gewicht	400–500	250–350

Verbreitung: Sri Lanka, Kaukasus, Ostafrika, Thailand und andere Länder. In Deutschland in einer großen und etlichen kleinen Herden sowie Einzeltiere in Hobbyhaltung, vor allem in Nord-Württemberg.
Leistung: Hitzeresistent. Gegen viele tropische Krankheiten resistent. Anspruchslos. Für extensive Haltung.
Zuchtgeschichte: Das Wort „Zebu" leitet sich von dem tibetanischen Wort „ceba"

her, was „Buckel" bedeutet. Zebus stammen wie die europäischen Hausrinder vom Auerochsen ab. Früheste Knochenfunde mit typischen Zebu-Merkmalen stammen aus dem 3. vorchristlichen Jahrtausend. Sie wurden offenbar schon bald nach Domestizierung des Rindes im Mittleren Orient herausgezüchtet. Das spätere Verbreitungsgebiet reichte von China bis West-Afrika. Zebus sind gut an tropische und subtropische Verhältnisse angepasst. Deshalb werden sie jetzt auch in den entsprechenden Regionen Amerikas gehalten. Als besonders vorteilhaft haben sich Kreuzungen mit Rassen europäischer Herkunft erwiesen. Zwergzebus werden seit vielen Jahren mit gutem Erfolg als Mutterkuhherden auch in Deutschland gehalten. Der Name ist im Grunde irreführend. Wirkliche Zwergzebus haben eine Widerristhöhe von nur 100 cm. Eigentlich wäre die Bezeichnung „Kleinzebu" treffender. Die Zwergzebus in Deutschland sollen von Tieren aus Sri Lanka und aus dem Kaukasus abstammen.

Sahiwal

Kennzeichen: Mittelgroßes Zebu, kompakt und gut bemuskelt. Hellrot bis rotbraun, gelegentlich mit weißen Abzeichen. Gewölbte Stirn, lange Ohren. Tiefer, langer Rumpf; kräftiges Fundament, stark herabhängende Wamme. Lange, weitgehend gestreckte, nach hinten gerichtete Hörner.

	Stier	Kuh
Widerristhöhe	130	125
Gewicht	700–800	400–450

Verbreitung: Pakistan, Indien, Australien und Kenia; in geringerer Zahl in weiteren Ländern der Tropen und Subtropen.
Leistung: Zweinutzungsrasse, die wegen der Milch (Indien), aber auch wegen des Fleisches (andere Länder) gehalten wird. Erstkalbealter in Abhängigkeit von Ernährung und Haltung bei 32 bis 40 Monaten. Die jährliche Abkalberate beträgt 80%. Das durchschnittliche Geburtsgewicht der Kälber liegt bei 23 kg. Mit zwei Jahren wie-

gen die Tiere 300 kg. Gilt als beste Milchzebu-Rasse des indischen Subkontinents. Die jährliche Milchmenge liegt bei 2000 kg mit nahezu 5% Fett. Anspruchslos, hitzeresistent und anpassungsfähig. Als Arbeitsrinder weniger geeignet, da sie langsam und schwerfällig sind.
Zuchtgeschichte: Entstand in Pakistan im westlichen Punjab, in einer Gegend, die früher Montgomery hieß und heute Sahiwal heißt. Bevor man den trockenen Punjab bewässerte, wurden die Sahiwals in Pakistan an der Grenze zu Indien in großen Herden von Rinderzüchtern gehalten, die man dort „Junglies" nennt. Erst später wurde die Rasse von den ortsansässigen Kleinbauern übernommen. Seit 1941 besteht in Indien ein Herdbuch. Nach Kenia kamen die ersten Sahiwals 1939. Sahiwal ist an der Bildung mehrerer Rinderrassen außerhalb des Ursprungsgebietes beteiligt, unter anderen an der Rasse „Jamaica Hope" in Jamaica.

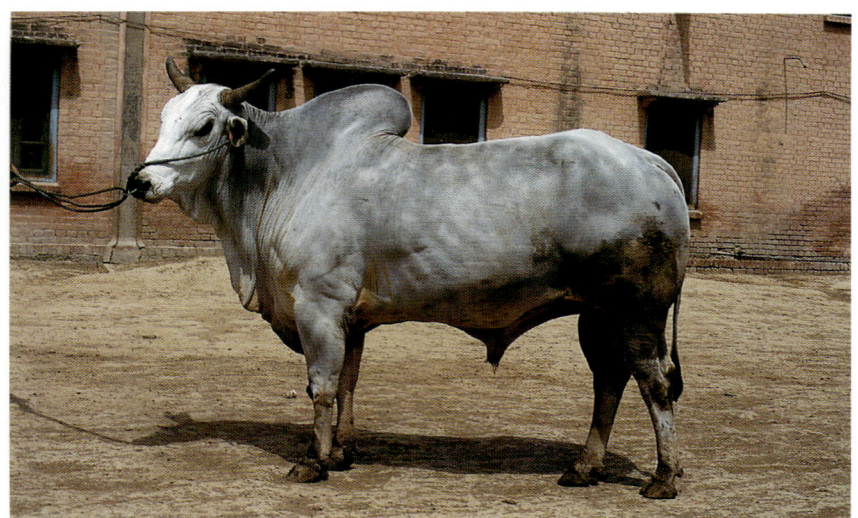

Hariana

Kennzeichen: Mittelgroße Zeburasse.
Weiß bis grau. Gewölbte Stirn; mittellange
Ohren. Beträchtliche Körperlänge bei
mäßiger Rumpftiefe. Recht langbeinig. Vergleichsweise wenig ausgeprägte Wamme.
Die kleinen, hoch angesetzten Hörner sind
nach hinten gerichtet.

	Stier	Kuh
Widerristhöhe	143	134
Gewicht	430	310

Verbreitung: Indien.
Leistung: Die Ochsen gelten als ausgezeichnete Arbeitstiere und sind über weite
Gebiete Indiens verbreitet. Ein Gespann von
zwei Ochsen ist fähig, die Last von einer
Tonne über eine Entfernung von 30 km mit
einer Geschwindigkeit von 3 km pro Stunde
zu ziehen. Sie erreichen eine Widerristhöhe
von 155 cm. Die durchschnittliche Milchleistung liegt bei 800 kg; einzelne Tiere
erreichen bis zu 1500 kg Milch mit 4%

Fett pro Jahr. Das Erstkalbealter liegt bei
40–60 Monaten. Die Zwischenkalbezeit
beträgt 480–630 Tage.
Zuchtgeschichte: Ursprungsgebiet dieser
Rasse ist der Staat Haryana in Nord-Indien.
Das Zentrum der Zucht liegt noch heute
um die Städte Rohtak, Hisar und Gurgaon
herum. Die am meisten geschätzte Rasse in
der nördlichen Hälfte Indiens, vor allem in
Punjab, Haryana, Uttar Pradesh sowie in
Teilen von Madhya Pradesh. Wurde in verschiedene andere Rassen eingekreuzt, z. B.
in das Arbeitsrind Tarai. Allein in Indien gibt
es 21 verschiedene Zeburassen.

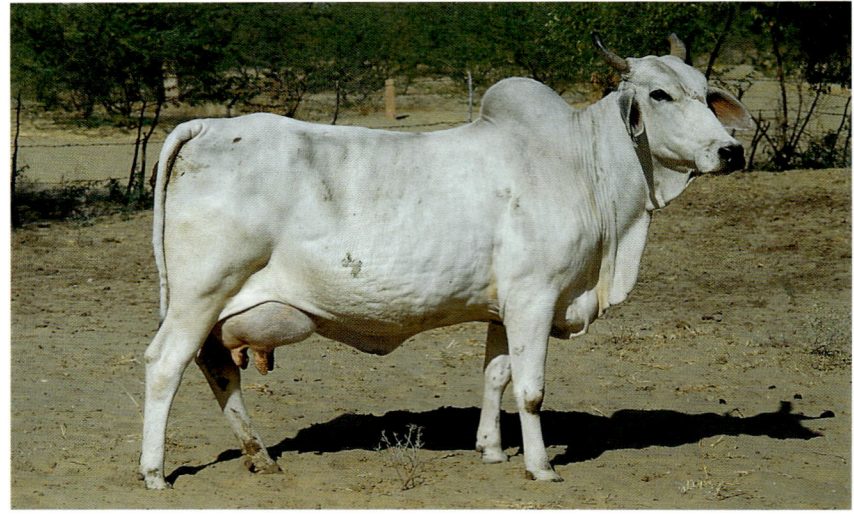

Tharparkar

Kennzeichen: Zebu mittlerer Größe.
Bei entsprechender Ernährung tiefrumpfig.
Meist weiß oder grau, gelegentlich rot. Das
Fell der Kälber ist hellrot. Lange Ohren.
Buckel und Wamme gut entwickelt. Fein-
gliedrig. Kräftige, schwarze Klauen.
Gehörnt.

	Stier	Kuh
Widerristhöhe	145	135–142
Gewicht	600–650	410

Verbreitung: Pakistan und Indien.
Leistung: Gute Milchzeburasse. Die durchschnittliche Milchmenge während einer im
Mittel 280 Tage dauernden Laktations-
periode beträgt 2500 kg bei 4,3% Fett.
Milchleistungen von mehr als 4000 kg pro
Jahr sind unter günstigen Voraussetzungen
möglich. Das Abkalbeintervall liegt bei 430
Tagen. Erstkalbealter bei 40 Monaten. Die
Fleischleistung ist zufriedenstellend. Ochsen
werden ab einem Alter von dreieinhalb Jahren zur Arbeit herangezogen, aber erst mit
fünf Jahren sind sie in der Landwirtschaft
und bei Transporten voll einsatzfähig. Sie
brauchen viel Kontakt mit Menschen. Fehlt
der tägliche Umgang mit ihnen, werden sie
rasch scheu und wild. Die Ochsen, die bis
zu 150 cm groß werden, gelten als gute Arbeitstiere. Sie können täglich 6–10 Stunden
arbeiten und legen stündlich bis zu 10 km
zurück. Anspruchslos, widerstandsfähig und
hitzeresistent.
Zuchtgeschichte: Die Rasse stammt aus
einer Gegend gleichen Namens in der Provinz Sind in Pakistan. Sie wird auch Thari
genannt. Tharparkar kommt zudem in der
Tharwüste Rajasthans im Westen Indiens
vor. Wurde im Laufe der Zeit von anderen
Rassen beeinflusst, insbesondere von Red
Sindhi, Nagori, Gir und Kankrej. Die Rasse
wurde im 2. Weltkrieg bekannt, weil sie
die indische Armee mit Milch versorgte.
Üblicherweise wird sie von bestimmten
Hirten, „Maldars" genannt, in Herden von
50–300 Individuen gehalten.

Schwarzes Japanisches Rind, Japanese Black

Kennzeichen: Mittelgroß. Vollständig schwarz, zuweilen mit bräunlichem Anflug. Feiner Knochenbau. Gut bemuskelt. Beträchtliche Rumpflänge und gute Brusttiefe. Schwächer entwickelte Hinterhand. Hoch angesetzte, nach vorn gerichtete Hörner von heller Farbe mit dunklen Spitzen.

	Stier	Kuh
Widerristhöhe	130–140	122–126
Gewicht	900–1000	500–600

Verbreitung: Früher hauptsächlich in der Provinz Chugoku (Südwesten der Insel Honshu) und auf den Inseln Kyushu und Shikoku. Seit einiger Zeit überall in Japan. Anteil am Rinderbestand Japans ca. 35%.
Leistung: Temperamentvoll. Gute Mastfähigkeit. Tägliche Zunahmen im Gewichtsabschnitt von 300–650 kg bei 900 g. Ausschlachtungsgrad 64%. Gut marmoriertes, sehr zartes Fleisch. Im Vergleich mit Holstein-Friesian hoher Muskelanteil in den Vordervierteln. Milchleistung während 150tägiger Laktation 800 kg mit 4,6% Fett. Spitzenleistungen bei 2000 kg.
Zuchtgeschichte: Um rascheres Wachstum und höhere Körpergewichte zu erreichen, wurden um 1900 europäische Rassen in das heimische Mishima-Rind eingekreuzt. Verschiedene, zunächst noch selbständige Schläge der einzelnen Provinzen hatten anfangs unterschiedliche Zuchtstrategien. In der Provinz Shimane kreuzte man Devon, in der Provinz Hiroshima Shorthorn und in den Provinzen Hyogo und Tottori Brown Swiss ein. In anderen Regionen kamen u. a. Simmentaler zum Einsatz. Erst ab 1912 sprach man ausschließlich vom „verbesserten japanischen Rind", obwohl immer noch Unterschiede zwischen den Schlägen bestanden. Seit 1920 gibt es in jeder Provinz ein Herdbuch. Erst 1944 bekam die Rasse ihren jetzigen Namen: Kuroge Washu. Seit 1955 ist gute Fleischleistung das einzige Zuchtziel.

Braunes Japanisches Rind, Japanese Brown

Kennzeichen: Mittelgroß. Einfarbig mittelbraun (auf der Insel Kyushu) bzw. hellbraun (auf der Insel Shikoku). Flotzmaul und Augen hell gesäumt; auch Gliedmaßen und Euter sind hell. Mittellanger Kopf, feiner Knochenbau. Fleischfarbenes Flotzmaul. Hochbeinig. Hinterhand mäßig bemuskelt. Hörner meist mit dunklen Spitzen. (Die Schriftzeichen auf der abgebildeten Kuh zeigen den Namen des Züchters an, um die Besitzverhältnisse bei den geälpten Tieren klarzustellen.)

	Stier	Kuh
Widerristhöhe	135	125–130
Gewicht	800–900	450–550

Verbreitung: Auf den Inseln Kyushu und Shikoku im Süden des Landes sowie in der Provinz Kanto im mittleren Teil der Hauptinsel Honshu. Der Anteil an der japanischen Rinderpopulation beträgt 5,2% und 12% an der bodenständigen Fleischrinderpopulation.

Leistung: Gutmütig, genügsam, guter Futterverwerter. Hitzeresistent. Durchschnittliche Milchleistung bei einer Laktationsdauer von 150 Tagen (die Rasse wird meist nicht gemolken) 1100 kg Milch mit 5,5% Fett. Tägliche Zunahmen von Ochsen im Gewicht von 300–650 kg bei 900 g. Ausschlachtungsgrad 58%. Marmorierung und Textur des Fleisches sollen nicht so gut sein wie bei Japanese Black.

Zuchtgeschichte: Vor etwas mehr als 100 Jahren aus einheimischen Rindern koreanischen Ursprungs durch Einkreuzung von Devon und ab 1907 von Simmentalern entstanden. 1923 wurde der Rassestandard für eine bestimmte Region festgelegt. Ab 1938 gilt ein einheitliches Zuchtziel für alle Japanese-Brown-Populationen. Seit 1939 wird ein Herdbuch geführt, allerdings zunächst noch für zwei Schläge getrennt. 1944 bekam die Rasse ihren jetzigen Namen. Ein gemeinsames Herdbuch für die gesamte Rasse besteht seit 1951.

Boran

Kennzeichen: Mittelgroßes Zebu; ausgeprägter Buckel. Meist weiß mit einzelnen
kleinen Pigmentflecken. Auch gelbe, rote
und gelegentlich schwarze Tiere. Zuweilen
zwei- und dreifarbig. Leicht gewölbte Stirnlinie. Mittelgroße, etwas abgedacht getragene
Ohren. Tiefer Rumpf, dadurch oft etwas
kurz wirkend. Gut bemuskelt, insbesondere
die Hinterhand. Beine mittellang. Feines
Fundament. Kurze Fessel. Kleine, feste
Klauen. Gehörnt (wenn nicht enthornt),
aber auch von Natur aus hornlose Tiere.

	Stier	Kuh
Widerristhöhe	125–135	115–127
Gewicht	650–850	400–550

Verbreitung: Kenia, andere Länder Ostafrikas, Zaire. In geringerem Ausmaß in
Australien.
Leistung: Fleischrind. Hitzeresistent und
gut an Trockenheit angepasst. Friedfertiger
und umgänglicher als andere Zeburassen.

Gute Muttereigenschaften. Fähig, große
Distanzen zurückzulegen. Gegen Parasiten-
befall und viele Infektionskrankheiten weitgehend tolerant. Langlebig. Gute Fruchtbarkeit. Ausschlachtung extensiv aufgezogener
Tiere 55%. Ausgezeichnete Schlachtkörperqualität.
Zuchtgeschichte: Ursprünglich in der
Provinz Boran auf der Liban-Hochebene im
südlichen Äthiopien heimisch. Breitete sich
von dort über ganz Süd-Äthiopien, Nordost-
Kenia und West-Somalia aus. Die verbesserten Boran in Kenia sind das Ergebnis sorgfäl-
tiger Zucht in den kenianischen Distrikten
Laikipia, Machakos und Nakuru. Die ersten
Tiere kamen durch wandernde somalische
Viehhändler zwischen 1920 und 1940 dort-
hin. In geringem Ausmaß sollen in den
20er-Jahren des 20. Jh. europäische Fleischrinderrassen an der Bildung der verbesserten Borans beteiligt gewesen sei. 1951
wurde die „Boran Cattle Breeders' Society"
gegründet. Danach bekam die Rasse eine
wesentlich größere Einheitlichkeit.

Auerochsen-Rückzüchtung

Kennzeichen: Bullen schwarz mit gelblichem Aalstrich auf dem Rücken. Kühe rötlich-braun mit dunklerem Hals. Umgebung des Maules bei beiden Geschlechtern weiß. Haarkleid im Sommer samtartig glatt und kurz; im Winter bildet sich ein längerer und rauer Pelz. Bei älteren Tieren lange, kräftige, nach vorn geschwungene Hörner. Die Kälber werden hellbraun geboren.

	Stier	Kuh
Widerristhöhe	140	130
Gewicht	900	600

Verbreitung: Mittel- und Westeuropa. Hauptsächlich in Zoos, aber auch in landwirtschaftlichen Betrieben, sowie zur Beweidung von Naturschutzgebieten.
Leistung: Wetterhartes, genügsames Rind, das in den letzten Jahren zunehmend extensiv zur Landschaftspflege und Fleischerzeugung gehalten wird. Die Milchleistung ist unbekannt. Weitgehend krankheitsresistent.

Zuchtgeschichte: Ende der 20er-Jahre des letzten Jahrhunderts versuchten die „Urmacher" Heinz und Lutz Heck in den Tiergärten von München und Berlin, den ausgestorbenen Auerochsen (Ur) durch Kreuzung von Hausrinderrassen rückzuzüchten. Heinz Heck kreuzte Ungarische Steppenrinder, Schottische Hochlandrinder, Braunvieh, Murnau-Werdenfelser, Angler und Schwarzbunte Niederungsrinder (heute Deutsche Schwarzbunte) miteinander. Später wurden auch das Podolische Rind sowie das Korsische Rind eingekreuzt. In Berlin kreuzte Lutz Heck spanische und französische Kampfrinder mit anderen Rassen. Die Ergebnisse beider Zuchten glichen sich weitgehend. Die Berliner Zucht ging allerdings später zugrunde, so dass die heutigen Tiere nur auf die Hellabrunner Zucht zurückgehen. Inzwischen recht einheitlich im Typ und in den letzten Jahrzehnten weitgehend unbeeinflusst von fremdem Blut geblieben. Seit 30 Jahren als Nutztiere gehalten. Der Gesamtbestand beträgt ca. 1000 Tiere.

Yak

Kennzeichen: Neben schwarzen, braunen in verschiedenen Farbtönen, grauen und weißen auch gescheckte Tiere, vor allem mit Rückenblessen. Umgebung des Maules stets hell. Rumpf mit langem Haar bedeckt, insbesondere stark ausgeprägte Bauchmähne. Schwanz in ganzer Länge lang behaart. Maul vollständig behaart, Yaks haben nur ein winziges Flotzmaul. Buckelartig hochstehende Schultern. Kräftige, stark behaarte, kurze Gliedmaßen. Weitausladende Hörner, gelegentlich aber auch hornlos.

	Stier	Kuh
Widerristhöhe	112–120	107–112
Gewicht	300–400	250–280

Verbreitung: Wildform in Tibet nahezu ausgestorben; domestizierte Form in China, Nepal, Kashmir, Bhutan, Mongolei, Sibirien und Nordamerika. Einzeltiere in weiteren Ländern. In den Alpenregionen Deutschlands, Südtirols und der Schweiz in kleinen Gruppen, evtl. mit anderen Rinderartigen verkreuzt. Sonst nur als Einzeltiere bzw. nicht als Nutztiere gehalten.

Leistung: Spätreif. Langlebig. Gut geeignet für die Haltung in Hochlagen zwischen 3000 und 6000 m ü. M. Jahresmilchmenge bei 400 kg mit 7% Fett. Milch wird teilweise zu Butter, Käse oder Sauermilch verarbeitet. Das Fleisch wird in Streifen geschnitten und am Herdfeuer getrocknet und geräuchert. Die jährliche Schur ergibt ungefähr 3 kg grobe Wolle, die zu Decken, Zeltplanen und Seilen verarbeitet wird. Im Himalaya wird der getrocknete Dung als Brennstoff genutzt. Reit- und Tragtiere, die Lasten bis zu 100 kg tragen können. Die tibetische Zivilisation ist weitgehend abhängig von der Yakhaltung.

Zuchtgeschichte: Vor mindestens 3000 Jahren domestiziert. Erste schriftliche Belege über Hausyaks aus dem Mittelalter. In den Randzonen des Verbreitungsgebietes häufig mit Hausrindern gekreuzt.

Hausbüffel

Kennzeichen: Massiger Körperbau. Tonniger, tiefer Rumpf. Spärliche Behaarung. Langer schmaler Kopf. Leicht gewölbte Stirn. Gerader Rücken. Kräftige Hinterhand. Abfallendes Becken. Tief angesetzter Schwanz. Relativ kurze Beine. Grau bis schwarz, gelegentlich ins Bräunliche gehend. Weiße Abzeichen kommen vor; gelegentlich gibt es reinweiße Tiere. Gehörnt. Die Hörner aller Büffel sind im Querschnitt dreieckig. Sie führen entweder seitlich am Kopf abwärts und in einem Bogen wieder aufwärts (gelockt) oder sichelförmig nach hinten.

	Stier	Kuh
Widerristhöhe	125–145	120–140
Gewicht	500–900	350–600

Verbreitung: Südasien, Ägypten, Balkan, Italien und Brasilien.
Leistung: Es gibt viele verschiedene Rassen, die auf unterschiedliche Leistungen gezüchtet wurden. Wohl am besten bekannt sind Hausbüffel als Arbeitstiere in Reisanbaugebieten. In Indonesien gibt es eine Rasse, die für Kämpfe gehalten wird. Auf Bali werden Wagenrennen mit Hausbüffeln durchgeführt. Im Nordwesten Indiens sowie in Europa hält man Büffel hauptsächlich wegen ihrer Milchleistung. Die Jahresmilchleistung von guten Kühen liegt je nach Rasse zwischen 1500 und 3000 kg mit 7–8% Fett. Hausbüffel sind in der Hand des Menschen meist ruhig, geduldig und leicht lenkbar.

Zuchtgeschichte: Der Beginn der Domestizierung liegt vermutlich im 3. Jahrtausend vor Beginn der Zeitrechnung. In Europa kommen sie seit dem 6. Jahrhundert vor. 1998 gab es weltweit 162 Millionen Hausbüffel. Die Länder mit den größten Populationen sind Indien (91,8 Millionen), China (20,8 Millionen) und Pakistan (21,2 Millionen). Nahe liegende Länder mit Büffelhaltung sind Italien (162 000), Ungarn (einige Hundert) und Jugoslawien (16 000).

Schafe

Schafe kommen unter den größeren landwirtschaftlichen Nutztieren weltweit nahezu so häufig vor wie Rinder. Hierfür gibt es drei Gründe:
- Kein religiöses Tabu,
- breites Nutzungsspektrum,
- äußerste Anpassungsfähigkeit.

Es gibt auf der Erde keine Religionsgemeinschaft oder Kultur, die die Tötung von Schafen und den Verzehr von Schaffleisch verbietet. Schafe liefern nicht nur Fleisch und Wolle; manche Rassen geben viel Milch, die entweder frisch oder zu Käse und anderen Produkten verarbeitet auf den Markt kommt. Saitlinge, die aus der Muskelschicht von Schafdünndärmen hergestellt werden, haben für manche Entwicklungsländer einen beträchtlichen Wert als Devisenbringer.

Schafe können sich an unterschiedliche klimatische und geographische Gegebenheiten gut anpassen. Wir finden sie vom noch nicht eingedeichten Vorland an der Nordseeküste bis zum Hochgebirge und von Gegenden jenseits der Polarkreise bis zu den Tropen. Schafe nutzen vor allem die umfangreichen Steppen und Halbwüsten der Erde (Abb. S. 106). In Mitteleuropa werden sie häufig auf Grenzertragsböden gehalten, die sich für die Nutzung durch Rinder und andere Nutztiere nicht eignen. Wegen ihrer Gutmütigkeit können sie auch mit Rindern und Pferden zusammen geweidet werden. Der Besatz der Weide mit Großtieren muss hierdurch nicht verringert werden, da Schafe ein anderes Nahrungsspektrum besitzen. In den letzten Jahren werden sie bei uns häufig zur Landschaftspflege eingesetzt. Durch ihren Verbiss schützen sie Heide, Moor und Almen vor Verbuschung. Ihre Art zu fressen – Schafe erfassen die Nahrung mit den Zähnen und beißen das Gras kurz über dem Boden ab – sowie die gleichmäßige Belastung des Bodens durch ihre „goldenen Hufe" sind besonders schonend für die Weide und ergeben einen guten Rasen. Die berühmten englischen Rasen werden auf diesen Einfluss zurückgeführt. In landwirtschaftlich intensiv genutzten Gegenden ernähren sich Schafe weitgehend von Ernterückständen.

Schafe wurden früher in Mitteleuropa und anderen Gegenden vorwiegend wegen der Wolle gehalten. Seit Erfindung synthetischer Fasern ist die Bedeutung der Wolle stark zurückgegangen, obwohl man auf sie bei der Herstellung bester Stoffe nicht verzichten kann. Die feinste Wolle liefern Merinoschafe. Gröbere Wolle stammt von den Lang- und Kurzwollrassen. Auch sie wird zu Stoffen verarbeitet. Die Hälfte aller Schafe auf der Erde hat jedoch Wolle so grober Qualität, dass diese nicht für Kleidung, sondern nur für Teppiche und Decken genommen werden kann. Bei uns sind diese Rassen allerdings in der Minderzahl. Als Beispiele seien Heidschnucken und Karakul genannt. In den Tropen, also in Gegenden mit hoher Temperatur und hoher Luftfeuchtigkeit, kommen zu einem erheblichen Anteil Haarschafe vor. Diese tragen statt Wolle Haare und machen wie andere Tierarten zweimal jährlich einen Haarwechsel durch. In der Behaarung ist eine notwendige Anpassung an das Klima der Heimatregionen solcher Rassen zu sehen. In Mitteleuropa haben der Preisverfall der Wolle und die Mühen, die mit dem Scheren verbunden sind, viele Personen zum Umdenken gebracht. Es kommt hinzu, dass für kleine Schafe von der EU die gleiche Mutterschafprämie gezahlt wird wie für große. Deshalb hat das Kamerunschaf als Haarschaf (S. 160) inzwischen weite Verbreitung gefunden und ist als Herdbuchrasse anerkannt. Im Einzelfall wird bei uns versucht, Schafe zu züchten, die ihre Wolle im Frühjahr wechseln und deshalb nicht geschoren werden müssen. Dies gelingt durch Einkreuzung der britischen Rasse Wiltshire Horn.

Bei Schafen herrscht eine große Rassenvielfalt (Tab. 8). Das liegt daran, dass Schafe im Allgemeinen auch heute noch extensiv gehalten werden. Spezielle Gegebenheiten in Nahrung und Klima führten zu Lokalrassen, die kaum durch andere ersetzt werden können. Keine Rasse bei uns ist so sehr an Boden und Pflanzenwelt der Heide angepasst wie die Graue Gehörnte Heidschnucke, keine kommt auf weichem Moorboden so zurecht und weiß die besondere, dürftige Vegetation des Moores so gut zu nutzen wie die Moorschnucke. Deshalb ist in relativ unberührten Gebieten wie Moor und Heide der Schafbestand gesichert, wenn sich nicht andere Faktoren als hinderlich erweisen. Früher wurden Schafe in Mitteleuropa – abgesehen von Gebieten wie Marsch und Gebirge – durch einen Schäfer in der freien Landschaft gehütet. Für diese Art der Haltung mussten die Schafe bestimmte Voraussetzungen erfüllen: lange Beine für einen raumgreifenden Schritt; harte, gegen Erkrankungen unanfällige Klauen, sowie ein nicht zu hohes Körpergewicht. Der Rückgang der Wanderschäferei wegen zunehmender Verkehrsdichte, intensiverer Nutzung der landwirtschaftlichen Flächen sowie andere wirtschaftliche Gründe zwangen zu Umstellungen in der Schafhaltung. Heute überwiegt die Koppelschafhaltung. Dadurch erübrigt sich eine ständige Aufsicht. Dieser Trend hat das Schaf in kleineren Beständen wieder auf den Bauernhof zurückkehren lassen. Solche Tiere müssen also nicht mehr täglich große Strecken zurücklegen; im Gegenteil: Wanderdrang ist unerwünscht; er lässt die Tiere immer wieder entweichen. Das führte dazu, dass zur Hüteschafhaltung geeignete Rassen teilweise umgezüchtet wurden und dass vermehrt Rassen gehalten werden, die sich zur Koppelschafhaltung eignen. Dieser Tendenz kommt ein anderer Trend entgegen: Der Schafhalter bezieht heute über 90% seines Einkommens aus dem Verkauf von Schlachtlämmern. Die Folge ist, dass auf mehr Fleischansatz gezüchtet wird bzw. vermehrt die einheimischen *Fleisch*rassen gehalten und weitere derartige Rassen nach Mitteleuropa importiert werden. Fleischrassen sind in aller Regel phlegmatischer als Woll- und Landrassen und demzufolge besser für die Koppelhaltung geeignet.

Üblicherweise werden die Schafrassen in Woll-, Fleisch- und Landrassen eingeteilt. Diese Einteilung wird den tatsächlichen Verhältnissen kaum gerecht. Nicht nur, dass beispielsweise das Merinofleischschaf – die Rasse mit der feinsten Wolle in Deutschland – sich durchaus in zwei Kategorien einordnen lässt. Milchschafe haben mit ihrer enormen Milchleistung, die das zehnfache (!) des Körpergewichts erreicht, eine Spezialisierung vollzogen, für die der Ausdruck „Landschaf" nicht mehr angemessen ist. Durch die besondere Haltung und Ernährung sowie die Tatsache, dass sie stark auf den

Tab. 8. Anteil der Rassen am Gesamtschafbestand Deutschlands

Rasse	1955* Anzahl	%	1968 Anzahl	%	1994** Anzahl	%
Merinolandschaf	514 066	43,3	332 939	40,2	702 547	30,1
Merinolangwollschaf	–	–	–	–	334 576	14,3
Schwarzk. Fleischschaf	315 896	26,6	231 719	28,0	394 804	16,9
Texelschaf	–	–	33 071	4,0	200 906	8,6
Weißköpfiges Fleischschaf	112 905	9,5	109 296	13,2	76 644	3,3
Heidschnucken	30 170	2,5	11 574	1,4	48 412	2,1
Merinofleischschaf	114 888	9,7	59 996	7,2	90 249	3,9
Bergschaf	5 468	0,5	7 500	0,9	29 782	1,3
Milchschaf	56 795	4,8	25 276	3,1	93 907	4,0
Rhönschaf	3 721	0,3	2 706	0,3	11 923	0,5
Bentheimer Landschaf	2 497	0,2	1 500	0,2	400	0,0
Blauköpfiges Fleischschaf	–	–	–	–	4 942	0,2
Leineschaf	23 133	2,0	881	0,1	1 000	0,0
Karakul	466	0,0	100	0,0	200	0,0
Suffolk	–	–	–	–	24 070	1,0
Sonstige Kreuzungen	8 038	0,7	12 155	1,5	25 236 / 296 530	1,1 / 12,7
Gesamt	1 188 043		828 713		2 336 128	100

* Vor 1955 keine Angaben über Anteil der einzelnen Rassen
** Letzte offizielle Zählung
Quelle: Geschäftsberichte der Vereinigung Deutscher Landesschafzuchtverbände u. a.

Tab. 9. Verteilung der Herdbuchtiere auf die einzelnen Schafrassen in der Schweiz 1999

Rasse	Anzahl Böcke	Auen	Insgesamt	%
Weißes Alpenschaf	2 938	39 392	42 330	52,0
Braunköpfiges Fleischschaf	954	12 206	13 160	16,2
Schwarzbraunes Bergschaf	684	9 860	10 544	13,0
Walliser Schwarznasenschaf	717	13 215	13 932	17,1
Charollais Suisse	82	901	983	1,2
Rouge de l'ouest	13	127	140	0,2
Shropshire	28	225	253	0,3

Quelle: Jahresbericht 1999 der schweiz. Zentralstelle für Kleinviehzucht

Menschen fixiert sind, nehmen die Milchschafe eine Sonderstellung ein. Landrassen haben ihre eigenen Vorteile. Durch die Beweidung erhalten sie Landschaften in ihrer Struktur und prägen diese durch ihre Anwesenheit. Nach vorübergehendem Rückgang haben die Landrassen aus diesem Grund und weil man erkannt hat, dass alte Rassen ein Kulturgut darstellen, wieder zunehmend an Bedeutung gewonnen.

In Österreich bilden die Bergschafe den größten Anteil des Gesamtbestandes (Tab. 10). Als bodenständige Rasse ist das Steinschaf erwähnenswert, das zahlenmäßig ansteigt. Die übrigen Rassen wurden in den letzten Jahrzehnten importiert.

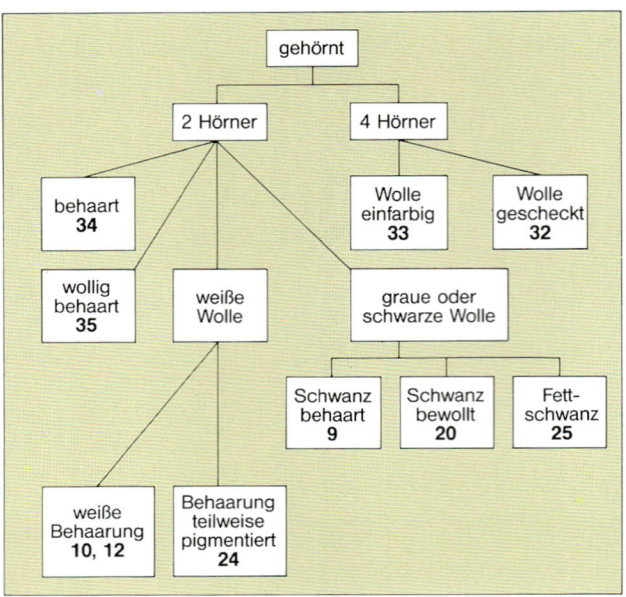

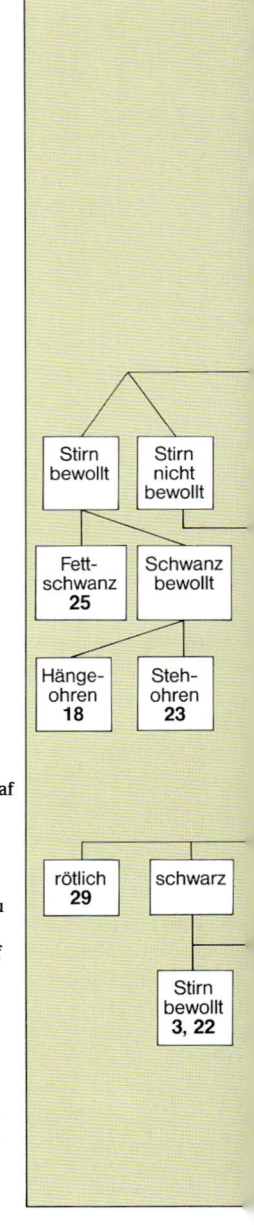

Aufschlüsselung von Schafrassen nach
leicht erkennbaren Merkmalen.

1= Merinolandschaf	13 = Rauwolliges	24 = Walliser
2 = Merinofleisch-	Pommersches	Schwarznasenschaf
schaf	Landschaf	25 = Karakul
3 = Schwarzköpfiges	14 = Bentheimer	26 = Romanov
Fleischschaf	Landschaf	27 = Suffolk
4 = Weißköpfiges	15 = Rhönschaf	28 = Blauköpfiges
Fleischschaf	16 = Coburger	Fleischschaf (Bleu
5 = Texelschaf	Fuchsschaf	du Maine)
6 = Ostfriesisches	17 = Weißes Bergschaf	29 = Charollaisschaf
Milchschaf (weiß)	18 = Braunes	30 = Flamenschaf
7 = Schwarzes	Bergschaf	31 = Finnschaf
Milchschaf	19 = Kärntner	32 = Jacobschaf
8 = Leineschaf	Brillenschaf	33 = St. Kilda-Schaf
9 = Graue Gehörnte	20 = Steinschaf	34 = Kamerunschaf
Heidschnucke	21= Weißes Alpenschaf	35 = Soay-Schaf
10 = Weiße Gehörnte	22 = Braunköpfiges	36 = Schwarzbraun-
Heidschnucke	Fleischschaf	wollige Form des
11= Moorschnucke	23 = Schwarzbraunes	Blauköpfigen
12 = Skudde	Bergschaf	Fleischschafes

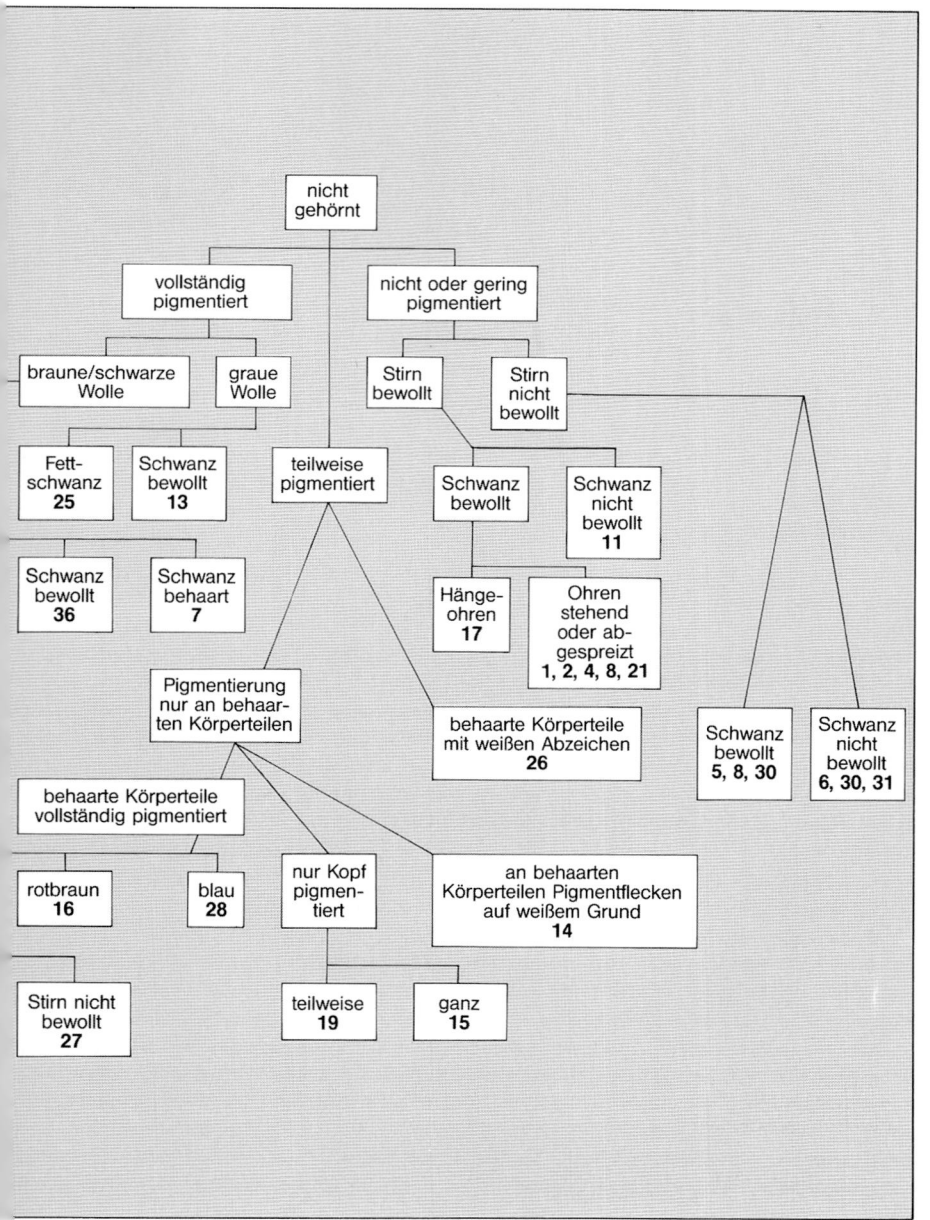

nicht gehörnt

- vollständig pigmentiert
  - braune/schwarze Wolle
    - Fettschwanz **25**
      - Schwanz bewollt **36**
    - Schwanz bewollt **13**
      - Schwanz behaart **7**
  - graue Wolle
- nicht oder gering pigmentiert
  - Stirn bewollt
    - teilweise pigmentiert
  - Stirn nicht bewollt
    - Schwanz bewollt
      - Hängeohren **17**
      - Ohren stehend oder abgespreizt **1, 2, 4, 8, 21**
      - behaarte Körperteile mit weißen Abzeichen **26**
    - Schwanz nicht bewollt **11**
    - Schwanz bewollt **5, 8, 30**
    - Schwanz nicht bewollt **6, 30, 31**

Pigmentierung nur an behaarten Körperteilen

behaarte Körperteile vollständig pigmentiert

- rotbraun **16**
- blau **28**
- nur Kopf pigmentiert
  - Stirn nicht bewollt **27**
  - teilweise **19**
  - ganz **15**
- an behaarten Körperteilen Pigmentflecken auf weißem Grund **14**

105

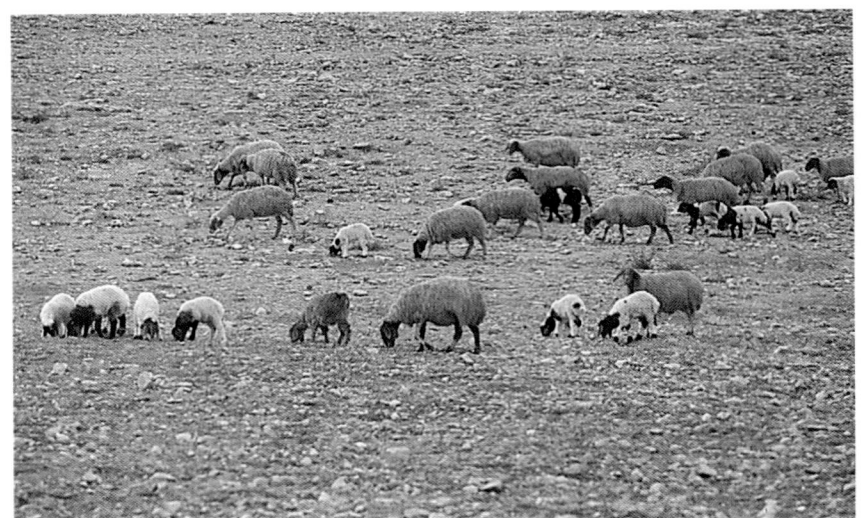

Awassi-Schafe im Negev/Israel

Auch in der Schweiz ist eine Rasse, nämlich das Weiße Alpenschaf, weitaus dominierend (Tab. 9). Nur lokale Bedeutung hat das Walliser Schwarznasenschaf.

Tab. 10: Schafzuchtbestand (Reinzucht) in Österreich nach Rassen 1999				
Rasse	Anzahl Betriebe	Widder	weibliche Schafe	insgesamt	Anteil in %
Weißes Bergschaf	1 692	1 147	16 445	17 592	58,9
Braunes Bergschaf	57	85	843	928	3,1
Tiroler Steinschaf	189	156	2 202	2 358	7,9
Milchschaf	46	67	1 517	1 584	5,3
Merino	72	115	2 884	2 999	10,0
Schwarzkopfschaf	29	35	532	567	1,9
Suffolk	76	102	689	791	2,6
Texel	38	57	459	516	1,7
Krainer Steinschaf	13	13	137	150	0,5
Weißes Alpenschaf	5	9	198	207	0,7
Kärntner Brillenschaf	54	50	322	372	1,2
Waldschaf	35	44	321	365	1,2
Shropshire	11	14	178	192	0,6
Schwarznasenschaf	12	15	97	112	0,4
Juraschaf	42	67	1 033	1 100	3,7
Alpines Steinschaf	4	4	16	20	0,1
Ungarisches Zackelschaf	4	5	31	36	0,1
Zusammen	2 379	1 985	27 904	29 889	

Quelle: Österreich. Bundesministerium LF

Merinolandschaf

Kennzeichen: Mittelgroß bis rahmig. Bewollte und behaarte Körperteile weiß. Mittellanger, nicht zu breiter Kopf. Lange, breite, leicht schräg nach vorn hängende Ohren. Stirn und Unterkieferwinkel bewollt. Straffer, breiter Rücken. Gute Brust- und Flankentiefe. Als Wanderschaf früher mit recht langen Beinen für raumgreifenden Schritt. Gegenwärtig besteht die Tendenz zu kürzeren Beinen. Auf eine Verbesserung der Keulenausbildung wird zunehmend Wert gelegt. Hornlos.

	Bock	Mutter
Widerristhöhe	90–100	75–85
Gewicht	120–140	80–90

Verbreitung: Süddeutschland und Thüringen.
Leistung: Marschfähiges, aber auch zur Koppelschafhaltung geeignetes Schaf. Widerstandsfähig. Wolle vom Merinotyp. Jährliche Wollmenge der Mutterschafe 4,0–5,0 kg.

Fortpflanzung asaisonal. Ablammergebnis 210%. Tägl. Zunahmen von 370 g.
Zuchtgeschichte: Mitte des 18. Jahrhunderts kamen Feinwollschafe aus Spanien nach Deutschland. Schafe dieses Typs wurden Ende des 18. Jahrhunderts in Süddeutschland zur Veredelung von Landschafrassen verwendet und zwar besonders in Württemberg. 1887 erscheint dieses süddeutsche, weißköpfige Schaf als besondere Rasse auf der ersten DLG-Ausstellung. Spätere Einkreuzung weiterer Merinos führte dann zum „Württemberger", ein Name, der ab 1906 allmählich durch den jetzigen Namen ersetzt wurde. Bewusst sowohl auf Woll- als auch auf Fleischleistung gezüchtet. Obwohl schon immer die ausgezeichnete Marschfähigkeit gelobt wurde, wogen bereits vor dem 2. Weltkrieg Böcke im Mittel 124,3 kg und Muttern 93,9 kg. Ihre Gesamtzahl betrug 1936 869 000 und damit 22,2% des deutschen Schafbestandes. „Württemberger" wurden in zahlreiche andere Rassen eingekreuzt.

Merinofleischschaf

Kennzeichen: Mittelgroße Tiere mit großer Rumpfbreite und -tiefe. Reinweiß, Gesichtshaut weiß. Nasenrücken leicht gewölbt. Die Bewollung reicht bis zur Augenlinie. Die mittellangen Beine sind bis zu den Carpalbzw. Tarsalgelenken bewollt. Hornlos.

	Bock	Mutter
Widerristhöhe	80–90	75–85
Gewicht	120–140	75–85

Verbreitung: In Deutschland vor allem in den neuen Bundesländern und in Niedersachsen. In anderen Ländern, insbesondere in Osteuropa, nach wie vor sehr geschätzt. Wurde auch in die Türkei sowie nach Südafrika und Südamerika exportiert.
Leistung: Leichtfuttrig; widerstandsfähig. Froh- und fleischwüchsig. Schlachtausbeute 50%. Beste Wollqualität. Jährliche Wollmenge 5,0 kg (Muttern) bzw. 7,0 kg (Böcke). Gute Fruchtbarkeit. Ablammergebnis 150–220%.

Zuchtgeschichte: Der Name leitet sich vom Berberstamm der Beri-Merines her, die im 12. Jahrhundert von Nordafrika nach Spanien kamen und Merinos mitbrachten. Nach Deutschland kamen die ersten Merinos im 18. Jahrhundert. Das heutige Merinofleischschaf ist um 1870 aus deutschen Merinos unter Einkreuzung französischer Merino-Kammwollschafe (Merino precoce) sowie englischer Fleischrassen entstanden. Erst 1934 kam es zur Vereinigung der unterschiedlichen Zuchtrichtungen zur Rasse mit dem heute gebräuchlichen Namen. Vor dem 2. Weltkrieg gehörten 51% der deutschen Schafe dieser Rasse an. Der Bestand ist in den letzten Jahren deutlich zurückgegangen. Er beträgt jetzt ca. 24 000 Tiere. Die Population in den östlichen Bundesländern wurde laufend mit Stawropol-Merinos und Kaukasischen Merinos gekreuzt, um die Wollfeinheit zu verbessern. Ausgenommen von dieser züchterischen Maßnahme waren die Merinofleischschafe in der Gegend von Halle. Ca. 30 Herdbuchbetriebe.

Merinolangwollschaf

Kennzeichen: Großrahmig. Lang und tief. Bewollte und behaarte Körperteile weiß. Kompakter Körperbau. Kräftiges Fundament. Schaupe. Hornlos.

	Bock	Mutter
Widerristhöhe	78–82	75
Gewicht	95–110	80–90

Verbreitung: Ehemalige DDR außer Gebiete um Leipzig, Halle und Magdeburg.
Leistung: Frohwüchsig und frühreif. Asaisonale Brunst. Mittleres Ablammungsergebnis 160%. Tägliche Zunahmen der Lämmer ca. 400 g. Reinwollertrag bei Vollschur 5,7 kg (Muttern), 8,0 kg (Böcke); mittlerer Haardurchmesser 35 µ. Im Vergleich zum Merinolandschaf etwas gröbere Wolle. Die Stapellänge übertrifft bei Vollschuren 20 cm. Rendement bei 60%.
Zuchtgeschichte: Anlass für die Zucht war die Notwendigkeit, die Wollproduktion in der DDR zu steigern. Dazu wurde das Merinolandschaf mit dem Nordkaukasischen Fleischwollschaf (hoher Wollertrag), mit Corridale aus den USA (gute Wollqualität und Vliesdichte) sowie mit Lincoln aus Großbritannien (beachtliche Wolllänge und hervorragende Körperentwicklung) gekreuzt. Seit Beginn wurde im wesentlichen die künstliche Besamung angewandt. Dadurch war man in der Lage, nur die allerbesten Böcke einzusetzen, so dass ein rascher Zuchtfortschritt erzielt werden konnte. Seit 1986 gilt die Rasse als konsolidiert. Sie wird in Reinzucht fortgepflanzt. Als Zuchtmethoden finden die Linienzucht in der obersten Zuchtebene, die Linienrotation in der Vermehrungszucht und die Hybridisation mit Mastrassen in Mastlämmerlieferbetrieben Anwendung. Auf der Jungbockaufzucht- und Prüfstation Mühlhausen erfolgt die Körung der besten Tiere nach Wollqualität und Körperentwicklung. Bei der Beurteilung der Qualität wird nach der Rangfolge Wollertrag, Wollqualität, Lebendmasse und Körperqualität vorgegangen.

Schwarzköpfiges Fleischschaf

Kennzeichen: Großrahmiges Schaf. Wolle weiß. Kopf und Beine vom Vorderknie bzw. Sprunggelenk abwärts schwarz oder dunkelbraun. Stirn bewollt. Mittellanger Kopf. Kräftige, seitwärts abstehende Ohren. Tiefe Brust, langer Rücken, gute Keulenausbildung. Hornlos.

	Bock	Mutter
Widerristhöhe	80–90	75–80
Gewicht	110–135	70–90

Verbreitung: Nord- und Westdeutschland. In den letzten Jahren aber auch zunehmend in Bayern sowie Österreich.
Leistung: Sowohl für die Koppel- als auch für Hütehaltung geeignet. Fleischschaf. Sehr gute Schlachtkörperqualität. Böcke werden bevorzugt in Herden anderer Rassen zur Erzeugung quelliger Kreuzungslämmer verwendet. Jährliche Wollmenge 4,0–5,0 (Muttern) bzw. 5,0–7,0 kg (Böcke). Durchmesser der Wolle 33–35 Mikron. Frühreif.

Saisonale Fortpflanzung, jedoch lange Decksaison. Ablammergebnis 120–170%. Tägliche Zunahmen der Lämmer 420–450 g. Schlachtausbeute 50–52%.
Zuchtgeschichte: Geht im Wesentlichen auf englische Fleischschafrassen (Hampshire, Oxford, Suffolk) zurück, die ab 1860 nach Deutschland eingeführt wurden. Ursache war der Rückgang der Wollpreise und zunehmende Bedeutung der Fleischerzeugung. Rasche Ausbreitung in Deutschland in Gegenden mit maritimem Klima. Zunächst bestanden die genannten englischen Rassen noch nebeneinander. Im 1. Weltkrieg wurden sie zu einer Rasse zusammengefasst. Diese trat 1922 zum ersten Mal unter dem jetzigen Namen auf einer DLG-Ausstellung auf. Hauptzuchtgebiete waren zunächst Ostpreußen und Westfalen. Mit 462 200 Tieren stellte diese Rasse 1936 in Deutschland 11,8% des Schafbestandes. Sie ist nach wie vor eine der am stärksten vertretenen Schafrassen in Deutschland.

Weißköpfiges Fleischschaf

Kennzeichen: Großrahmiges, gutbemuskeltes Schaf. Bewollte und behaarte Körperteile stets rein weiß. Dunkle Pigmentierung der Nasenschleimhaut. Stirn bewollt. Mittelgroße, seitwärts stehende Ohren. Tiefer, breiter und langer („tonniger") Rumpf. Keulen gut entwickelt. Hornlos.

	Bock	Mutter
Widerristhöhe	75–85	70–80
Gewicht	110–130	80–90

Verbreitung: Fast ausschließlich Schleswig-Holstein und Niedersachsen. Hauptsächlich an der Küste.
Leistung: Gute Futterausnutzung. Widerstandsfähig. Winterhart. Gut geeignet für Koppelschafhaltung. Sehr fleischwüchsig. Gute Schlachtkörperqualität. Crossbred-Wolle. Jährliche Wollmenge 5,0–6,5 kg (Muttern) bzw. 6,0–7,0 kg (Böcke). Frühreif. Saisonale Fortpflanzung. Ablammergebnis 150–180%.

Zuchtgeschichte: Um die Mitte des 19. Jahrhunderts aus dem bodenständigen Marschschaf der Nordseeküste durch Einkreuzung verschiedener britischer Fleischschafrassen (hauptsächlich Cotswold) sowie von Texelschafen entstanden. Zunächst hatte man in den einzelnen Zuchtgebieten an der Nordsee unterschiedliche Zuchtziele hinsichtlich Typ und Wolle. 1928 erfolgte der Zusammenschluss der Züchtervereinigungen von Holstein, Oldenburg und Stade zum „Reichsverband der Züchter des deutschen weißköpfigen Fleischschafes". Ab 1924 als eigenständige Rasse anerkannt. Angestrebt wurde ein weißes, frühreifes, wollreiches Schaf mit schöner Körperform und kräftigem Knochenbau. Eine Zählung 1936 ergab 220 341 Tiere dieser Rasse. Das waren 5,6% aller Schafe in Deutschland. Vor einiger Zeit wurden häufig Texelschafe eingekreuzt. In jüngster Vergangenheit gelegentlich Einkreuzung der französischen Rasse Berrichon, um die „Weißköpfe" etwas fülliger zu machen.

Texelschaf

Kennzeichen: Mittel- bis großrahmig.
Bewollte und unbewollte Körperteile weiß.
Dunkle Nase. An den Ohren häufig durch-
scheinende Pigmentflecken. Kopf mittellang,
breit und flach. Kräftige, mittellange Stehohren. Hals kurz und stark bemuskelt. Tiefe
Brust, breiter Rücken. Volle, weit herunter-
reichende Keulen. Starkknochige Beine.
Relativ kurzbeinig. Hornlos.

	Bock	Mutter
Widerristhöhe	75–80	70–75
Gewicht	110–140	70–90

Verbreitung: Mittel- und Osteuropa, aber
auch Südamerika, Afrika und Südasien.
Leistung: Besonders gut geeignet für die
Koppelschafhaltung. Ein ausgesprochenes
Fleischschaf. Frohwüchsige Lämmer. Tageszunahmen von 400 g sind keine Seltenheit.
Crossbred-Wolle. Jährliche Wollmenge
4,0–5,0 kg (Muttern), bzw. 5,0–6,0 kg
(Böcke). Frühreif. Streng saisonale Fortpflanzung. Ablammergebnis 150–200%.
Zuchtgeschichte: Ursprünglich von der
niederländischen Insel Texel stammend, wo
es aus hochbeinigen Schafen entstanden
sein soll, die Seefahrer von der Ostküste
Afrikas mitgebracht haben. Um die Mitte
des 19. Jahrhunderts Einkreuzung von englischen langwolligen Fleischschafrassen, insbesondere Leicester und Lincoln. Später
über die gesamten Niederlande verbreitet,
wo es gegenwärtig die weitaus häufigste
Schafrasse ist. Seit 1909 vorübergehend
erneute Einkreuzung britischer Fleischschafrassen durch die „Vereeniging tot Ver-
betering van de Schapenfokkerij in Noord-
Holland". Seit 1921 Export nach Spanien,
seit 1922 nach Frankreich. Ab Anfang der
60er-Jahre des vergangenen Jahrhunderts
Importe in die Bundesrepublik und zwar
zunächst nach Norddeutschland, später
auch nach Süddeutschland. Wurde in viele
andere Rassen zur Verbesserung der Leistung eingekreuzt und ist an mehreren Neu-
züchtungen beteiligt.

Ostfriesisches Milchschaf

Kennzeichen: Großrahmig. Langwolliges Schaf von weißer Farbe. Schwarze Tiere kommen seit langem immer wieder vor. Der längliche, leicht ramsnasige Kopf ist frei von Wolle und nur mit feinen Stichelhaaren besetzt. Lange, nach vorn gerichtete Ohren. Breit angesetztes, großes Euter. Schwanz lang, dünn und unbewollt. Hornlos.

	Bock	Mutter
Widerristhöhe	80–90	70–80
Gewicht	110–130	80–100

Verbreitung: Kommt neben Deutschland in allen anderen mitteleuropäischen Ländern vor. Schwerpunkte der Zucht liegen in Nordrhein-Westfalen, im Weser-Ems-Gebiet sowie in den östlichen Bundesländern.
Leistung: Im Gegensatz zu den anderen Schafrassen gilt das Milchschaf nicht als Herdentier, lässt sich aber durchaus auch in größeren Beständen halten. Besonders ge-eignet für die Koppelschafhaltung. Jährliche Wollmenge 4,5–5,0 kg (Muttern) bzw. 5,5–6,0 kg (Böcke). Durchschnittliche Jahresmilchleistung 600 kg mit 5,5% Fett, bei Spitzenleistungen über 1400 kg Milch und über 6% Fett und 4–6% Milcheiweiß. Ablammergebnis 230%. Erste Lammung mit 12 Monaten möglich. Frühreif, fruchtbar, frohwüchsig (die berühmten „3 F"). Saisonale Brunst.
Zuchtgeschichte: Wird bereits im 16. Jahrhundert wegen seiner hervorragenden Fruchtbarkeit erwähnt. Ursprünglich in Ostfriesland beheimatet. Später, insbesondere in Notzeiten, neben der Ziege als „Kuh des kleinen Mannes" in ganz Deutschland geschätzt. Vorübergehend Einkreuzung englischer Fleischschafe. 1897 Gründung der ersten Zuchtvereine, die sich bald zu einem Verband zusammenschlossen. Seit 1901 ist die Bockkörung Pflicht. Planmäßige Herdbuchzucht seit 1908. Export schon seit Anfang des 20. Jahrhunderts in viele Länder, die auf Schafmilch Wert legen.

Schwarzes Milchschaf

Kennzeichen: Etwas leichter als das Ost-friesische Milchschaf, ansonsten in Form und Typ wie dieses. Einheitlich braun bis tiefschwarz, gelegentlich weiße Abzeichen oder Stichelhaare an Kopf, Beinen und Schwanz. Die Lämmer werden schwarz geboren. Kopf fein behaart und leicht rams-nasig. Lange, dünne, nach vorn gestellte Ohren. Langer, unbewollter Schwanz. Hornlos.

	Bock	Mutter
Widerristhöhe	75–85	70–80
Gewicht	100–120	80–90

Verbreitung: Deutschland; vor allem in Bayern, Hessen, Niedersachsen, im Rhein-land und in den neuen Bundesländern.
Leistung: Schlichtwollig. Jährliche Woll-menge 4,0–4,5 kg (Muttern) bzw. 5,0–5,5 kg (Böcke). Die Milchleistung liegt mit durchschnittlich etwas über 500 kg/Jahr ungefähr 5% unter der des Ostfriesischen Milchschafes. Diese Rasse leistet damit im Verhältnis zum Körperge-wicht das Gleiche. Die Milch soll jedoch etwas süßer und geschmackvoller sein als die des Ostfriesischen Milchschafes.
Zuchtgeschichte: Die Anlage für Pigmen-tierung ist rezessiv im Ostfriesischen Milch-schaf vorhanden und mendelt gelegentlich aus ihm heraus. In Zeiten, in denen farbige Naturwolle begehrt ist – in den Nachkriegs-zeiten sowie gegenwärtig – besteht eine gewisse Nachfrage nach schwarzen Milch-schafen. Reinzucht seit ca. 25 Jahren. Zucht seit ungefähr Mitte der 60er-Jahre des 20. Jh., wobei gelegentlich andere Rassen (Karakul?) eingekreuzt sein dürften. Sie sind noch nicht in allen Zuchtgebieten als Herd-buch-Tiere anerkannt. Herdbücher bestehen in folgenden Landesverbänden: Baden-Württemberg (seit 1979), Niedersachsen, Weser-Ems und Westfalen (seit 1980), Hes-sen und Bayern (seit 1982) sowie im Saar-land (1986). Die Gesamtpopulation umfasst ca. 500 Tiere.

Leineschaf

Kennzeichen: Großrahmig. Weiß, z. T. mit
rötlichem Schimmer insbesondere am Kopf;
ohne Pigmentflecken. Langer, feiner, nur
spärlich behaarter Kopf. Die Wolle beginnt
erst hinter den Ohren. Lange, glatte Ohren,
die zum Herabhängen neigen. Gekräuselte
Wolle, lang herabwachsend. Hornlos.

	Bock	Mutter
Widerristhöhe	80–85	70–75
Gewicht	100–120	70–80

Verbreitung: Niedersachsen.
Leistung: Frohwüchsiges, robustes Schaf
mit guter Säugeleistung; stellt an Fütterung
und Haltung keine hohen Ansprüche; gut
geeignet für die Wanderschäferei, aber auch
für die Koppelhaltung. Widerstands- und anpassungsfähig. Gute Fleischleistung. Jährliche Wollmenge 3,5–4,0 kg (Muttern) bzw.
5,0–6,0 kg (Böcke). Erstzulassung mit
7–8 Monaten. Saisonale Fortpflanzung.
Ablammergebnis 150–200%.

Zuchtgeschichte: In den 60er-Jahren des
19. Jahrhunderts aus einem alten Landschlag entstanden. Durch spätere Einkreuzung von englischen Fleischschafen wurde
die Körperform verbessert. Von einem einheitlichen Zuchtziel kann erst seit Anfang
des 20. Jahrhunderts gesprochen werden.
1937 gab es in Deutschland 77 375 Leine-
schafe; das waren 1,65% des gesamten
Schafbestandes. Es bestand ein zusammenhängendes Zuchtgebiet zwischen Hannover
und Göttingen. Einkreuzungen in den folgenden Jahrzehnten brachten keinen Erfolg.
Das jetzige „verbesserte" Leineschaf ist eine
Kreuzung zwischen ursprünglichem Leineschaf und Texelschaf, Flamenschaf sowie
Ostfriesischem Milchschaf. Dabei wurden
geringe Geburtsschwierigkeiten und Auf-
zuchtverluste des Leineschafes alten Typs
mit Fruchtbarkeit und Milchreichtum des
Ostfriesischen Milchschafes und Frohwüchsigkeit sowie Fleischfülle des Texelschafes
kombiniert. Gegenwärtig gibt es 24 Herdbuchbetriebe (meist Niedersachsen).

Graue Gehörnte Heidschnucke

Kennzeichen: Leichte, feingliedrige Tiere. Silbergrau bis dunkelgrau mit schwarzem Brustlatz. Mischwollig. Unbewollte Körperteile schwarz. Umgebung des Maules häufig mit vielen weißen Haaren. Die Lämmer werden stets schwarz und gelockt geboren; ihre Wolle verfärbt sich im Verlaufe des ersten Lebensjahres. Ältere Böcke haben prachtvolle Schnecken, die denen des Mufflons kaum nachstehen. Muttern mit sichelförmigen Hörnern, Spitzen nach hinten und außen gerichtet.

	Bock	Mutter
Widerristhöhe	67	60
Gewicht	70–80	50–55

Verbreitung: Ursprünglich nur auf den trockenen, nährstoffarmen Flächen der Lüneburger Heide. In den letzten Jahren zunehmend in den übrigen Teilen Deutschlands sowie in der Schweiz.

Leistung: Erhält durch den Verbiss von Heidekraut und Nadelbaumanflug in der Lüneburger Heide den typischen Charakter dieser Landschaft. Anspruchslos, widerstandsfähig. Heidschnuckenbraten gilt wegen seines wildähnlichen Geschmacks als Delikatesse. Felle. Erstzulassung im Alter von ca. 18 Monaten. Die Brunst ist saisonal. Ablammergebnis 120%.

Zuchtgeschichte: Der früheste Bericht über die „Heydeschnucken" stammt vom Ende des 18. Jahrhunderts. Bis weit ins 19. Jahrhundert zählten graue und weiße, gehörnte und hornlose Tiere zur gleichen Rasse. Ihr Gewicht betrug nur 20–30 kg. 1905 wurden die ersten Eliteherden eingerichtet. Ein Zuchtbuch gibt es seit 1930. Durch entsprechende Selektion wurde das Durchschnittsgewicht seit 1921 um fast 50% angehoben. Ursprünglich war diese Rasse über weite Gebiete Norddeutschlands verbreitet. Ab 1970 wieder deutliche Aufwärtsentwicklung in der Zucht und Verbreitung außerhalb des Ursprungsgebietes.

Weiße Gehörnte Heidschnucke

Kennzeichen: Kleines mischwolliges Landschaf. Weiß ohne Abzeichen. Langer keilförmiger Kopf mit schneckenförmigen Hörnern bei den Böcken und sichelförmig nach hinten gebogenen Hörnern bei den Muttern. Gut gewölbter Brustkorb, eindrucksvolle Rumpftiefe, feines Fundament.

	Bock	Mutter
Widerristhöhe	55–60	50
Gewicht	65–75	45–50

Verbreitung: Südoldenburg, Emsland, Schleswig-Holstein.
Leistung: Genügsam, widerstandsfähig, besonders geeignet für die Pflege von Heideflächen. Sie stellt jedoch in Bezug auf die Weide etwas höhere Ansprüche als die Graue Gehörnte Heidschnucke. Hervorragende Fleischqualität (zart, wildbretartiger Geschmack). Jährliche Wollmenge 1,8 kg (Muttern) bzw. 3,5 (Böcke). Sehr gute Muttereigenschaften; leichte Lammung. Ablammergebnis 100%.
Zuchtgeschichte: Zumindest seit Anfang des 19. Jahrhunderts, vermutlich aber schon viel früher, hat es im Großherzogtum Oldenburg gemischte Herden von weißen gehörnten, hornlosen und grauen Heidschnucken gegeben. Rein weiße, gehörnte Herden schon ab Mitte des 19. Jahrhunderts. Heidschnucken haben sich über Jahrhunderte hinweg ohne fremdes Blut als urwüchsige Rasse erhalten. Seit 1949 gilt die Weiße Gehörnte Heidschnucke als eigenständige Rasse. Sie hatte nie ein zusammenhängendes Zuchtgebiet. Insbesondere die Stammherden waren über das gesamte Weser-Ems-Gebiet verteilt. Im Laufe der letzten Jahrzehnte Selektion auf höheres Gewicht. Noch vor 30 Jahren lag das Gewicht der Muttern bei 30–45 kg, das der Böcke bei 50–60 kg. Es sind noch insgesamt ca. 1500 Tiere vorhanden. Nur noch ein Bestand als Wanderschafherde. Gegenwärtig sechs Herdbuchbetriebe.

Moorschnucke, Weiße Hornlose Heidschnucke

Kennzeichen: Kleines, mischwolliges Landschaf. Kleiner, länglicher Kopf mit kleinen, schräg aufwärts stehenden Ohren. Sehr feiner Knochenbau, feste Klauen. Beide Geschlechter sind hornlos.

	Bock	Mutter
Widerristhöhe	55–60	50
Gewicht	70–75	40–45

Verbreitung: Deutschland, mit Schwerpunkt in den nördlichen Bundesländern.
Leistung: Gute Anpassung an die besonderen Verhältnisse der Moorlandschaft. Sehr beweglich. Ernährt sich überwiegend von Heidekraut, Moorgräsern und -kräutern sowie Birkenaufwuchs. Anspruchslos und widerstandsfähig. Besonders zur Landschaftspflege in Feuchtgebieten und Mooren geeignet. Wildbretartiger Geschmack des Fleisches. Erstzulassung mit 18 Monaten. Saisonale Brunst. Ablammergebnis 110%.

Vliesgewicht 2 kg (Muttern) bzw. 3 kg (Böcke.)
Zuchtgeschichte: Seit Jahrhunderten im gegenwärtigen Zuchtgebiet heimisch und durch harte Auslese auf Widerstandsfähigkeit und Anpassung selektiert. Mit den anderen Schnuckenformen verwandt. Noch 1918 unterschied man nur die Weiße von der Grauen Heidschnucke. Obwohl bei den Weißen schon damals gehörnte und hornlose Tiere vorkamen, trennte man noch nicht in zwei Rassen. Allerdings züchteten einige Schäfer auf Hörner bzw. Hornlosigkeit und schlossen die andere Form konsequent von der Zucht aus. Die bekannteste hornlose Zucht war schon damals bei Sulingen. In den 40er-Jahren des 20. Jh. war diese Rasse vornehmlich in den Geest- und Moorgebieten verbreitet, die sich als westliche Ausläufer der Lüneburger Heide über die Kreise Bremervörde, Rotenburg und Verden erstreckten, sowie im Raum Diepholz, Sulingen und Uchte. Ca. 40 Herdbuchbetriebe.

Skudde

Kennzeichen: Kleinste deutsche
Schafrasse. Grauweiß, vereinzelt schwarz
oder bronzefarben. Mischwollig. Relativ
großer, schwerer Kopf. Auffallend kleine
Ohren. Kurzer, im unteren Teil behaarter
Schwanz. Böcke mit gewundenen Hörnern
und Mähne am Unterhals; weibliche Tiere
mit Hornstummeln oder hornlos.

	Bock	Mutter
Widerristhöhe	55–60	50
Gewicht	50–55	40–45

Verbreitung: Ursprünglich Ostpreußen
und Baltikum. Jetzt in ganz Deutschland
in vielen kleinen Herden, vorzugsweise in
Hessen und den östlichen Bundesländern
sowie der Schweiz.
Leistung: Zäh und anspruchslos. Guter
Futterverwerter auf Magerweiden. Harte
Klauen. Lebhaft aber friedfertig. Fleisch,
Felle. Jährliche Wollmenge knapp 2 kg.
Die Wolle ist feiner als die von ähnlichen
Rassen; sie ist dennoch nur zur Herstellung
von Teppichen oder grobem Lodenstoff geeignet. Asaisonal brünstig. Ablammergebnis
im Mittel 130%. Zwei Ablammungen im
Jahr möglich. Geburtsgewicht der Lämmer
2,5 kg.
Zuchtgeschichte: Im Ursprungsgebiet seit
langem bekannte bodenständige Landrasse.
Gehört zur Gruppe der kurzschwänzigen
nordischen Heideschafe. 1873 zählte man in
Preußen 77 000 Skudden. Schon nach dem
1. Weltkrieg waren die Bestände stark ge-
schrumpft bzw. mit anderen Schafrassen gekreuzt. 1936 gab es in Ostpreußen nur noch
3621 reinrassige Tiere; gegen Ende des
2. Weltkriegs waren es lediglich noch 1000.
Der jetzige Bestand geht im Wesentlichen
auf Tiere zurück, die vor dem 2. Weltkrieg
aus Ostpreußen und Litauen in den Mün-
chener Tierpark kamen. 1984 wurde in
Frankfurt ein Zuchtverband gegründet. Gegenwärtig ca. 2000 Tiere. Wertvolle Genreserve. Im Ursprungsgebiet ausgestorben.
Zur Zeit ca. 160 Herdbuchbetriebe.

Rauwolliges Pommersches Landschaf

Kennzeichen: Mischwolliges Landschaf mit grauer bis blaugrauer Wolle und bräunlichem Anflug. Dunkler, verwaschener „Aalstrich" vom Hinterkopf bis zum Widerrist. Extremitäten und Kopf schwarz. Stirn etwas bewollt. Altböcke können eine bis zur Vorderbrust herabreichende schwarze Mähne ausbilden. Die Lämmer werden schwarz geboren. Hornlos.

	Bock	Mutter
Widerristhöhe	70	63
Gewicht	70–75	50–55

Verbreitung: In Mecklenburg-Vorpommern an der Ostseeküste; vor allem auf den Inseln Rügen und Hiddensee sowie auf Teilen Usedoms. Einzelbestände über die anderen Bundesländer verteilt. Östlich der Oder nur noch Restbestände.
Leistung: Gut angepasst an kärgliche Weideverhältnisse (trockene, ärmste Sand-böden, Moorböden, nasse Weiden) und ungünstige Witterung. Genügsam und widerstandsfähig. Gute Resistenz gegen Wurmerkrankungen und Moderhinke. Jährliche Wollmenge 4,0 kg (Muttern) bzw. 6,0 kg (Böcke). Ablammergebnis 130%.
Zuchtgeschichte: Das Rauwollige Pommersche Landschaf ist eine sehr alte Schafrasse. Soll aus einer Kreuzung des früheren Zaupelschafes mit dem Hannoverschen Schaf hervorgegangen sein. Ursprünglich in den deutschen Ostseeprovinzen (Mecklenburg, Pommern, Ostpreußen) und in Schlesien und Polen verbreitet. In vielen Gegenden wurden die Mutterschafe gemolken. Seit Anfang des 19. Jahrhunderts nehmen die Bestände kontinuierlich ab. Mehrfach unternommene Einkreuzungsversuche mit englischen Fleischschafen scheiterten. Nach dem 1. Weltkrieg Gründung von zwei Stammherden im Kreis Greifswald. 1936 gab es noch 66 000 Tiere. Seit Anfang der 80er-Jahre des 20. Jh. systematische Förderung der Restbestände. Ca. 90 Herdbuchbetriebe.

Bentheimer Landschaf

Kennzeichen: Großrahmiges, langbeiniges Schaf mit langer Mittelhand. Die Wolle ist rein weiß. An Kopf und Ohren sowie an den Beinen dunkelbraune Flecken. Schmaler und langer Kopf. Nasenrücken deutlich geramst. Mittellange bis lange Ohren. Langer, bewollter Schwanz. Hornlos.

	Bock	Mutter
Widerristhöhe	70–75	65–70
Gewicht	80–90	60–70

Verbreitung: Westliches Niedersachsen. Einzelne kleine Bestände außerhalb dieses Gebietes.
Leistung: Widerstandsfähig. Anspruchslos. Marschfähig. Harte Klauen. Moderhinkefest. Hervorragende Fleischqualität. Jährliche Wollmenge der Böcke 4,5–5,0 kg, der Muttern 3,0–4,0 kg. Erstzulassung ab 7 Monaten möglich. Gute Muttereigenschaften. Ausgezeichnete Säugeleistung. Ablammergebnis 130%.

Zuchtgeschichte: Unter Einkreuzung von niederländischen Tieren in einheimische Heide- und Marschschafe entstanden. Zwei Umstände begünstigten den Import von Böcken aus den Niederlanden (Drenthe-Schaf) und die Entstehung des Bentheimer Landschafes: 1. Durch Einführung des Kunstdüngers wurde der Weideertrag verbessert, so dass es genügend Futter für schwerere Schafe gab. 2. Schwere, gemästete Hammel wurden auf dem Umweg über die Niederlande nach Brüssel verkauft, wo für die Tiere ein guter Markt bestand. Die Rasse blieb bis in die neuere Zeit auf die Kreise Bentheim und Lingen im Emsland beschränkt. Wird seit 1934 züchterisch bearbeitet. Durch ökologische Veränderungen wurde diesem Moor- und Heideschaf die natürliche Lebensgrundlage weitgehend entzogen. Die größte Herde befindet sich außerhalb des ursprünglichen Zuchtgebietes. Bestand stark gefährdet. Seit kurzem vereinzelt Einkreuzung der französischen Rasse Causses du Lot. Ca. 80 Herdbuchbetriebe.

Rhönschaf

Kennzeichen: Mittelgroßes bis großes Schaf. Weiß (auch die Beine). Schwarzhaariger, bis hinter die Ohren unbewollter Kopf. Leicht ramsnasig. Kräftiger, langer Körper mit tiefer Brust. Hochbeinig. Schlichtwollig. Hornlos.

	Bock	Mutter
Widerristhöhe	80–85	72–78
Gewicht	85–95	60–70

Verbreitung: Rhön und Umgebung.
Leistung: Genügsam. Gut geeignet für raues, feuchtes Klima in den Mittelgebirgslagen. Marsch- und pferchfähig. Wird in Hüte- und Koppelschafhaltung eingesetzt. Die jährliche Wollmenge der Mutterschafe beträgt 3,0–4,0 kg, die der Böcke 5,0–6,0 kg. Erste Zulassung mit 12–18 Monaten. Asaisonale Brunst möglich. Gute Säugeleistung. Ablammergebnis 160%. Wohlschmeckendes Fleisch mit Wildcharakter.
Zuchtgeschichte: Die erste Erwähnung in der Literatur erfolgte 1844, doch gilt als sicher, dass es diese Rasse schon wesentlich früher gab. Nach der ältesten Abbildung (von 1873) entspricht es schon dem heutigen Typ. Zu dieser Zeit kam das Rhönschaf von Thüringen bis zum Harz und im Quellgebiet der Werra vor. Später war es sogar in nahezu allen Gegenden des damaligen Deutschen Reiches vertreten. Im Verlaufe der Zeit wurden mehrfach englische Cotswold- oder Oxfordshire- sowie Merino-Böcke eingekreuzt. 1921 wurde in Weimar der Verband der Rhönschafzüchter gegründet. Seit Mitte des 19. Jahrhunderts, als sie einige hunderttausend Tiere umfassten, waren die Bestände ständig rückläufig und erreichten Ende der 50er-Jahre des 20. Jh. mit nur noch 300 eingetragenen Herdbuchtieren in der Bundesrepublik ihren Tiefpunkt. Von 1936 an Leistungskontrollen. Anfang der 80er-Jahre des 20. Jh. setzte eine deutliche Aufwärtstendenz ein, so dass die Nachfrage zeitweilig nicht befriedigt werden konnte. Ca. 130 Herdbuchbetriebe.

Coburger Fuchsschaf

Kennzeichen: Mittelgroß bis großrahmig. Behaarte Körperteile hell- bis rotbraun. Das Vlies hat im Innern einen rötlichen Schimmer (goldenes Vlies). Schlichtwolliges Schaf mit schmalem, wenig geramstem Kopf. Breite, leicht hängende Ohren. Kopf bis hinter die Ohren sowie Extremitäten unbewollt. Farbe der Lämmer bis zum Alter von 6–12 Monaten rotbraun. Hornlos.

	Bock	Mutter
Widerristhöhe	75–80	60–70
Gewicht	80–90	55–65

Verbreitung: In Nordbayern sowie einzelne Herden in Baden-Württemberg. Fuchsschafe kommen außerdem in Frankreich, Italien, Israel und anderen Ländern vor.
Leistung: Den regionalen Verhältnissen gut angepasste Rasse. Anspruchslos und widerstandsfähig. Die glanzlose Wolle ist gut geeignet für die Herstellung von gröberem, glattem Tuch sowie von walkbaren Stoffen.

Erste Zulassung mit 12–18 Monaten. Saisonale Brunst. Die jährliche Wollmenge der Böcke beträgt 4,5–5,5 kg, die der Muttern 3,5–4,5 kg. Ablammergebnis 180%. Tägl. Zunahmen 250 g. An der Grenze einer Landrasse zum Fleischschaf.
Zuchtgeschichte: Landschafe mit Fuchsfärbung wurden in mehreren Gegenden Deutschlands seit Jahrhunderten gehalten. Durch Verdrängungszucht Anfang des 20. Jahrhunderts fast verschwunden. Sammlung rassetypischer Tiere von den 30er-Jahren des 20. Jh. an durch O. Stritzel. Einkreuzung mehrerer ausländischer Rassen. Seit 1966 ist das Coburger Fuchsschaf durch die Deutsche Landwirtschaftsgesellschaft als Rasse anerkannt. Anfang der 80er-Jahre des 20. Jh. gab es nur drei Herdbuchbetriebe. 1989 Gründung der „Arbeitsgemeinschaft der Deutschen Fuchsschafzüchter". Inzwischen ist das Fuchsschaf in Süddeutschland die Rasse mit dem raschesten Wachstum der Bestände. Insgesamt ca. 120 Herdbuchbetriebe; davon allein 50 in Bayern.

Waldschaf

Kennzeichen: Klein bis mittelgroß. Kopf schwach geramst und relativ kurz. Schaupe. Ohren waagerecht vom Kopf abstehend. Häufig bernsteinfarbige Augen. Feingliedrig. Harte Klauen. Schlichtwollig. Meist weiß, es kommen aber auch hell- und dunkelbraune sowie schwarze Tiere vor. Böcke oft gehörnt; Muttern meist hornlos.

	Bock	Mutter
Widerristhöhe	65–75	60–65
Gewicht	60–70	45–55

Verbreitung: Bayern und Österreich. Weitere Bestände in Ungarn und Tschechien. Dort Sumavka genannt.
Leistung: Genügsam, robust und wetterhart. Asaisonal brünstig. Lammt zweimal jährlich, zumindest aber dreimal in zwei Jahren. Ablammergebnis ca. 180%. Tägliche Zunahmen der Lämmer 150 g. Jährlicher Wollertrag 3,0 kg (Muttern) bzw. 3,5 kg (Böcke). Mischwollig.

Zuchtgeschichte: Alte bodenständige Rasse des Bayrischen Waldes. Geht offenbar auf das Zaupelschaf zurück, aus dem es durch Einkreuzung anderer Landrassen hervorgegangen ist. Da der ursprüngliche Typ weitgehend moderhinkeresistent war, wurde nach Einkreuzungen stets auf diesen selektiert. Dadurch änderte sich der Typ im Laufe der Zeit kaum. Um 1900 soll das Waldschaf noch überwiegend behornt gewesen sein. Noch vor einigen Jahrzehnten kamen ähnliche Schafe auch im deutschen Alpengebiet sowie im österreichischen Mühlviertel vor. 1976 wurden noch 248 Muttern gezählt. Nach einer Phase nahezu völliger Auflösung nahm die Rasse seit Ende der 80er-Jahre des 20. Jh. einen erfreulichen Aufschwung. Seit 1987 in Bayern wieder Herdbuchrasse. 1990 Gründung einer Arbeitsgemeinschaft zur Erhaltung von Waldschaf und Steinschaf. Der derzeitige Bestand umfasst in Deutschland ca. 800 Mutterschafe und 50 Böcke in 31 Herdbuchzuchten. In Österreich ca. 500 Zuchttiere.

Weißes Bergschaf

Kennzeichen: Mittelgroßes bis großes, langes, weißes Schaf mit leicht geramstem Kopf und sehr langen, fleischigen Hängeohren. Stabiles Fundament. Schlichtwollig. Hornlos.

	Bock	Mutter
Widerristhöhe	80–85	70–75
Gewicht	90–100	70–75

Verbreitung: Alpen und Voralpen in Österreich, Deutschland und Italien. Einzelne Herden auch außerhalb dieser Gebiete.
Leistung: Angepasst an raue Haltung und hohe Niederschläge. Harte Klauen. Steig- und trittsicher. Zwei Schuren pro Jahr. Jährliche Wollmenge 4,5–5,5 kg (Muttern) bzw. 6,5–7,5 kg (Böcke). In Österreich wegen der dort geringeren Niederschläge feinere Wolle als in Bayern. Ganzjährige Paarungsbereitschaft. Erste Zulassung mit 7–8 Monaten. Ablammergebnis 230%.

Sehr gute Muttereigenschaften; wüchsige Lämmer. Tägliche Zunahmen 280 g.
Zuchtgeschichte: Das Bergschaf geht auf das Zaupel- bzw. Steinschaf sowie insbesondere auf das norditalienische Bergamaskerschaf zurück. Dieses Bergamaskerschaf ist ein schon seit Jahrhunderten bekanntes schweres Hängeohrschaf, das sein Verbreitungsgebiet vor allem während der Zeit der österreichischen Herrschaft von der Lombardei aus über ganz Oberitalien ausdehnte. Wenig später kam es über Kärnten, die Steiermark, Salzburg und Tirol bis in die bayerische Alpenregion. Ursprünglich gab es viele verschiedene Schläge, die in Deutschland in den 30er-Jahren des 20. Jh. zusammengefasst und vereinheitlicht wurden. Herdbuchführung und Leistungsprüfungen begannen 1938. 1941 waren 6 Betriebe züchterisch erfasst. Aus dem Weißen ging später das Braune Bergschaf hervor. In Niedersachsen werden gescheckte Bergschafe als eigenständige Rasse herdbuchmäßig erfasst. Sie stammen ebenfalls vom Weißen Bergschaf ab.

Braunes Bergschaf

Kennzeichen: Mittelgroß. Etwas leichter als die weiße Zuchtrichtung des Bergschafes. Wolle cognacfarben bis sattbraun. Kopf stark geramst und schmal. Langes, breites und fleischiges Hängeohr. Schlichtwollig. Beide Geschlechter hornlos.

	Bock	Mutter
Widerristhöhe	70–75	65–70
Gewicht	80–110	65–75

Verbreitung: Deutsche Alpen und Alpenvorland, insbesondere Tegernseer Tal und Werdenfelser Land. Einzelne Zuchten außerhalb Bayerns. Ähnliche Tiere in Österreich und Italien. Ein fuchsfarbener Schlag wird in der Schweiz als Engadinerschaf gezüchtet.
Leistung: Widerstandsfähig. Im Sommer gewöhnlich Älpung. An das raue Hochgebirgsklima gut angepasst. Wie bei allen Bergschafen jährlich zweimalige Schur. Die jährliche Wollmenge beträgt 6,0–7,0 kg bei den Böcken und 4,0–5,0 kg bei den Mut-

tern. Asaisonal. Fruchtbar. Ablammergebnis 210%.
Zuchtgeschichte: Beim Weißen Bergschaf kamen schon früher braune Tiere immer wieder vor. Der Wittelsbacher Herzog Ludwig Wilhelm holte 1934 die ersten braunen Schafe aus Tirol und baute damit vor dem 2. Weltkrieg eine Herde von 100 Tieren auf. Er forderte von seinen Jägern, dass sie ihre Dienstkleidung aus der einheimischen braunen Wolle fertigen ließen. Durch die enge Zuchtbasis traten im Verlaufe der Zeit Mängel wie geringe Fruchtbarkeit und niedriges Körpergewicht auf. Diesen Erscheinungen glaubte man durch gezielte Zucht begegnen zu können und stellte 1976 einen Antrag auf Rassenanerkennung. 1977 begann die vorherdbuchmäßige Bearbeitung; die Tiere erhielten die jetzige Rassebezeichnung. Durch die Nachfrage nach ungefärbter dunkler Wolle war der Bedarf an Zuchttieren vorübergehend kaum zu decken. Ungefähr 40 Herden, davon 30 Herdbuchbetriebe; ca. 400 Mutterschafe. 50 Zuchtböcke.

Kärntner Brillenschaf

Kennzeichen: Kräftiges, mittelgroßes, langbeiniges Schaf. Langer Kopf mit stark gewölbtem, schmalem Nasenrücken. Lange fleischige Hängeohren. Äußere Hälfte der Ohren oder die Ohrspitzen schwarz. Schwarz ist auch die Umgebung der Augen (Brillen) bzw. die Voraugenregion. Gelegentlich schwarze Flecken an den Lippen. Wolle weiß, am Kopf erst hinter den Ohren beginnend. Schlichtwollig. Hornlos.

	Bock	Mutter
Widerristhöhe	75–80	70–75
Gewicht	80–100	60–70

Verbreitung: Abgesehen von Zuchten in Oberbayern einzelne größere Bestände in der Eifel sowie in Norddeutschland. In Südtirol etwas größere Verbreitung; hier „Villnösser Schaf" genannt.
Leistung: Gut geeignet für Berggegenden und Meeresnähe mit einer jährlichen Niederschlagsmenge über 1000 mm. Die schlichte Wolle dieser Rasse gewährleistet, dass der Regen nicht in das Vlies eindringt. Harte Klauen. Jährliche Wollmenge 4,0–5,0 kg (Muttern) bzw. 5,0–6,0 kg (Böcke). Frühreif; asaisonal. Ablammergebnis 180%. Tägl. Zunahmen 220 g.
Zuchtgeschichte: Ursprung in Kärnten, aus einer Kreuzung des alten Landschafes mit dem Bergamasker Schaf und dem ihm verwandten Paduaner Schaf. Mitte des 19. Jahrhunderts außerordentlich geschätzt. Zuchtgebiet über weite Teile Österreichs, der oberbayrischen Alpen und des bayrischen Voralpengebietes ausgedehnt. Ab 1939 durch „Rassenbereinigung" in Österreich nahezu vollständig verdrängt. Die Rasse erhielt dort den jetzt noch üblichen Namen. Sie wird auch „Kärntner Spiegelschaf", „Kärntner" oder einfach Brillenschaf genannt. Gesamtbestand in Deutschland ca. 300 Tiere. In Bayern seit 1989 als Herdbuchrasse anerkannt. Ende 1999 waren hier 16 Herdbuchbetriebe mit ca. 200 Mutterschafen und 20 Böcken.

Tiroler Steinschaf

Kennzeichen: Großrahmig. Es kommen rein weiße, graue mit schwarzem Kopf und schwarzen Beinen sowie rein schwarze Tiere vor. Seidig glänzende Schlichtwolle mit langem, etwas gröberem Oberhaar und feinerem Unterhaar. Kopf geramst. Ohren *nicht* hängend. Stirn bewollt. Straffe Oberlinie; kräftiges Fundament. Böcke behornt. Weibliche Tiere hornlos. Die Lämmer der grauen und schwarzen Variante sind stets schwarz.

	Bock	Mutter
Widerristhöhe	80–85	70–80
Gewicht	80–100	70–85

Verbreitung: Tirol. In einzelnen Herden, z.T. mit anderen Rassen verkreuzt, kommt es auch im übrigen Österreich sowie in Süddeutschland vor.
Leistung: Alptüchtig mit ausgezeichneter Trittsicherheit. Temperamentvoll. Gute Futterverwerter. Fettarmes Fleisch. Hohes Ausschlachtungsergebnis. Zwei Schuren jährlich. Jährliche Wollmenge 2,5–3,5 kg (Muttern) bzw. 3,0–4,0 kg (Böcke). Sehr gute Fruchtbarkeit und hohe Aufzuchtleistung. Asaisonale Brunst. Mit den Böcken werden im Zillertal Kämpfe durchgeführt.
Zuchtgeschichte: Älteste Tiroler Schafrasse. Stand dem ausgestorbenen Zaupelschaf nahe. Wurde in das österreichische und deutsche Bergschaf eingekreuzt und gab diesen ihre hervorragende Fruchtbarkeit. Ursprünglich über ganz Österreich, Süddeutschland und Norditalien verbreitet. Seit der Nachkriegszeit zunächst starker zahlenmäßiger Rückgang. Ab 1970 durch engagierte Züchter, beginnend im hinteren Zillertal, erheblicher Auftrieb. 1974 Aufbau einer Zuchtorganisation. Schon 1982 befanden sich im Verbandsgebiet 11 Steinschafzuchtvereine mit 142 Mitgliedern und 748 Zuchttieren. Jedes Mitglied ist verpflichtet, mit seinen Tieren an der Leistungsprüfung teilzunehmen. Durch entsprechende Selektion rascher Anstieg der Körpergewichte.

Weißes Alpenschaf

Kennzeichen: Breiter, mittellanger Körper. Bewollte und behaarte Körperteile rein weiß. Gelegentlich kommen kleine, dunkle Tupfen auf Nasenspiegel und Ohren vor. Breiter, mittellanger Kopf mit breitem Maul. Gerader Nasenrücken. Ohren mittellang und waagerecht getragen. Breiter und langer Rücken. Keule mit breit angesetzter, voll entwickelter, tief gewachsener Muskulatur. Crossbred-Wolle. Hornlos.

	Bock	Mutter
Widerristhöhe	76–82	68–74
Gewicht	90–130	60–100

Verbreitung: Häufigste Schafrasse der Schweiz. Hauptsächlich in der Ostschweiz, im Tessin, der Innerschweiz und im Unterwallis.
Leistung: Widerstandsfähig gegen Krankheiten und Witterungseinflüsse. Bergtüchtig. Mäßige Ansprüche an Futter und Haltungsbedingungen. Fleischschaf. Jährliche Wollmenge 3,5–4,5 kg (Muttern) bzw. 4,0–5,0 kg (Böcke). Jährliches Wollwachstum 8–9 cm. Tiere mit Stichelhaaren im Vlies oder übermäßigen Grannenhaaren werden vom Herdbuch ausgeschlossen. Gute Muttereigenschaften bei reichlicher Milcherzeugung. In der Regel drei Lammungen in zwei Jahren. Mittelfrühreif.
Zuchtgeschichte: Die Ostschweiz, die Innerschweiz und der Tessin importierten ab 1929 vor allem Württemberger Böcke, die Westschweiz und der Kanton Bern ab 1936 Ile de France-Tiere. Letztere verbesserten die Fleischigkeit, vor allem der Keulen. 1938 kam es zu einer Rassenbereinigung. Dennoch waren weiterhin die Bezeichnungen „Weißes Alpenschaf" (Westschweiz) und „Weißes Edelschaf" bzw. „Weißes Schaf" (übrige Schweiz) üblich. Erst seit 1978 besteht die heutige einheitliche Bezeichnung „Weißes Alpenschaf" für alle reinweißen Schafe der Schweiz. Kürzel: WAS.

Braunköpfiges Fleischschaf

Kennzeichen: Großrahmiges Schaf mit starkem Fundament. Wolle weiß. Behaarte Körperteile (Kopf, Beine) braun bis schwarzbraun. Kopf mittellang mit breitem Maul. Ohren mittellang, waagerecht getragen. Hals voll bemuskelt, mit Schulter und Widerrist gut verbunden. Lange und breite Brust, gute Rippenwölbung. Rücken breit und gut bemuskelt. Gut bemuskelte Keulen. Crossbred-Wolle. Hornlos.

	Bock	Mutter
Widerristhöhe	77–85	68–74
Gewicht	90–140	60–100

Verbreitung: Schweiz. Der Schwerpunkt der Zucht liegt in den Kantonen Bern, St. Gallen und Luzern.
Leistung: Fleisch. Jährliche Wollmenge 4,0–5,0 kg (Muttern) bzw. 4,5–5,5 kg (Böcke). Wollwachstum 9–10 cm pro Jahr. Erstablammalter bei 17 Monaten. Im Durchschnitt 1,6 Lämmer pro Geburt. Geburts-gewicht der Lämmer im Durchschnitt 4,5 kg. Die mittleren Zunahmen liegen bei 300 g pro Tag. Lammt in der Regel einmal, nur selten zweimal im Jahr. Gutes Aufzucht-vermögen.

Zuchtgeschichte: Ab 1870 wurden englische Rassen (Suffolk, Southdown, Shropshire, Oxfordshiredown) in die Schweiz eingeführt und in bodenständige Rassen eingekreuzt. Das Braunköpfige Fleischschaf gab es schon Ende des 19. Jahrhunderts. Anfang des 20. Jahrhunderts Einkreuzung des Schwarzköpfigen Fleischschafes aus Deutschland. Später wurde als „Veredelungsrasse" nur das Oxfordschaf anerkannt. Schließlich ging auch das Grabserschaf in dieser Rasse auf.

Schwarzbraunes Bergschaf

Kennzeichen: Mittelgroß, tief und breit gewachsen. Drei Farbtypen: schwarz, braun und elb (falb). Schwarz überwiegt zahlenmäßig und wird auch als „Juraschaf" bezeichnet. Mäßige Bewollung der Stirn. Behaarte Körperteile (Kopf und Beine) glänzend schwarz. Kopf beim weiblichen Tier mittellang, beim Bock eher kurz; leicht ramsnasig. Ohren mittellang und waagerecht getragen. Robuster Körperbau. Gute Knochenbildung. Breitgestellte Gliedmaßen. Hornlos.

	Bock	Mutter
Widerristhöhe	75–82	66–74
Gewicht	90–120	65–90

Verbreitung: Der schwarze Typ kommt vorwiegend im Schweizer Jura sowie in den Kantonen Freiburg, Solothurn, Aargau und im Berner Mittelland vor. Die braune Variante entspricht dem alten Frutigschaf und tritt vor allem im Frutigtal und Kandertal auf. Elbe Schafe kommen vorwiegend im Simmental vor. Weitere Bestände vor allem in Österreich sowie in Deutschland.

Leistung: Kräftige Konstitution. Widerstandsfähig gegen Klimaeinflüsse und Krankheiten. Bergtüchtig. Mäßige Ansprüche an Futter und Haltung. Gute Fleischfülle; sehr mastfähig. Jährliche Wollmenge 3,0–3,5 kg (Muttern) bzw. 3,5–4,0 kg (Böcke). Zuchtreif im Alter von 8–10 Monaten. In der Regel zweimalige Ablammung im Jahr. Pro Geburt im Durchschnitt 1,7 Lämmer.

Zuchtgeschichte: Die zunächst „Schwarzbraunes Gebirgsschaf" genannte Rasse ging aus den Schlägen Frutig-, Jura-, Saanen- und Simmentaler Schaf hervor. In ersteres wurden Anfang des 19. Jahrhunderts „Flämische Schafe" aus den Niederlanden und Belgien, Mitte des vergangenen Jahrhunderts spanische Merinos eingekreuzt. Das Juraschaf war schon Ende des 19. Jahrhunderts meistens braun und schwarz. Anfang des 20. Jahrhunderts wurde aus ihm ein schwarzer Schlag herausgezüchtet.

Walliser Schwarznasenschaf

Kennzeichen: Großrahmig, grobwollig. Wolle einheitlich weiß. Nase bis Kopfmitte und Ohren tiefschwarz. Augen schwarz umrandet. Beine vom Fesselgelenk abwärts schwarz gestiefelt. Schwarze Flecken an den Sprunggelenkhöckern sowie an den Vorderknien. Schwanz lang und bewollt. Stark ramsnasig. Behornt. Hörner schraubenzieherartig-spiralig und seitlich vom Kopf abstehend.

	Bock	Mutter
Widerristhöhe	75–82	72–78
Gewicht	80–130	70–90

Verbreitung: Lokalrasse des Oberwallis/ Schweiz. Nur gelegentlich in anderen Kantonen. Einzelne Bestände in Süddeutschland.
Leistung: Spätreife Landrasse, die den harten Bedingungen des Gebirges gut angepasst ist. Sie kann auch noch die steilsten und steinigsten Weiden ausnützen und ist sehr standorttreu; es erübrigt sich also eine ständige Überwachung. Fleisch. Jährliche Wollmenge 3,0–4,0 kg (Muttern) bzw. 3,5–4,5 kg (Böcke). Stapeltiefe in 180 Tagen 7–8 cm. Ablammergebnis 145%.
Zuchtgeschichte: Geht im Wesentlichen auf das Visper-(taler-)schaf zurück, das ein ähnliches Aussehen hatte und auch gehörnt war. Der Ausdruck „schwarznasige Rasse" erscheint erstmals 1884. Die Rasse besteht aber schon seit mindestens dem 15. Jahrhundert. Um 1877 wurden Cotswold-Böcke aus England und Deutschland in die Westschweiz eingeführt, die offenbar auch in die Vorläufer des Schwarznasenschafes eingekreuzt wurden. Früher möglicherweise gelegentlich auch Einkreuzung von Bergamaskerschafen. Als 1938 die Rassenbereinigung in der Schweiz durchgeführt wurde, wurde für diese Rasse noch kein Rassenstandard erstellt und kein Zuchtziel beschrieben; dies geschah erst 1962. Zwei Jahre später wurde das Schwarznasenschaf in den Schweizerischen Schafzuchtverband aufgenommen.

Blauköpfiges Fleischschaf, Bleu du Maine

Kennzeichen: Großwüchsige Rasse. Weiße Wolle. Kopf bis hinter die Ohren sowie Beine unbewollt. Die Farbe des Kopfes und der Beine ist schiefer- bis taubenblau. Schleimhäute schwarz. Kopf breit und flach wirkend, jedoch im Maulteil schmal. Hervorstehende, große Augen. Hoch angesetzte, schmale und aufrecht stehende Ohren. Rumpf lang, breit und tief. Ausgeprägte, weit hinuntergezogene Keulen. Relativ feine Gliedmaßen. Hornlos.

	Bock	Mutter
Widerristhöhe	85–90	80–85
Gewicht	110–130	80–90

Verbreitung: Frankreich, Deutschland (hauptsächlich Nordrhein-Westfalen, Niedersachsen und Hessen).
Leistung: Gut für die Koppelschafhaltung geeignet. Widerstandsfähig. Ausgesprochenes Fleischschaf. Gute Schlachtkörperqualität der Lämmer. Hohe Schlachtausbeute. Jährliche Wollmenge 4,0–4,5 kg (Muttern) bzw. 5,0–6,0 (Böcke). Gute Milchleistung, die ein rasches Wachstum der Lämmer gewährleistet. Frühreif. Tägliche Zunahmen der Bocklämmer im Alter von 8 bis 21 Wochen nahezu 500 g. Weitgehend saisonale Fortpflanzung. Ablammergebnis 150–200%. Leichte Ablammung. Gute Muttereigenschaften und Säugeleistung.
Zuchtgeschichte: Das Ursprungsgebiet liegt im Westen Frankreichs in den Departements Maine et Loire, Mayenne und Sarthe. Entstammen der Kreuzung von unveredelten Marschschafen mit englischen Fleischschafrassen (Kent, Leicester, Dishley, Wensleydale), jedoch im Maulteil schmal. Die ersten Züchtervereinigungen wurden 1927 in Frankreich gegründet, die Herdbuchgesellschaft 1938. Seit Anfang der 70er-Jahre des vergangenen Jahrhunderts auch in Deutschland züchterisch bearbeitet.

Charollaisschaf

Kennzeichen: Mittel- bis großwüchsig. Die
bewollten Teile sind weiß. Kopf unbewollt,
oft mit Stichelhaaren bedeckt; rosa bis grau,
ab und zu mit kleinen schwarzen Flecken
versehen. Feine, lange Ohren von der gleichen Farbe wie der Kopf. Breite, flache Stirn
mit weit auseinander liegenden Augen. Langer Rumpf mit gut bemuskeltem Rücken.
Breite, tiefe Brust und anliegende Schultern.
Die Wolle ist kurz und fein. Unbewollter
Teil der Beine bräunlich, ziemlich kurz und
kräftig. Hornlos.

	Bock	Mutter
Widerristhöhe	65	60
Gewicht	100–140	75–95

Verbreitung: Frankreich, Spanien, Portugal
und Deutschland (Nordrhein-Westfalen),
Schweiz.
Leistung: Gute Fleischleistung sowohl in
Reinzucht als auch in Kreuzungszucht.
Die Lämmer haben Tageszunahmen von
annähernd 400 g. Die Ausschlachtungsergebnisse von Böcken liegen über 50%. Hohe
Milchleistung der Muttern. Ablammergebnis 180%.
Zuchtgeschichte: Entstehung der Rasse
Anfang des 19. Jahrhunderts in den Départe-
tements Charollais, Morvan und Nivernais
in Mittel-Frankreich. 1825 Einkreuzung von
englischen Dishley-Schafen. Trotz Einführung weiterer Rassen (z. B. Southdown),
hatte sich nach dem 1. Weltkrieg die Cha-
rollais-Rasse in ihrem ursprünglichen Typ
behauptet. 1963 Gründung des Charollais-
Schafzuchtverbandes, 1000 Muttern von
24 Herden kamen ins Herdbuch. Die Population vergrößerte sich bis 1975 auf 6800
eingetragene Tiere. 1974 offizielle Anerkennung der Rasse durch das Französische
Landwirtschaftsministerium. In der Schweiz
wurde auf der Basis des Weißen Alpenscha-
fes durch Verdrängung mit französischen
Charollaisschafen das Charrollais Suisse
geschaffen. Dieses ist etwas schwerer als die
französische Ausgangsform.

Berrichon du Cher

Kennzeichen: Großrahmig. Wolle und
behaarte Körperteile weiß. Breiter, unbewollter Kopf mit gerader oder leicht gewölbter Profillinie. Seitlich abstehende Ohren.
Kurzer, kräftiger Hals. Tiefer, breiter Rumpf
mit gut gewölbter Brust. Ausgeprägte Keulen. Relativ feines Fundament. Bauch teilweise unbewollt. Hornlos.

	Bock	Mutter
Widerristhöhe	80	75
Gewicht	90–110	80–90

Verbreitung: Frankreich sowie die benachbarten Länder. Marokko, Osteuropa.
Leistung: Fleischschaf mit gut befleischtem
Rücken und fleischigen Keulen. Crossbred-
Wolle. Jährliches Vliesgewicht 3 kg (Muttern) bzw. 4 kg (Böcke). Stapellänge nach
einjährigem Wachstum 8–9 cm. Wollfeinheit 27 bis 30 µ. Frühreif, asaisonal.
Ablammsaison September bis April.
Mittleres Ablammergebnis 150%. Gute
Milchleistung. Lämmer mit vier Monaten
bis 40 kg. Die Böcke sind beliebt für Kreuzungen.

Zuchtgeschichte: Stammt vom alten
Berrichon-Schaf, das in der Ebene von Berry
und den Vorbergen des Zentralmassivs
während der letzten Jahrhunderte gehalten
wurde. Ende des 18. Jahrhunderts wurden
zunächst Merinos in diese Landrasse eingekreuzt. Ab 1825, bedingt durch die Krise
auf dem Wollmarkt, Zuchtziel mehr fleisch-
betont. Ab 1840 wurden die britischen
Rassen Southdown, Kent, Cotswold und
Leicester eingekreuzt. Um 1880 war das
gewünschte Zuchtziel erreicht. In der ersten Hälfte des 20. Jahrhunderts konnte
die Rasse ihr Verbreitungsgebiet in Frankreich stark ausdehnen, und zwar nach
Zentral-Frankreich, den südlichen Teil des
Pariser Beckens, Burgund und Südwest-
Frankreich. 1936 wurde ein Herdbuch eröffnet. 1975 wurde Berrichon du Cher mit
der sehr ähnlichen Rasse Berrichon de
L'Indre vereinigt.

Ile de France

Kennzeichen: Großrahmig. Wolle und
behaarte Körperteile weiß. Breiter, kurzer
Kopf mit gerader Profillinie. Bei alten
Böcken quer verlaufende Hautfalte über
dem Nasenrücken. Stehohren. Hals kurz
und dick. Breiter Rücken, gut bemuskelte
Schenkel, kräftiges Fundament. Hornlos.

	Bock	Mutter
Widerristhöhe	80	75
Gewicht	110–150	70–90

Verbreitung: Frankreich, insbesondere im
Nordosten; Mittelmeerländer, Osteuropa,
Südafrika, Brasilien. Einzelne Bestände in
Deutschland.
Leistung: Gute Fleischrasse mit hohem
Anteil an wertvollen Teilstücken. Tägliche
Zunahmen der Lämmer im Mittel 380 g.
Ausschlachtung 55%. Crossbred-Wolle guter
Qualität; Wollfeinheit 26–28 µ. Jährliches
Wollwachstum 10 cm. Vliesgewicht 6–7 kg
(Böcke) bzw. 4 kg (Muttern). Ablammung

mit einem Jahr möglich, doch lässt man sie
in Frankreich gewöhnlich erst mit zwei Jahren ablammen. Asaisonal. Ablammergebnis
160%. Gut zur Veredelung weniger wüchsiger Rassen und für Gebrauchskreuzungen
geeignet.
Zuchtgeschichte: Die Rasse ist das Ergebnis der Kreuzung von Dishley, Leicester und
Rambouillet Anfang des 19. Jahrhunderts,
später auch von Manchamp Merino. Der
Ursprung der Zucht lag in Alfort. Wenig später kam eine Herde an die Landwirtschafts-
schule in Grignon, von wo sich die Rasse
über die ganze Region der Ile-de-France aus-
breitete. 1875 wurde sie zum ersten Mal
zur Pariser Landwirtschaftsausstellung zugelassen; die Rasse war jetzt genügend durch-
gezüchtet. Ab 1900 fanden keine Einkreuzungen mehr statt. Ein Stammbuch wurde
1922 angelegt. Seit 1933 gibt es eine Leistungskontrolle. Der Bestand beträgt gegenwärtig 500 000 Tiere. Im Ausland oft vorwiegend eine Nutzung: Milch (Mittelmeerländer) bzw. Wolle (Osteuropa).

Lacaune

Kennzeichen: Mittelgroß. Schlichtwollig. Weiß bis gelblich. Feiner, schmaler Kopf ohne Schaupe. Leicht gewölbte Nasenlinie. Abgedacht getragene Ohren. Außer den Beinen auch Bauch und Unterseite des Halses unbewollt. Tiefe, flache Brust; langer Rücken. Hornlos.

	Bock	Mutter
Widerristhöhe	80	70
Gewicht	80–100	55–75

Verbreitung: Frankreich, besonders im Süden. Geringere Zahlen in Deutschland und anderen Nachbarländern.
Leistung: Sehr gute Milchrasse. Milchleistung während der ca. fünfmonatigen Laktation ungefähr 250 kg mit bis zu 8% Fett. Aus der Milch wird der Roquefort-Käse gemacht. Gute Fruchtbarkeit. Ablammergebnis 150%. Durchschnittsgewicht der Lämmer mit 70 Tagen 26 kg. Ablammzeit November bis März. Die Lämmer werden mit 4–5 Wochen abgesetzt; erst dann beginnt die Milchgewinnung. Langsam wachsende Wolle, deshalb nur geringes Vliesgewicht. Stapellänge bei Vollschur 8 cm. Gute Fleischleistung.
Zuchtgeschichte: Bodenständige Rasse der Berge von Lacaune im Südosten des Departements Tarn. Durch entsprechende Selektion wurde die Milchleistung seit 1870 stark verbessert. Um 1900 vereinzelt Einkreuzung von Merinos und Southdown. 1947 wurde die Rasse mit der nahezu identischen Rasse Camarès, die im Süden des Departements Aveyron gehalten wurde, zusammengefasst. Später wurden auch die im Departement Aveyron gehaltenen Rassen Larzac und Ségala sowie die im Departement Aude vorkommenden Rassen Lauraguais und Corbieres eingegliedert. Der jetzige Rassestandard wurde 1902 festgelegt. Ein Zuchtbuch wurde 1928 gegründet. Milchleistungskontrollen finden seit 1945 statt. Seit 1947 gibt es ein Herdbuch. 700 000 Muttern dieser Rasse werden gemolken.

137

Ouessant

Kennzeichen: Kleinste Schafrasse der Welt
(Bretonisches Zwergschaf). Vliesfarbe ein-
heitlich schwarz, braun oder weiß; neuer-
dings wird auch Schimmel geduldet. Lange
Wolle mit sehr dichter Unterwolle. Stirn,
Wangen und oberer Teil der Beine bewollt.
Relativ hochbeinig. Rechteckiger Körperbau.
Feiner Kopf, der bei den Böcken geramst ist.
Der Schwanz ist kurz und endet über dem
Sprunggelenk. Mutterschafe haben nur
Hornstümpfe oder kleine Hörner, während
Böcke ausgeprägte Schnecken besitzen.

	Bock	Mutter
Widerristhöhe	50	45
Gewicht	15–20	13–16

Verbreitung: Frankreich. Seit 1976 auch in
den Niederlanden. In wenigen kleinen Beständen in Deutschland; hier gibt es fünf
Herdbuchbetriebe.
Leistung: Hart und anspruchslos. Geringe
Futteransprüche. Temperamentvoll. Lang
herabhängende Mischwolle mit sehr dichter

Unterwolle. Vliesgewicht 1,2–1,8 kg
(Böcke) bzw. 1,0–1,5 kg (Muttern). Saisonal
brünstig (Oktober bis Anfang Januar). Erstzulassung mit 7–8 Monaten möglich. Ablammergebnis 100%, d. h. es werden fast
ausschließlich Einlinge geboren. Kaum Ge-
burtsprobleme. Vitale Lämmer.
Zuchtgeschichte: Stammt von der Insel
Ouessant vor der Westküste der Bretagne
in Frankreich. Vermutlich waren Kurzschwanzschafe aus Skandinavien an der Entstehung beteiligt. Karges Futterangebot und
raues Klima auf der Insel führten zum Klein-
wuchs. Die Rasse ist ein typisches Beispiel
für die Verzwergung einer Inselform. Über
Jahrhunderte auf der Insel Ouessant unver-
ändert. Gehört zu einem alten Schaftyp der
Bretagne, von dem die beiden anderen Varianten jedoch ausgestorben sind. 1904 und
1910 dort Einkreuzung von weißen Arree-
Schafen. Das Ouessant-Schaf überlebte in
seiner ursprünglichen Form nur in drei kleinen Populationen auf dem französischen
Festland. Sie bildeten das Ausgangsmaterial
für die heutige Zucht.

Zwartbles-Schaf

Kennzeichen: Kräftiges, mittelgroßes, relativ kurzbeiniges Schaf. Stehohren. Gerader Nasenrücken. Gute Rumpftiefe und -breite. Gut entwickeltes Euter. Schwanz mittellang, bewollt, untere Hälfte weiß. Die Grundfarbe ist schwarzbraun; Altböcke sind gelegentlich graubraun. Weiße Blesse, die am Hinterkopf beginnt und das Maul umfasst, aber die Augen ausspart. Gelegentlich weiße Brust. Beine mehr oder weniger weiß, aber nie höher als bis zum Carpalbzw. Tarsalgelenk. Hornlos.

	Bock	Mutter
Widerristhöhe	80–85	70–80
Gewicht	110–120	80–90

Verbreitung: Niederlande. Kleinere Bestände in Deutschland.
Leistung: Anspruchslos und robust. Gute Fruchtbarkeit, leichte Ablammung, sehr gute Muttereigenschaften. Gut bemuskelt, vor allem an Keulen und Lende.

Zuchtgeschichte: Die Rasse wird in den Niederlanden seit vielen Jahrzehnten gezüchtet. Steht offenbar dem Texelschaf nahe, doch besteht wohl auch Verwandtschaft mit dem Milchschaf.

Suffolk

Kennzeichen: Mittel- bis großwüchsig. Wolle weiß. Kopf und Beine vom Vorderknie bzw. Tarsalgelenk abwärts schwarz. Kopf bis hinter die Ohren unbewollt. Nasenrücken leicht gewölbt. Ohren lang, dünn und etwas hängend. Weit nach vorn geschobene, breite Brust. Langer, breiter Rücken. Gut bemuskelte Keulen. Hornlos.

	Bock	Mutter
Widerristhöhe	70–80	60–70
Gewicht	110–140	70–90

In den USA wurde seit dem ersten Import auf Widerristhöhe selektiert, so dass ein deutlich anderer Typ entstand. Es werden Gewichte von 100–120 kg (Muttern) und 150–200 kg (Böcke) angegeben. Der französische Typ ist breiter, aber eher kurzbeinig.
Verbreitung: Ursprünglich in Großbritannien; jetzt auch auf dem Kontinent Neuseeland, Australien sowie Amerika.
Leistung: In Bezug auf die Nahrung recht anspruchsvoll. Eignung für Koppel- und Hütehaltung. Hervorragende Fleischbildung. Das Fleisch ist zart und fettarm. Lämmer frohwüchsig. Crossbred-Wolle. Jährliche Wollmenge 4,0–4,5 kg (Muttern). Sehr frühreif. Saisonale Fortpflanzung. Ablammergebnis im Mittel 140%. Tägliche Zunahmen 450 g. Erstzulassung ist im ersten Lebensjahr möglich. Gut als Vaterrasse für Gebrauchskreuzungen geeignet.
Zuchtgeschichte: Ist seit Ende des 18. Jahrhunderts bekannt. Im Südosten Englands aus der Kreuzung von Norfolk mit Southdown entstanden. War zunächst als Southdown-Norfolks und Blackfaces bekannt. Erst als diesen 1859 auf Ausstellungen der Landwirtschafts-Gesellschaft in Suffolk eine besondere Klasse eingeräumt wurde, erhielt sie ihren jetzigen Namen. 1886 wurde die „Suffolk Sheep Society of Great Britain and Ireland" gegründet. Wird häufig zur Verbesserung schwarzköpfiger Rassen verwendet. Seit den 70er-Jahren des vergangenen Jahrhunderts auch in Deutschland.

Scottish Blackface

Kennzeichen: Mittelgroß. Mischwollig.
Starker Knochenbau. Breiter Kopf. Ramsnasig. Langer Rumpf. Breites Becken.
Rücken und Keulen recht gut bemuskelt.
Wolle weiß. Kopf und Beine weiß mit
schwarzen Flecken (wobei das Schwarz
überwiegen kann). Gehörnt.

	Bock	Mutter
Widerristhöhe	70	65
Gewicht	70–80	50–55

Verbreitung: In den hügeligen Teilen von
Großbritannien, insbesondere in Schottland
aber z. B. auch in Dartmoor und Cornwall
sowie in Nordamerika, Italien und Argenti-
nien. In geringer Zahl in weiteren Ländern.
Einige Bestände in Deutschland.
Leistung: Widerstandsfähig. Genügsam.
Anpassungsfähig. Witterungsresistent. Zartes
Fleisch. Jährliche Wollmenge 2–3 kg.
Stapellänge 25–30 cm. Wolle ziemlich grob;
für Teppiche geeignet. Spätreif. Mäßige

Fruchtbarkeit. Gute Milchleistung der Muttern. Sehr geschätzte Ausgangsrasse für
Kreuzungen. Gilt als die zahlenmäßig am
weitesten verbreitete und wirtschaftlich
bedeutendste Rasse Großbritanniens.
Zuchtgeschichte: Uralte Landrasse.
Stammt vermutlich ursprünglich von den
Bergen Nord-Englands und wurde von hier
nach Schottland eingeführt. Sie wurde
schon Anfang des 16. Jahrhunderts erwähnt. Damals ließ König James IV. eine
Herde Scottish Blackface im Forst von
Ettrick aufbauen. Zählt zu den Hochlandrassen (hill breeds) Großbritanniens. Das
Scottish Blackface ist der bedeutsamste
Zweig der alten gefleckten britischen
Schafe. Es wurde bereits Mitte des vergangenen Jahrhunderts in Norddeutschland in
die Heidschnucken eingekreuzt. Es gibt kein
zentrales Herdbuch. Die Zuchtbuchführung
liegt in den Händen der Züchter.

Shropshire

Kennzeichen: Mittelgroß. Wolle weiß, behaarte Körperteile dunkelbraun. Schaupe.
Die Wolle bedeckt die Backen und geht bis
zum Nasenrücken. Crossbred-Wolle. Ohren
seitlich abstehend, schwarz. Kurzer, kräftiger Hals. Langer, tiefer Rumpf; breiter
Rücken und ausgeprägte Keulen. Kurze,
stämmige Beine. Hornlos.

	Bock	Mutter
Widerristhöhe	80	75
Gewicht	120	85

Verbreitung: Großbritannien, besonders
Shropshire und Staffordshire. Nordamerika,
Neuseeland. Seit Ende der 80er-Jahre des
20. Jh. auch in Deutschland und Österreich.
Leistung: Gute Fleischrasse mit wüchsigen
Lämmern. Gute Innen- und Außenkeule,
gut bemuskelter Rücken. Recht frühreif. Ablammergebnis über 150%. Geburtsgewichte
der Lämmer 3–4 kg. Ausgeprägte Mütterlichkeit mit guter Milchleistung. Vliesgewicht 2,5–3,5 kg (Muttern) bzw. 3–4 kg
(Böcke). Wollfeinheit 26–30 μ. Stapellänge
10 cm. Gute Konstitution, anpassungsfähig.
Wird vor allem zur Pflege von Nadelbaum-
kulturen eingesetzt, die es nicht verbeißt.
Zuchtgeschichte: Die bodenständigen
Schafe in Shropshire und Staffordshire,
gehörnte Tiere mit schwarzem, braunem
oder gesprenkeltem Gesicht (Morfe-Schaf),
wurden in der ersten Hälfte des 19. Jahrhunderts durch Southdown verbessert. Seit
1859 wird die Rasse auf der Ausstellung der
Royal Agricultural Society in England gezeigt und ist damit als Rasse anerkannt. Entwicklung und Verbreitung waren danach
sehr gut, so dass die Züchter sich 1882 zu
einer Gesellschaft zusammenschlossen.
Zuchtbuch 1883. Auch außerhalb Großbritanniens fand Shropshire bald Freunde.
Zwischen 1900 und 1920 wurden 6700
Böcke in fast alle Teile der Welt exportiert.
In Großbritannien zählt Shropshire zu den
kurzwolligen Fleischschaf-Rassen bzw. den
Down-Breeds.

Hampshire

Kennzeichen: Großwüchsig. Kräftiger Körperbau. Mittellanger, breiter Kopf mit vorspringenden Jochbögen. Ohren waagerecht. Ramsnasig. Rumpf breit. Tiefe, gewölbte Brust. Breiter, fleischiger Rücken. Volle, lang hinunterreichende Keule. Beine kurz. Die weiße Wolle bedeckt auch Wangen und oberen Teil des Nasenrückens. Crossbred-Wolle. Vorderseite der Beine bis zu den Klauen bewollt. Behaarte Körperteile dunkelbraun bis schwarz. Hornlos.

	Bock	Mutter
Widerristhöhe	85	80
Gewicht	100–140	70–90

Verbreitung: Hauptsächlich in Großbritannien, wo sie beheimatet ist. Nord- und Südamerika, Australien, Russland. Bedeutende Zucht in Frankreich.
Leistung: Robust. Frühreif. Anpassungsfähig. Ablammergebnis 155%. Gute Muttereigenschaften. Milchreich. Frohwüchsige

Lämmer; die mittleren Tageszunahmen betragen 300 g bei Einzel- und 250 g bei Zwillingslämmern. 25 kg im Alter von 70 Tagen. Im Allgemeinen nicht zu fett. Hohe Schlachtkörperausbeute; beste Fleischqualität. Gut geeignet zur Kreuzung mit anderen Rassen zur Erzeugung von Schlachtlämmern. Gute Futterverwertung. Jährliche Wollmenge ca. 4 kg. Stapellänge 5–10 cm. Zählt in Großbritannien zu den kurzwolligen Fleischschafrassen.
Zuchtgeschichte: Wurde Anfang des 19. Jahrhunderts im Süden Englands sowie der Grafschaft Hampshire herausgezüchtet. Um die Mitte des vergangenen Jahrhunderts wurde die Rasse vom Züchter Mr. Humphrey entscheidend bearbeitet. Sie galt vorübergehend als die beste Fleischrasse überhaupt. Steht der Oxfordshire-Rasse sehr nahe. Seit Ende des 19. Jahrhunderts in Frankreich eingeführt. Anfang des vergangenen Jahrhunderts auch in Deutschland, ging hier aber im Schwarzköpfigen Fleischschaf auf.

Wiltshire Horn

Kennzeichen: Großrahmig. Sehr kompakt mit großer Rumpfbreite und -tiefe. Kräftiges Fundament. Weiß mit extrem kurzer, mattenartiger Wolle, die im Frühjahr abgeworfen wird. Gilt deshalb auch als „nacktes" Schaf, obwohl es nicht eigentlich ein Haarschaf ist. Es zählt zu der Gruppe der kurzwolligen englischen Schafrassen. Wird gelegentlich für eine Ziege gehalten. Gehörnt; Böcke mit weit ausladenden Schnecken.

	Bock	Mutter
Widerristhöhe	85	80
Gewicht	125–130	75–80

Verbreitung: England. Einzelne Bestände auf dem europäischen Festland. Wegen der kurzen Wolle bzw. weil die Wolle abgeworfen wird, gelegentlich für Kreuzungszuchten mit einheimischen Schafen in den Tropen und Subtropen herangezogen.
Leistung: Fleischschaf mit Ausschlachtung über 55%. Feine, dichte Wolle, die bei der

Schur weniger als 1 kg ergibt. Weil sie die Wolle abwirft, wird die Rasse gelegentlich für Kreuzungen verwendet, da Wolle gegenwärtig nahezu wertlos ist und so Schurkosten erspart bleiben. Vermehrte Verwendung in dieser Weise stößt auf starke emotionale Barrieren. Weitgehend gegen Ektoparasiten resistent. Ablammergebnis 180%. Vitale Lämmer. Gute Muttereigenschaften.
Zuchtgeschichte: Gehört zu den ältesten Schafrassen Englands. Nach Schilderungen und Abbildungen gab es diese Rasse schon im 17. Jahrhundert und zwar in Wiltshire, einer Grafschaft im Westen Englands. Im 19. Jahrhundert nahmen die Bestände wegen der Wolllosigkeit – die Wolle war damals sehr gefragt – immer mehr ab, so dass Ende des Jahrhunderts nur noch Restbestände vorhanden waren. 1923 wurde eine Zuchtvereinigung gegründet. Nach einem weiteren Rückgang Ende der 50er-Jahre des vergangenen Jahrhunderts nahmen die Bestände wieder zu. Ist jetzt im Südwesten Englands recht verbreitet.

Wensleydale

Kennzeichen: Großrahmig. Lange Wollsträhnen korkenzieherartig gekräuselt. Unbewollter Teil des Kopfes blau; Beine nur bei einigen Tieren bläulich, sonst weiß. Leicht geramster Kopf. Ausgeprägte Schaupe; Wollsträhnen bedecken das Gesicht weitgehend.

	Bock	Mutter
Widerristhöhe	90	80
Gewicht	136	90

Verbreitung: England (Yorkshire, North Lancashire, Westmorland, Cumberland) und Schottland.
Leistung: Eine der schwersten britischen Schafrassen. Robust und genügsam. Langwollrasse. Im Durchschnitt zwei Lämmer pro Geburt. Kaum Geburtsschwierigkeiten. Die Muttern produzieren viel Milch, daher rasches Lämmerwachstum. Wüchsige Lämmer ohne zu frühe Verfettung wurden durch Kreuzung mit den Rassen Scotch Halfbred, Mule und Greyface erzielt; sie waren besser als die Lämmer aus den Kreuzungen mit bekannten Fleischrassen (Texel, Suffolk, Dorset). Wolle mit viel Glanz. Stapellänge bei einjährigem Wachstum 20−30 cm. Vliesgewicht bei 5 kg, von Jährlingen bis zu 9 kg. Durch die lang herabwallende Wolle gut vor Regen geschützt.
Zuchtgeschichte: Heimat ist Yorkshire. Entstanden durch Verbesserung von Schafen aus dem Tees-Tal (ebenfalls blaues Gesicht) mittels Leicester. Bis ins 20. Jahrhundert häufig Teeswater genannt. Als Rassegründer gilt ein 1839 geborener Bock mit 203 kg Gewicht. Er bestimmte weitgehend die typischen Rasseeigenschaften. 1890 wurde die „Wensleydale Longwool Sheep Breeders' Association" gegründet und ein Herdbuch eingeführt. Während früher die vereinzelt auftretenden schwarzen Tiere von der Zucht ausgeschlossen wurden, hat man vor wenigen Jahren auch für sie ein Herdbuch geschaffen. Export in mehrere tropische Länder für Kreuzungszwecke.

Black Welsh Mountain

Kennzeichen: Mittelgroß. Die Wolle ist
einheitlich schwarz, die Haut scheint
bläulich. Keilförmiger Kopf mit breiter Stirn.
Kleine, schmale Ohren; Stirn unbewollt.
Kurzer Hals, tiefer Rumpf, breite Lende.
Weit hinabreichende Bemuskelung der
Hinterbeine. Recht kurze Beine. Langer,
bewollter Schwanz (wenn nicht kupiert).
Gehörnt.

	Bock	Mutter
Widerristhöhe	70	65
Gewicht	70–80	50–60

Verbreitung: Großbritannien, Irland,
USA.

Leistung: Robust und genügsam. Saisonale
Fortpflanzung. Ablammergebnis im Durchschnitt bei 175%. Nur selten Ablamm-
schwierigkeiten. Rasches Wachstum der
Lämmer. Gute Muttereigenschaften. Jährliches Wollwachstum 10 cm, Wollmenge
lediglich 1–2 kg. Attraktive Felle.

Zuchtgeschichte: Die Rasse ist in Wales
beheimatet. Schon im Mittelalter wurde das
Fleisch schwarzer Schafe in Wales sehr geschätzt. Man pries es wegen seines vorzügli-
chen Geschmacks. Die schwarze Wolle war
bei den Händlern sehr begehrt. Um 1880
begann man, in den üblicherweise weiß ge-
färbten Herden der Rasse Welsh Mountain,
die vereinzelt vorkommenden schwarzen
Tiere auszuwählen und mit ihnen eine
eigene Zucht aufzubauen. Bald danach
wurde die inzwischen konsolidierte Rasse
auch in anderen Teilen Großbritanniens gehalten. Exporte gingen nach Irland, Belgien
und in die USA. Eine Züchterorganisation
wurde 1920 geschaffen. Gegenwärtig sind
über 200 Züchter an der Herdbuchzucht beteiligt. Die Beliebtheit der Rasse wächst.

Cheviot

Kennzeichen: Mittelgroß. Schlichtwollig. Bewollte und behaarte Körperteile sind weiß. Gesicht silberweiß. Großer Kopf; von der Stirn bis zum Maul gewölbt. Schwarze Nase und Oberlippe. Tiefe und ziemlich gewölbte Brust. Rücken, Lende und Becken breit und muskulös. Volle Keulen. Kräftige Beine. Schleimhäute und Klauen schwarz. Insgesamt starker Knochenbau. Kopf unbewollt. Hornlos.

	Bock	Mutter
Widerristhöhe	70	65
Gewicht	80–90	55–70

Verbreitung: In den Bergregionen Großbritanniens. Einzelne Bestände in Norddeutschland.

Leistung: Zweinutzungsrasse. Wegen der guten Milchleistung der Muttern rasches Lämmerwachstum und recht gute Wollqualität. Ausgezeichnete Schlachtkörperqualität der Lämmer, insbesondere bei Kreuzung mit den „Down"-Rassen. Ablammquote bei 130%. Zäh und ausdauernd. Gut an raues Klima und lange Winter angepasst. Langlebig. Jahreswachstum der Wolle 8 cm. Durchschnittliches Vliesgewicht 2,5 kg. Die Wolle lässt sich leicht verarbeiten.

Zuchtgeschichte: Die Rasse bekam ihren Namen nach dem gleichnamigen Hügelland an der englisch-schottischen Grenze. Eine der ältesten britischen Schafrassen. Anfang des 19. Jahrhunderts wurde sie durch Änderung des Zuchtziels in der Leistung verbessert. 1845 fanden die ersten Bockauktionen statt. Wird in Großbritannien zu den Hochlandrassen (Hill Breeds) gezählt. 1838 erste Exporte in die USA. Im Laufe der Zeit erfolgten kleinere Exporte nach Russland, Kanada, Norwegen, in die Slowakei und einige andere Länder.

Jacobschaf

Kennzeichen: Schlankes, mittelgroßes
Schaf. Besonders auffallend sind Tiere mit
vier oder gar sechs Hörnern, doch gibt es
auch zweihörnige, ja sogar hornlose Individuen. Als Farben erscheinen Schwarz bzw.
Braun und Weiß. In der Regel Schecken,
doch kommen auch nahezu vollständig gefärbte Tiere mit wenigen weißen Abzeichen
sowie fast weiße Individuen vor. Wünschenswert ist eine Farbaufteilung von 60%
hell zu 40% dunkel. Rassetypisch sind
weiße Blesse und dunkle Backen.

	Bock	Mutter
Widerristhöhe	75–80	70–75
Gewicht	75–90	45–60

Verbreitung: Großbritannien. Seit vielen
Jahrzehnten in Tierparks auf dem europäischen Kontinent. In letzter Zeit, hauptsächlich wegen der ungewöhnlichen Wolle, bevorzugt bei Hobby-Schafhaltern. In Deutschland gibt es eine recht umfangreiche Herde

am Niederrhein; sonst fast nur Einzeltiere.
Schon um 1900 kamen Jacobschafe in ame-
rikanische Zoos und von dort zu privaten
Schafhaltern.
Leistung: Robust. Genügsam. Wolle und
Felle wegen ihrer Farbe sehr geschätzt.
Schurgewicht 2–3 kg. Stapellänge 8–15 cm.
Gute Fruchtbarkeit. Ablammergebnis
130–180%. Ausgeprägte Muttereigenschaf-
ten. Geburtsgewicht um 3,6 kg.
Zuchtgeschichte: Die Rasse ist aus einer
Herde entstanden, die im 18. Jahrhundert in
England in einem Park gehalten wurde.
Seitdem kamen Jacobschafe zunächst zur
Zierde in Parks und auf Farmen. 1969
wurde eine Züchtergemeinschaft gegründet.
Schon 1975 gab es mehr als 150 registrierte
Herden mit insgesamt mehr als 3000 Tie-
ren. Heute liegt der Bestand bei vielen Tau-
send. Mit der Vierhörnigkeit kann genetisch
eine Spaltung des Oberlids verbunden sein.
Die Abnormität führt im Extremfall zur Er-
blindung des Tieres.

Flamenschaf

Kennzeichen: In der Regel vollständig
weiß. Maul, Nase und Ohren bei einigen
Tieren mit Pigmentflecken. Kopf bis hinter
die Ohren behaart. Kurzer Schwanz, der
z. T. behaart, z. T. kurzbewollt ist. Dem
Texelschaf ähnlich, doch deutlich geringer
bemuskelt. Hornlos.

	Bock	Mutter
Widerristhöhe	75–80	70–75
Gewicht	90–110	60–80

Verbreitung: Belgien, Niederlande. Einige
Herden in Norddeutschland.
Leistung: Sehr gute Fruchtbarkeit; Jähr-
linge werfen gewöhnlich Zwillinge, Muttern
von drei Jahren oder älter bringen im
Durchschnitt drei Lämmer zur Welt. Wegen
der Fruchtbarkeit werden sie in Kreuzungsprogrammen eingesetzt.
Zuchtgeschichte: Aus den Marschschafen
der Küstengebiete hervorgegangen. Im
19. Jahrhundert wurden Texelschafe, Milch-

schafe sowie englische Lincolns eingekreuzt.
Nach Blutgruppenuntersuchungen steht
diese Rasse dem Texelschaf näher als dem
Friesischen Milchschaf, zwischen denen es
dem Aussehen nach steht. In Deutschland
wurde es in das Leineschaf eingekreuzt.

Flevoländer

Kennzeichen: Mittelgroß. Reinweiß.
Schlichtwollig. Kleiner Kopf mit auffallend
kleinen Ohren. Stirn etwas bewollt. Nase,
Augenpartien und Ohren sind hellrosa.
Kleine Pigmentflecken kommen vor. Kom-
pakter Körperbau; tiefrumpfig. Feingliedrig.
Schwanz bewollt, Beine unbewollt. Horn-
los.

	Bock	Mutter
Widerristhöhe	70	65
Gewicht	90	70

Verbreitung: Niederlande, Schleswig-Holstein.
Leistung: Asaisonal, daher drei Lammungen in zwei Jahren möglich. Frühreif. Erstzulassung im Alter von sieben Monaten
möglich. Im Mittel zwei Lämmer pro Ablammung bei Jährlingen; Drillinge bei älteren Mutterschafen. Hohe Milchleistung der
Muttern. Gut einsetzbar als Mutterrasse in
Zwei- und Drei-Rassen-Kreuzungen mit

Fleischschafrassen. Vitale Lämmer; frohwüchsig. Sehr gute Schlachtkörper; gute
Keulenbemuskelung. Schlachtreif mit einem
Gewicht von 40 kg.
Zuchtgeschichte: Grundlage dieser niederländischen Neuzüchtung sind das robuste
und fruchtbare finnische Landschaf und das
Ile de France (französisches Merinofleischschaf). 1990 kamen die ersten Zuchttiere
nach Schleswig-Holstein; seit 1992 wird die
Rasse dort herdbuchmäßig betreut.

Finnschaf

Kennzeichen: Mittelgroße Landrasse mit
feinem Körperbau. Überwiegend rein weiß,
vereinzelt kommen schwarze, graue und
braune Tiere vor. Kopf bis hinter die Ohren
unbewollt. Breite Stirn. Kleine Stehohren.
Der Rumpf ist tief und lang. Schwanz kurz
und hoch angesetzt. Meist hornlos; gelegentlich kommen gehörnte Böcke vor.

	Bock	Mutter
Widerristhöhe	70–75	65–70
Gewicht	80–90	60–70

Verbreitung: Finnland. In den letzten Jahrzehnten auch in vielen anderen Ländern
mit hochstehender Schafzucht.
Leistung: Anspruchslos. Widerstandsfähig.
Die Fleischfülle entspricht der anderer
Landrassen. Schlichtwollig. Jährliche Wollmenge bei Böcken 2,5–4,0 kg, bei Muttern
2,0–3,0 kg. Zwei Schuren im Jahr sind
üblich. Die meisten weiblichen Tiere lammen schon im Alter von etwas mehr als

einem Jahr. Außergewöhnlich hohe Fruchtbarkeit von 250–300%; allerdings recht
viele Totgeburten und hohe Aufzuchtver-
luste.
Zuchtgeschichte: Alte Landschafrasse
Finnlands und einzige Schafrasse dieses Landes von größerer wirtschaftlicher Bedeutung. Um 1960 vorübergehend erheblicher
Rückgang der Population in Finnland, bis
die internationale Nachfrage einsetzte. Wird
wegen der hohen Fruchtbarkeit seit einigen
Jahrzehnten in viele andere Schafrassen eingekreuzt bzw. auch außerhalb Finnlands in
Reinzucht gehalten.

Gotlandschaf

Kennzeichen: Kleines bis mittelgroßes
Schaf. Silbergrau bis dunkelbraun. Häufig
weiße Abzeichen am Kopf und an den Beinen. Mehlmaul. Schlichtwollig. Kurzer,
behaarter Schwanz. Die Tiere des ursprünglichen Typs sind behornt (s. Abb.), die der
gegenwärtig üblichen Zuchtrichtung meist
hornlos. Kleine Ohren. Die Lämmer werden
schwarz geboren.

	Bock	Mutter
Widerristhöhe	65	60
Gewicht	60–70	45–50

Verbreitung: Schweden, Dänemark und
Niederlande. Einige Bestände in Norddeutschland.
Leistung: Genügsam, robust und wetterhart. Stellt nur geringe Ansprüche an Fütterung und Haltung. Der Wollertrag liegt bei
jährlich 4,0–6,0 kg. Die Wolle ist hervorragend für die Filzherstellung geeignet. Zwei
Schuren pro Jahr erforderlich. Dient der

Pelzgewinnung. Schlachtung der Lämmer
im Alter von 4–5 Monaten bei einem Gewicht von 30–33 kg. Frühreif; die Zucht-
tauglichkeit beginnt im sechsten Lebensmonat. Saisonale Fortpflanzung. Geburtsgewicht von 1,5 bis 3,5 kg. Ältere Muttern
werfen 2 oder 3 Lämmer, die sie aufgrund
einer sehr guten Milchleistung problemlos
aufziehen können. In Mecklenburg wird ein
größerer Bestand zur Landschaftspflege gehalten.
Zuchtgeschichte: Älteste schwedische
Schafrasse. Ein kleiner Rest dieser Rasse
hielt sich frei von Veredelungseinflüssen auf
der Insel Lilla Karlsö vor der gotländischen
Küste. Diese Population umfasst jetzt ca.
1000 Tiere. In Ostdeutschland werden Tiere
gehalten, die durch Einkreuzung von Hochleistungsrassen modifiziert wurden. Sie werden dort züchterisch bearbeitet, und zwar
hinsichtlich Frohwüchsigkeit, Wollertrag,
Genügsamkeit, Widerstandsfähigkeit und
Eignung zur Einzelhaltung. Hier auch häufig Verpaarung mit Milchschafen.

Cakiel, Polnisches Bergschaf

Kennzeichen: Kleinrahmig. Wollfarbe im allgemeinen weiß; es kommen aber auch braune, schwarze und gescheckte Tiere vor (die nicht ins Herdbuch eingetragen werden). Mischwollig. Böcke stets, Muttern nur teilweise behornt.

	Bock	Mutter
Widerristhöhe	55	50
Gewicht	55	40

Verbreitung: Podhale-Region am Fuße der Hohen Tatra in Südpolen. Im Sommer wegen des Weidenutzungsverbots im Tatra-Nationalpark auch in anderen Gegenden Südpolens.
Leistung: Widerstandsfähig. Anspruchslos. Gut geeignet für die Wanderschafhaltung. Die Muttern werden gemolken. Die Milch, ca. 70 kg in 5 Monaten mit einem Fettgehalt von 7%, wird überwiegend zu einem würzigen Käse verarbeitet. Der Schurertrag beträgt 4 kg. Das Verhältnis von Woll- zu

Grannenhaar liegt bei 1:2. Felle. Spätreif. Ablammergebnis ca. 115%.
Zuchtgeschichte: In Podhale hat die Schafzucht schon seit Jahrhunderten große Bedeutung. Die Tiere stammen ursprünglich von den Wanderherden der Zackelschafe walachischer Hirten ab, die aus Rumänien kamen. Nach dem Ersten Weltkrieg hat man Pommersche Schafe und Siebenbürger Zackelschafe, sowie zur Hebung der Milchleistung auch das Ostfriesische Milchschaf eingekreuzt. Nach dem Zweiten Weltkrieg war man bemüht, die verschiedenen Schläge zu vereinheitlichen, außerdem wurden die Rassen Kent, Leicester und Leine- sowie Zigajaschafe aus der CSSR eingekreuzt. Durchgesetzt hat sich im Verlaufe der Zeit ein dem ursprünglichen nahestehender mischwolliger Typ. Der Gesamtbestand umfasst ca. 160 000 Tiere. Die Zucht liegt überwiegend in bäuerlicher Hand. Die Zuchtarbeit, an der zwei staatliche Betriebe beteiligt sind, erfolgt auf der Basis von ca. 3000 Herdbuchmuttern.

Romanov

Kennzeichen: Relativ kleinrahmig. Durch
eine Mischung aus schwarzen und weißen
Haaren graublau in verschiedenen Schattie-
rungen. Bei Böcken tritt an Hals und
Rücken Mähnenbildung auf. Weiße Ab-
zeichen an Kopf und Beinen. Schlichtwollig.
Kleiner Kopf. Kurzer, unbewollter Schwanz.
Böcke meist behornt; Muttern hornlos.

	Bock	Mutter
Widerristhöhe	69	66
Gewicht	70–90	60–70

Verbreitung: Ursprünglich südliche Staaten der früheren Sowjetunion. Jetzt auch in
zahlreichen anderen Ländern; vor allem in
Frankreich, aber auch in Deutschland.
Leistung: Anspruchslos und widerstandsfähig. Sie ertragen Kälte und starke Temperaturschwankungen gut. Gute Milchleistung. Von älteren Lämmern gute Pelze;
auch die Felle der erwachsenen Tiere sind
als Pelze sehr geschätzt. Die jährliche Wollmenge beträgt beim Bock 3–4 kg, bei
Muttern 2–3 kg. In der GUS meist drei-
malige Schur im Jahr. Erstzulassung ab dem
8. Lebensmonat. Asaisonal. Ausgezeichnete
Fruchtbarkeit; die Muttern bringen 2–4,
gelegentlich aber auch 5 Lämmer zur Welt.
Sehr gute Milchleistung. Wurden gelegentlich in einige andere Rassen eingekreuzt,
um deren Fruchtbarkeit zu verbessern.
Zuchtgeschichte: Stammen ursprünglich
aus dem Bezirk Tutajew an der Wolga
(Russland). Man führt diese Rasse auf die
nördlichen Kurzschwanzschafe zurück. Sie
entstand gegen Ende des 17. Jahrhunderts
aus bodenständigen Rassen durch Auswahl
der in Bezug auf Fruchtbarkeit und Fell-
qualität wertvollsten Tiere. An der Heraus-
bildung war keine andere Rasse beteiligt.
Das Zuchtzentrum liegt im Gebiet Jaroslaw.
1964 wurden Romanov-Schafe aus der
Sowjetunion nach Frankreich exportiert.

Karakul

Kennzeichen: Hageres Steppenschaf von
mittlerer Größe. Die Färbung umfasst
schmutzig-braune, hell- bis dunkelgraue,
blaugraue und schwarzbraune Töne. Beine
vom Vorderknie bzw. Tarsalgelenk abwärts
schwarz. Die Lämmer werden schwarz,
grau, braun, goldfarben oder rosa geboren.
Länglicher, schmaler, etwas ramsnasiger
Kopf. Meist breite, lange Hängeohren. Gehören zu den Fettschwanzschafen, d.h. sie
speichern bis zu mehreren kg Fett im Unter-
hautgewebe des Schwanzes. Böcke gehörnt.
Muttern hornlos oder mit Hornstummeln.

	Bock	Mutter
Widerristhöhe	70	65
Gewicht	60–70	40–50

Verbreitung: Folgestaaten der Sowjetunion, Afghanistan, Namibia, Südamerika
und USA. In Mitteleuropa sowie vielen anderen Ländern nur wenige Bestände.
Leistung: Anspruchslos, widerstandsfähig,
langlebig. Gut angepasst an Steppen und
Halbwüsten. Bedeutendste Pelzschafrasse
der Welt. Die Felle der im Alter von wenigen Tagen geschlachteten Lämmer ergeben
die Persianer. Mischwollig. Die Wolle wird
für Webarbeiten und die Teppichherstellung
verwendet. Jährliche Wollmenge 2,0 kg
(Muttern) bzw. 3,3 kg (Böcke). Geschmack
des Fleisches wildähnlich. Saisonale Fortpflanzung. In der Regel nur ein Lamm.
Zuchtgeschichte: Ursprünglich in West-
turkestan beheimatet, wo es seit mindestens
900 Jahren gezüchtet wird. Nach Afghanistan kamen sie erst 1877. 1903 und 1906
kamen insgesamt ca. 60 Karakulschafe aus
der Umgebung von Buchara in Usbekistan
nach Deutschland. Von hier aus bald danach
Aufbau der Zucht in Namibia, von wo sie in
viele andere Länder exportiert wurden.
1906 Anerkennung durch die DLG. Weltweit gibt es ca. 30 Millionen Tiere dieser
Rasse. Zuweilen wurden Karakuls mit Heidschnucken und anderen bodenständigen
Rassen gekreuzt.

Zackelschaf

Kennzeichen: Klein und zierlich.
Mischwollig. Lang herabhängendes Vlies.
Schmaler Kopf. Stirn und Schwanz bewollt.
Es gibt zwei Farbvarianten: grau und
rötlich. Die Lämmer der weißen Zackelschafe werden hellgelb bis dunkelbraun
geboren; die Lämmer des schwarzen Schlages haben bei der Geburt ein schwarzes,
gekräuseltes Fell, das dem von Karakuls
ähnelt. Gehörnt. Die bei alten Tieren sehr
langen Hörner sind gestreckt und korkenzieherartig gedreht. Sie gehen V-förmig auseinander.

	Bock	Mutter
Widerristhöhe	70	65
Gewicht	55–65	40–45

Verbreitung: Ungarn, insbesondere in der
Gegend von Debrecen. Kleinere Bestände
gibt es auch in den umliegenden Ländern.
Andere Zackelschafrassen gibt es von der
Türkei bis zu den Karpaten.

Leistung: Anspruchslos. Robust. Lebhaft.
Saisonale Fortpflanzung. Gute Fruchtbarkeit.
Ablammergebnis ca. 115%. Gute Milch-
leistung, so dass sie z. T. gemolken werden.
Während einer Laktationsdauer von 100
Tagen geben sie bis zu 70 kg Milch.
Schmackhaftes Fleisch. Jährliche Wollmenge
2,0–3,0 kg. Pelze, die ursprünglich von den
Hirten zu Kleidung verarbeitet wurden.
Zuchtgeschichte: Es wird allgemein angenommen, dass die Ungarn diese Rasse bereits mitbrachten, als sie vor 1100 Jahren
ihren jetzigen Lebensraum einnahmen. Bis
zum 18. Jahrhundert weitaus häufigste
Schafrasse in Ungarn. Wird zunehmend von
privaten Schafhaltern geschätzt. Genreserven werden im Gebiet der Pußta und im
Nationalpark von Hortobagy gehalten. 1983
wurde eine Züchtervereinigung gegründet,
die sich neben staatlichen Einrichtungen um
die Erhaltung bemüht. Zucht sowohl in
staatlichen als auch privaten landwirtschaftlichen Betrieben. Der Gesamtbestand beträgt noch ca. 4500 Tiere.

Soay-Schaf

Kennzeichen: Kleines Schaf mit sehr kurzer, dichter Wolle, die nicht geschoren zu werden braucht. (Das Längenwachstum der Wolle beträgt jährlich ca. 7 cm.) Kurzer, behaarter Schwanz. Bei Böcken Ansatz einer Halsmähne. Gelegentlich hellbraun, meist aber dunkelbraun; hell sind dann Bauch, Hinterseite der Schenkel, Rückseite der Beine, Umgebung der Augen sowie Innenohren. Nach dem Haarwechsel im Juni ist die Farbe der Wolle dunkel, hellt sich aber im Verlaufe des Sommers auf. Die Böcke sowie ungefähr die Hälfte der weiblichen Tiere besitzen Hörner. In Deutschland nur hornlose Muttern.

	Bock	Mutter
Widerristhöhe	50–60	50
Gewicht	35–40	25–30

Verbreitung: Auf etlichen Inseln vor der schottischen Küste sowie in (Tier-) Parks in Großbritannien. Seit einigen Jahren auch auf dem europäischen Festland. In Deutschland ca. 80 Züchter mit 500 Muttern.

Leistung: Robust und anspruchslos. Zur Landschaftspflege geeignet. Ergeben 0,5–1,5 kg Wolle, doch ist die Schur unüblich. Temperamentvoll; wildtierartiges Verhalten. Lassen sich durch Hunde nicht lenken. Ablammergebnis 130%. Tägliche Zunahmen Ø 115 g.

Zuchtgeschichte: Diese Rasse stammt von der Soay-Insel, die zu den St. Kilda-Inseln gehört; einer Inselgruppe im Nordwesten von Schottland, westlich der Hebriden. Die Tiere lebten hier weitgehend sich selbst überlassen. Nach Knochenvergleichen unterscheiden sie sich nicht von domestizierten Schafen der Bronzezeit. Nach alten Berichten gab es schon 1698 ungefähr 500 Schafe auf der Soay-Insel. 1931 kaufte der Marquis of Bute die unbewohnte Inselgruppe. 1932 brachte er 107 Schafe von der Insel Soay zur Insel Hirta, um die Population zu vergrößern. Gegenwärtig gibt es einige Tausend Individuen.

Askania-Merino

Kennzeichen: Großrahmig. Eine oder zwei Hautfalten am Hals. Kompakt mit kurzem, breitem Kopf. Stark bewollte Stirn. Breiter Rücken, gut bemuskelte Hinterhand. Kräftiges Fundament. Böcke in der Regel gehörnt; Muttern hornlos oder mit Hornstümpfen.

	Bock	Mutter
Widerristhöhe	90	80
Gewicht	100–120	60–70

Verbreitung: Ukraine, Russland, Slowakei sowie weitere osteuropäische Länder.
Leistung: Ausgezeichnete Wollqualität. Die Stapellänge nach einem Jahr Wachstum beträgt 10 cm. Der Schurertrag der Böcke liegt im Durchschnitt bei 16–19 kg; das der Muttern bei 7–8 kg. Das Rendement liegt nur wenig höher als 40%. Der höchste Schurertrag von Böcken liegt über 30 kg. Im Mittel entfallen auf 1 cm² Hautfläche 4900 Haare.

Zuchtgeschichte: Ihren Ausgang nahm die Rasse von einheimischen Merinos der Ukraine zwischen 1924 und 1934. Diese Tiere waren kleinrahmig. Sie hatten eine dünne Bewollung mittlerer Feinheit. Die ursprünglichen Tiere besaßen kaum Hautfalten; ihre Fleischleistung war gering. Der Zuchtfortschritt wurde durch Einkreuzung von Wollrassen bei gleichzeitiger konsequenter Selektion erzielt. Zur Veredelung wurden amerikanische Rambouillet-Böcke eingesetzt.

Awassi

Kennzeichen: Großrahmiges Fettschwanz-
schaf. Schmaler Kopf, lange Hängeohren,
Ramsnase. Kräftiges Fundament, auffallend
großes Euter. Breiter Fettschwanz, bei älteren Böcken bis 12 kg schwer. Kopf rotbraun,
gelegentlich schwarz. Häufig mit Blesse.
Manchmal auch Unterbeine pigmentiert.
Übriger Körper weiß. Schlichtwollig. Muttern meist hornlos. Böcke überwiegend
gehörnt.

	Bock	Mutter
Widerristhöhe	70–80	65–75
Gewicht	100–120	70–80

Verbreitung: In Westasien von der Türkei
bis Saudi-Arabien weit verbreitet. Das verbesserte Awassi wurde in den letzten Jahrzehnten aus Israel vor allem nach Spanien,
Jugoslawien, Bulgarien, Kenia, Burma und
in den Iran exportiert.
Leistung: Mittlere Jahresmilchleistung bei
350 kg. Spitzenleistungen von Einzeltieren

etwa 1300 kg. Jährliches Vliesgewicht
2,5–3,0 kg (Muttern) bzw. 3,0–3,5 kg
(Böcke). Saisonale Brunst (Juni bis Oktober).
70% der Muttern lammen bereits als Jähr-
linge. Ablammergebnis 120%. Tägliche
Zunahmen der Lämmer 200–300 g. Ausschlachtungsergebnis 50–55%.
Zuchtgeschichte: Der Name stammt vermutlich von „awas", Bezeichnung für ein
weißes Schaf im Hoch-Arabischen. Auf alten
Darstellungen kommen Fettschwanzschafe
ähnlichen Typs im jetzigen Verbreitungsgebiet schon seit 5000 Jahren vor. Über
Jahrtausende änderten sich Zucht und Haltung kaum. Gezielte Zucht ab ca. 1920
durch jüdische Siedler in Palästina. Bereits
1924 wurden Awassi-Schafe im Kibbuz „Ein
Harod" in der Nähe von Nazareth gehalten,
heute der bedeutendste Zuchtort der reinen
Awassi-Schafe. 1929 Gründung einer Züchtervereinigung in Palästina, wodurch eine
erhebliche Leistungsverbesserung eingeleitet
wurde. Ab 1937 ist Steigerung der Milchleistung einziges Zuchtziel.

Kamerunschaf

Kennzeichen: Haarschaf. Kleinrahmig.
Folgende Farbvarianten sind rassetypisch:
Grundfarbe Braun; Bauch, Kopf und Beine
mit schwarzer Zeichnung. Grundfarbe
Schwarz; Bauch, Kopf und Beine mit brau-
ner Zeichnung. Einfarbig braun oder
schwarz. Zwei- oder dreifarbig gescheckt.
Stichelhaar. Fell kurz, im Winter mit dichter
Unterwolle; stark an Ziegen erinnernd.
Böcke mit Mähne an Unterhals und Brust.
Leicht ramsnasig. Kleine, waagerecht ge-
tragene Ohren. Kurzschwänzig. Böcke
gehörnt, Muttern hornlos.

	Bock	Mutter
Widerristhöhe	60–70	58–65
Gewicht	40–50	30–40

Verbreitung: Westafrika, Mitteleuropa,
Nordamerika. In Deutschland wird ein
Bestand von ca. 2000 Tieren gehalten.
Leistung: Robust, anspruchslos und wider-
standsfähig. Zur Koppelhaltung geeignet.

Temperamentvoll und stets fluchtbereit.
Mit 7 bis 8 Monaten zuchtreif. Asaisonale
Brunst. Häufig zwei Geburten pro Jahr;
meist nur ein Lamm. Gute Mütter. Lämmer von fünf Monaten wiegen ausge-
schlachtet ca. 15 kg. Schmackhaftes, an
Wildbret erinnerndes Fleisch. Resistent
gegen die Schaflausfliege (Haarschaf!).
Keine Schur. Wegen Kälteempfindlichkeit
im Winter Stallhaltung oder zumindest
Unterstand.
Zuchtgeschichte: Kamerunschafe kamen
schon vor vielen Jahrzehnten in europäische
Zoos. Da keine Schur erforderlich ist und
viele Hobbyzüchter auf Wolle keinen Wert
legen, fanden sie in den letzten Jahren zunehmend Liebhaber. 1992 organisierten sich
30 Züchter zu einer Interessengemeinschaft,
die 1993 ungefähr 100 Mitglieder umfasste.
Auf der ersten Körung Anfang 1993 stellten
zehn Züchter 20 Böcke vor. 1999 wurde der
„Verein deutscher Kamerunschafzüchter
und -halter" gegründet. Er hat ca. 170 Mitglieder.

Dorper

Kennzeichen: Mittelgroß. Kopf und Hals
schwarz, die übrigen Körperteile weiß.
Kopf, Bauch und Beine behaart, die obere
Hälfte des Rumpfes mischwollig. Das Vlies
wird im Sommer abgeworfen. Langer breiter
Rücken, tiefe Brust, starke Keulenausbildung. Fettsteiß. Hornlos.

	Bock	Mutter
Widerristhöhe	80	70
Gewicht	130–140	75–80

Verbreitung: Südafrikanische Union
(Ursprungsland) und weitere Länder des
südlichen Afrika. In Deutschland einige Betriebe in Baden-Württemberg. Nordamerika,
Brasilien und Australien.
Leistung: Widerstandsfähig bei sehr hohen
und tiefen Temperaturen. Extrem anspruchslos. Marschfähig. Zulassung mit
12–14 Monaten. Wegen Asaisonalität drei
Geburten in zwei Jahren möglich. Böcke
ganzjährig paarungsbereit und deckfreudig.

Problemlose Geburten; beste Muttereigen-
schaften. Ablammergebnis im Mittel 160%.
Geburtsgewicht der Lämmer 4–5 kg.
Frohwüchsige Lämmer. Hohe Aufzuchtleistung. Ausgezeichnete Fleischqualität.
Zuchtgeschichte: Die Grundlage dieser
Rasse bildet das „Blackheaded Persian".
Nach vorausgegangenen wenig erfolgrei-
chen Kreuzungsversuchen mit anderen
britischen Schafrassen verfiel man Mitte
des 20. Jahrhunderts auf Dorset Horn. In
geringem Ausmaß ist die südafrikanische
Lokalrasse Ronderib Afrikaner beteiligt.
Blackheaded Persian ist eine Haar- und
Fettsteißrasse, Dorset Horn eine kurz-
wollige Fleischrasse. Man wollte die An-
spruchslosigkeit von Blackheaded Persian
mit mehr Fleischwüchsigkeit kombinieren.
Schon nach wenigen Generationen hatte
man eine recht homogene Population mit
den Vorteilen der Ausgangsrassen. Der
Name setzt sich aus den jeweils drei ersten Buchstaben der Ausgangsrassen zusammen.

Navajo-Churro

Kennzeichen: Kleines bis mittelgroßes, zierlich gebautes Schaf. Kurzer Rumpf, langbeinig, feingliedrig. Mischwollig. Kopf und Bauch unbewollt. Wolle meist weiß, gelegentlich hell- bis dunkelbraun, manchmal schwarz; selten gescheckt. Langschwänzig. Böcke oft mit vier Hörnern. Muttern selten vierhörnig.

	Bock	Mutter
Widerristhöhe	55–60	50–55
Gewicht	70–80	40–55

Verbreitung: Südwesten der USA.
Leistung: Widerstandsfähig und genügsam. An heißes, trockenes Klima angepasst, aber auch fähig, tiefe Temperaturen zu ertragen. Häufig asaisonal; meist Zwillingsgeburten. Geburtsschwierigkeiten sind selten. Sehr gute Muttereigenschaften. Zartes, gut marmoriertes Fleisch. Tiere neigen kaum zur Verfettung.
Zuchtgeschichte: 1538 brachten die Spa-

nier anspruchslose, widerstandsfähige Schafe nach Mexiko und in den Südwesten der heutigen USA. Diese Tiere hatten eine raue, struppige Wolle, wonach sie im Spanischen als „churro" bezeichnet wurden. Die Navajo-Indianer brachten damals etliche Schafe in ihren Besitz. Seit Anfang des 17. Jahrhunderts halten nur noch sie diese Schafe, daher die heutige Bezeichnung. Für die nomadisch lebenden Indianer waren die Schafe ein wertvoller Besitz, durch den sie mit Fleisch und Wolle versorgt wurden. Die heute so geschätzten kunsthandwerklichen Webarbeiten der Indianer aus Wolle nahm damals ihren Anfang. Die Zahl der Schafe stieg bald in die Hunderttausende. Die Vier gilt bei vielen Indianern als bedeutungsvolle magische Zahl, denn Manitu schuf vier Jahreszeiten, vier Himmelsrichtungen und vier Elemente (Erde, Luft, Wasser, Feuer); man ließ die Friedenspfeife viermal kreisen. Vierhörnige Schafe waren als heiliges Geschenk Manitus anzusehen und galten als Glückszeichen.

Ziegen

Das Wort Ziege leitet sich vom germanischen „tig" oder „tik" her, was „kleines Haustier" bedeutet. Vermutlich war die Bedeutung früher noch allgemeiner, nämlich „kleines Tier". Dies ist im Englischen noch erkennbar; „tick" bedeutet hier Zecke. Auch im deutschen sind die Wörter „Ziege" und „Zecke" einander sehr ähnlich. Bis auf polnahe Gegenden kommen Ziegen weltweit vor. Insgesamt gibt es ca. 700 Millionen; ihre Zahl wächst. Das gilt insbesondere für semi-aride und aride Zonen, in denen andere Haustiere kaum gehalten werden können. Sie sind außerdem dort zahlreich, wo bestimmte Tierarten (Rind, Schwein) nicht getötet bzw. nicht gegessen werden dürfen. Ziegen können sehr anspruchslos sein. Wenn keine anderen Futtermittel vorhanden sind, ernähren sie sich von Küchenabfällen oder fressen gar Papier. Das bedeutet nicht, dass sie nicht sehr genäschig sind und bei breiterem Nahrungsangebot nicht sehr gezielt und sorgfältig die schmackhaftesten Teile auswählen. Ziegen springen und klettern sehr gut. Man kann Umzäunungen kaum genügend hoch und dicht machen, um sie am Entkommen zu hindern. Da sie gern Laub fressen, können sie in Gärten und auf lange Sicht in Wäldern erheblichen Schaden anrichten. Die Verkarstung von Inseln und Randgebieten des Mittelmeeres sowie anderen Gegenden wird auf die Ziegenhaltung zurückgeführt. Dieser Nachteil veranlasste einige Regierungen, die Ziegen-

haltung insgesamt oder in bestimmten Regionen zu verbieten. Heute weiß man, dass diese Einschätzung so nicht richtig ist. Bei gezielter Beweidung und begrenzter Besatzdichte können Ziegen durchaus ökologisch sinnvoll eingesetzt werden. Nur durch hemmungslose Ausdehnung der Bestände, meist von verwilderten Ziegen, sind ökologische Katastrophen unvermeidlich.

Ziegen werden wegen ihrer Milch, des Fleisches, der Häute, manche Rasse auch ihrer Wolle wegen gehalten. Gute Milchziegen geben jährlich eine Milchmenge, die dem 20fachen ihres Körpergewichts entspricht. Der Anteil der Inhaltsstoffe (Fett ca. 3,5%; Eiweiß ca. 3,1%) ist allerdings deutlich geringer als bei Kuhmilch. Dass Ziegenmilch wirklich die heilende Wirkung besitzt, die ihr im Volksmund nachgesagt wird, konnte bisher experimentell nicht bestätigt werden. Nicht leugnen lässt sich jedoch, dass Ziegenmilch bei Allergie gegen Kuhmilch einen guten Ersatz darstellt. Bei sauberer Gewinnung ist sie im Geschmack von Kuhmilch kaum zu unterscheiden. Die früher gefürchtete Ziegenmilchanämie ist nicht auf Eigenschaften der Milch, sondern auf die Ernährungssituation der betroffenen Personen insgesamt zurückzuführen. Zeus, der höchste Gott der Alten Griechen, soll mit Ziegenmilch aufgezogen worden sein.

Zickleinfleisch ist eine begehrte Delikatesse. Die Nachfrage ist in den letzten Jahren durch den steigenden Anteil von Personen aus südlichen Ländern in unserer Bevölkerung hierzulande noch größer

	1941	1961	1999 Anzahl	%
Saanenziege	43 338	23 353	5 939	27,9
Appenzeller/Zürcher Ziege	6 683	3 034	550	2,6
Toggenburger Ziege	20 082	8 869	3 506	16,5
Gemsfarbige Gebirgsziege	29 373	16 366	6 020	28,3
Bündner Strahlenziege	19 399	9 451	675	3,2
Verzasca-Ziege	9 503	8 947	1 594	7,5
Walliser Schwarzhalsziege	7 656	2 166	2 471	11,6
Pfauenziege	–	–	449	2,1
Burenziege	–	–	81	0,4
Gesamt	214 706	89 357	21 285	100

geworden. Das war Anlass, auch in Mitteleuropa eine Fleischziegenrasse, die Burenziege, zu halten.

Es gibt auf der Erde mehrere Ziegenrassen, deren Wolle geschoren und verarbeitet wird. Die wichtigste ist die Angora-Ziege, die ursprünglich aus Kleinasien stammt und auch jetzt noch in der Türkei mit 2 Millionen Tieren ihren größten Bestand hat. Die Wolle dieser Rasse erscheint auf dem Markt als Mohair. Dieses Wort leitet sich vom arabischen mukhayyar her, was so viel wie „bestes Vlies" bedeutet. Die Angoraziege lässt sich in unserem gemäßigten Klima nur schwer halten. Sie ist sehr nässeempfindlich, insbesondere nach der Schur. Eine weitere Wolle produzierende Rasse ist die Kaschmir-Ziege in Zentral-Asien, deren Wolle unter gleichem Namen in den Handel kommt. Sie produziert die feinste Wolle, die überhaupt zu Textilien verarbeitet wird. Das einzelne Haar hat einen Durchmesser von weniger als 15µ (zum Vergleich: Merinowolle besitzt einen Durchmesser von ca. 25µ).

Ein begrenzender Faktor in der Ziegenhaltung ist der intensive Geruch, insbesondere der Böcke. Manche Ziegenhaltung wurde eingestellt, weil sich niemand bereit fand, einen Bock zu halten. Ein Ausweg aus dem Dilemma konnte teilweise durch die künstliche Besamung gefunden werden.

In der Vergangenheit wurde in Deutschland auf Hornlosigkeit gezüchtet. Hornlosigkeit mindert die Gefahr der Verletzung der Tiere untereinander und schützt den Menschen. Es wurde jedoch zunächst übersehen, dass der Vorteil der Hornlosigkeit häufig gekoppelt ist mit Unfruchtbarkeit bei den Böcken und dem Auftreten von Zwittern.

Im Mittelalter wurden Ziegen mit Teufel und Hexen in Verbindung gebracht. Der Teufel wurde oft mit einem Bocksfuß dargestellt. Ursache für das schlechte Ansehen der Ziege war vermutlich der starke Geruch, ihr quirliger Charakter (das Wort „kapriziös" leitet sich vom lateinischen Wort für Ziege, capra, her und kennzeichnet ihr Wesen) und die sprichwörtlich starke Geschlechtslust der Böcke. Dabei hat sich die Ziege um die Versorgung des Menschen verdient gemacht wie keine andere Tierart. Als „Kuh des kleinen Mannes", meist in finsteren Verliesen gehalten, mit Abfällen gefüttert, half sie in Städten Notzeiten zu überstehen. Unter den gleichen Haltungsbedingungen hätten andere Tierarten keine Leistung erbracht und die Fortpflanzung eingestellt. Die Ziege hat sich jedoch bis heute eine zutrauliche Art und ein freundliches Wesen erhalten. Nicht von ungefähr stellte ein deutscher Tierzuchtbeamter einem Buch den Leitsatz voraus „die Ziege ist der Sonnenschein der Werktätigen" (SCHAPER 1934). Von den rund 200 Ziegenrassen auf der Erde sind nur vier in Deutschland heimisch. Wesentlich mehr, nämlich acht, kommen in der Schweiz vor. Für diese Vielfalt werden mehrere Gründe genannt. Dennoch ist es auffallend, dass ein Land mit ähnlicher geographischer Lage, nämlich Österreich, nur zwei eigenständige Ziegenrassen hervorgebracht hat, die dazu noch beide in ihrem

Bestand gefährdet sind. Die ungefähr 110 000 in Deutschland gehaltenen Ziegen gehören zu 35% der Weißen Deutschen Edelziege und zu 60% der Bunten Deutschen Edelziege an.

Der Anteil der einzelnen Rassen am Gesamtbestand der Ziegen in der Schweiz geht aus Tab. 11 hervor. Sowohl hier wie auch in den anderen mitteleuropäischen Ländern ist es seit der Nachkriegszeit zu einer rapiden Minderung der Bestände gekommen, die erst Anfang der 70er-Jahre des 20. Jh. aufhörte. In den letzten Jahren stieg die Zahl der Ziegen wieder etwas an.

Weiße Deutsche Edelziege

Kennzeichen: Kräftig gebaute Ziege. Rein weiß. Gelegentlich leicht rötlichgelbe Färbung an Hals und Rücken oder Pigmentflecke an Nase, Ohren und Euter. Kurze und glatt anliegende Behaarung. Bei Böcken manchmal längere Haare an Hals und Rücken. Sowohl hornlos als auch gehörnt.

	Bock	Geiß
Widerristhöhe	80–90	70–80
Gewicht	70–80	60–70

Verbreitung: Überwiegend nördliche Hälfte Deutschlands sowie Nord-Baden.
Leistung: Futterdankbar, frühreif und langlebig. Fleisch, Häute. Jahresmilchmenge 900 kg mit 3,5% Fett. Höchstleistungen über 1800 kg. Saisonale Brunst. Im Durchschnitt 2,1 Zicklein je Geiß pro Jahr.
Zuchtgeschichte: Weiße Ziegen sind in Mitteleuropa schon seit Jahrhunderten bekannt. Seit Beginn des 19. Jahrhunderts gibt es bereits reinweiße Schläge (z. B. Langen-salzaer Ziege), die später in der Weißen Deutschen Edelziege aufgingen. Schon zu dieser Zeit wird die hohe Milchleistung gelobt. Ab 1880 wurden die Saanen- und die Appenzellerziege in die weißen deutschen Ziegenschläge eingekreuzt und z. T. in Reinzucht gehalten. 1928 wurden alle weißen Ziegen zu einer Rasse zusammengefasst und unter dem jetzigen Namen weitergeführt. Seit der Nachkriegszeit ging die Zahl der Tiere ständig zurück. Die Ziegenhaltung erreichte 1976 ihren Tiefpunkt. Damals gab es in den alten Bundesländern insgesamt nur noch 36 000 Ziegen. In den späteren Jahren wurde der Bestand nicht mehr erfasst. Inzwischen ist die Zahl der Ziegen in Deutschland wieder deutlich gestiegen, und zwar bis 1991 auf 70 000. Nach Schätzungen beträgt der Anteil der Weißen Deutschen Edelziege 35%, also ca. 24500. Die Weiße Deutsche Edelziege wurde in viele andere Länder zur Verbesserung oder dortigen Zucht exportiert.

Bunte Deutsche Edelziege

Kennzeichen: Haarkleid kurz und glatt anliegend. Zumeist hornlos.
Es können zwei Farbvarianten unterschieden werden:
Dunkelbrauner Grundton. Schwarzer Aalstrich. Unterbauch sowie Beine vom Sprunggelenk und Vorderknie abwärts schwarz (ehemalige Frankenziege, siehe Abb.).

	Bock	Geiß
Widerristhöhe	75–85	70–80
Gewicht	60–80	50–65

Mittel- bis sattbrauner Grundton. Dunkelbrauner oder schwarzer Aalstrich. Unterbauch hellbraun. Beine von Sprunggelenk bzw. Vorderknie abwärts dunkelbraun geschient. Angedeuteter heller Streifen von Hornbasis bis Maulwinkel (ehemalige Schwarzwaldziege).
Verbreitung: Vorwiegend Süddeutschland.

Leistung: Widerstandsfähig und futterdankbar. Fleisch. Häute. Jahresmilchmenge 800 kg bei 3,7% Fett. Höchstleistung von 1800 kg. Fruchtbarkeit: 2,1 Zicklein je Geiß pro Jahr. Erste Belegung mit 7–9 Monaten möglich.

Zuchtgeschichte: Bis Ende des 19. Jahrhunderts waren in allen Gegenden Deutschlands neben anderen Farbvarianten braungetönte Ziegen vorhanden. Erst Anfang des 20. Jahrhunderts wurden, in oft nur kleinen Gebieten, Ziegen einheitlicher Färbung und ausgeglichenen Typs gehalten. Im Jahre 1928 fasste der Reichsverband Deutscher Ziegenzuchtvereinigungen den Beschluss, alle farbigen Ziegenschläge unter der Einheitsbezeichnung „Bunte Deutsche Edelziege" zusammenzufassen, um eine größere Zuchtbasis zu erhalten. Es ist aber kaum zu einem Austausch von Zuchtmaterial gekommen. In Franken sind immer noch mehr als 90% der Ziegen schwarzbäuchig und im Schwarzwald mehr als 70% hellbäuchig.

Thüringerwald-Ziege

Kennzeichen: Mittelgroß und kräftig. Haarkleid kurz und glatt anliegend. Böcke in der Regel „behost". Breite, tiefe Brust mit guter Rippenwölbung. Schokoladenbraun ohne Anflug von Fuchsfarbe und ohne Aalstrich. Ausgeprägte Gesichtsmaske Von der Überaugengegend bis zur Oberlippe weißer Streifen. Ohren und Maul weiß gesäumt. „Spiegel" unterhalb des Schwanzes weiß. Bauch dunkel. Unterbeine weiß. Vereinzelt dunkelbraune und schwarze Tiere, deren Anteil deutlich zunimmt. Stehohren. Gerader, langer Rücken. Mäßig abfallendes Becken. Kräftige und gut bemuskelte Gliedmaßen. Gut entwickeltes Euter. Gehörnt und hornlos.

	Bock	Geiß
Widerristhöhe	80–85	70–75
Gewicht	60–70	45–50

Verbreitung: Thüringen, jetzt jedoch auch in fast allen anderen Bundesländer.

Leistung: Widerstandsfähig und anspruchslos. Fleisch. Häute. Jahresmilchleistung (mindestens 180 Tage) bei 1000 kg mit 3,5% Fett.

Zuchtgeschichte: Gegen Ende des 19. Jahrhunderts holte man Toggenburger aus der Schweiz. Aus den Kreuzungen der „Thüringer Toggenburger" mit den einheimischen Ziegen wurde im Laufe der Zeit ein recht einheitlicher Typ, den man 1935 in „Thüringer Waldziege" umbenannte und seitdem auch zu Ausstellungen zuließ. Nach kurzer Blütezeit in der Nachkriegszeit gingen die Bestände in den folgenden Jahrzehnten stark zurück. Die Tiere sind im Verlaufe dieser Zeit kleiner und leichter geworden. Bestand in den letzten Jahren deutlich auf 350 Herdbuchtiere erhöht. Seit einigen Jahren gibt es Züchterorganisationen, die sich dem Erhalt dieser gefährdeten Rasse widmen. Die heutige Thüringerwald-Ziege weist keine enge Verwandtschaft zur Toggenburger mehr auf. Der Ziegenzuchtverband in Thüringen führt eine Bockkartei.

Erzgebirgsziege

Kennzeichen: Mittelgroß. Rotbraun mit schwarzem Aalstrich und schwarzen Unterbeinen. Breiter Kopf mit Stehohren. Mittellanger, schlanker Hals. Tiefe Brust, langer Rücken und breite Lende. Gut entwickeltes Euter. Feines Fundament. Hornlos.

	Bock	Geiß
Widerristhöhe	75	70
Gewicht	60–70	45–60

Verbreitung: Sachsen, gelegentlich in den anderen östlichen Bundesländern.
Leistung: Die durchschnittliche Jahresmilchleistung liegt bei 700 kg. Die Milch wird vor allem als Frischmilch verwertet. Käseherstellung ist erst seit einigen Jahren üblich. Frühreif; gute Fruchtbarkeit. Tägliche Zunahmen der Zicklein bei 200 g. Nutzung von Fleisch und Häuten.
Zuchtgeschichte: Ende des 19. Jahrhunderts wurden einige Böcke aus der Schweiz importiert und in die bodenständige Land-

ziege des Erzgebirges eingekreuzt. Der „Verband zur Zucht der rehfarbenen Erzgebirgsziege" wurde 1895 gegründet. Ihm gehörten Anfang des 20. Jahrhunderts sechs Genossenschaften und 27 Gemeindebockstationen an. Im nördlichen Teil des Zuchtgebietes wurden damals noch Zuchtböcke aus dem Harz eingesetzt. Die Milchleistung betrug schon nach dem Ersten Weltkrieg 600–900 kg; Spitzenleistungen lagen über 1000 kg. 1928 wurde die Rasse vorübergehend in die „Bunte Deutsche Edelziege" einbezogen. Als die Erzgebirgsziege, durch die politischen Verhältnisse nach 1945 bedingt, von den übrigen rehbraunen Ziegenrassen Deutschlands abgeschnitten war, bekam sie ihre Eigenständigkeit wieder. Die Zahl der Tiere ging jedoch rapide zurück. Bald gab es die Rasse nur noch im westlichen Erzgebirge sowie nördlich bis nach Chemnitz. Die Zahl der Bestände nimmt seit einigen Jahren wieder geringfügig zu. Wegen des Einsatzes von schweren Böcken aus Franken schleichende Typveränderung.

Burenziege, Fleischziege

Kennzeichen: Große, kompakte Ziege. Weiß mit rotbraunem Kopf und Hals. Weiße Blesse. Rumpf gelegentlich braun gescheckt. Kräftiger Kopf mit Ramsnase. Lange Hängeohren. Breite, fleischige Schultern. Gut entwickelte, breite Brust und ausgeprägte Rippenwölbung. Breiter Rücken. Muskulöse Beine. Insgesamt kraftvolle Erscheinung. Kurzes, weiches Haar. Lange Hängeohren. Behornt.

	Bock	Geiß
Widerristhöhe	80–90	65–75
Gewicht	90–100	65–75

Verbreitung: Südafrika, Namibia, Ostafrika, Deutschland, Österreich.
Leistung: Sehr guter Fleischansatz. Zicklein mit hohen täglichen Zunahmen. Kastraten erreichen ohne Kraftfutter ein Gewicht von über 100 kg. Ausschlachtungsgrad um 50%. Schmackhaftes, zartes Fleisch, dem typischer Ziegengeruch fehlt. Die Felle wer-

den zu Schuhen, Handschuhen und Bucheinbänden verarbeitet. Hohe Fruchtbarkeit. Gute Muttereigenschaften. Ruhiges Temperament. Vergleichsweise geringer Bockgeruch.
Zuchtgeschichte: In Südafrika beheimatet. Sie stammt von der Hottentottenziege ab, die ihrerseits auf importierte nubische Ziegen zurückgeht. Offenbar auch Einkreuzung von Ziegen aus Europa und Indien. Die Ausgangsform soll klein und gefleckt gewesen sein. Anfang der 40er-Jahre des 20. Jh. schloss sich eine kleine Gruppe von Farmern mit dem Ziel zusammen, eine zur Fleischerzeugung geeignete Leistungsrasse zu entwickeln. Gründung eines Zuchtverbandes im Jahr 1959. Seit 1964 gibt es eine Leistungsprüfung. Der erste gezielte Transport kam 1977 aus Namibia als „Proviant" mit einem Löwentransport nach Deutschland. Hier wurde wegen der gehobenen Nachfrage nach Zickleinfleisch eine Fleischziegenzucht aufgebaut. Als Burenziegen werden Fleischziegen mit mehr als 87,5% Burenanteil anerkannt.

Tauernschecken

Kennzeichen: Großrahmig. Kurzhaarig.
Braunweiß oder schwarzweiß gescheckt
bzw. dreifarbig schwarz-braunweiß. Pigmentierung vor allem am Rücken und an
der Schulter. Häufig Blesse. Hoch angesetztes Euter mit viel Bodenfreiheit. Mittellange
Striche. Stabiles Fundament. Gehörnt.

	Bock	Geiß
Widerristhöhe	80	74
Gewicht	70	55–60

Verbreitung: In Österreich um den Großglockner herum; vor allem im Rauristal,
aber auch in Osttirol und Kärnten.
Leistung: Robust. Durch kräftiges Fundament, straff ansitzendes Euter und relativ
kleine Zitzen gut für Berge und verbuschte
Gegenden geeignet. Fruchtbarkeit ca. 200%.
Gute Milchleistung. Das Geburtsgewicht
liegt bei 3,5 kg. Frohwüchsige Zicklein,
die bei Aufzucht an der Mutter mit acht
Wochen ein Gewicht von 14–16 kg er-

reichen. Gut für die Landschaftspflege
geeignet. Die Scheckung erleichtert im
Sommer und nach Schneefall das Auffinden
der extensiv gehaltenen Tiere. Dekorative
Felle.
Zuchtgeschichte: Schon auf Gemälden aus
der ersten Hälfte des 19. Jahrhunderts sind
gescheckte Ziegen abgebildet. Die vorhandenen Bestände lassen sich auf Tiere zurückführen, die bereits nach dem 1. Weltkrieg
im Rauristal gehalten wurden. Diese Ziegen
stammen ursprünglich aus dem Krumltal.
Seit den 60er-Jahren des vergangenen Jahrhunderts wird planmäßige Zucht betrieben.
Ein detailliertes Zuchtbuch besteht seit
1967. Gegenwärtig gibt es ca. 20 Züchter
mit ungefähr 100 Tieren. Sie sind beim
Ziegenzuchtverband Salzburg registriert.
„Rasse des Jahres" 2000 in Österreich.

Saanenziege

Kennzeichen: Reinweiß, kurzhaarig. Häufig am ganzen Körper Pigmentflecken, die jedoch nur die Haut, nicht die Haare betreffen. Sie sind insbesondere an den schwach behaarten Körperteilen, also Kopf und Euter, erkennbar. Zumeist hornlos; in den letzten Jahren jedoch zunehmend behornt.

	Bock	Geiß
Widerristhöhe	80–95	75–85
Gewicht	75	50

Verbreitung: Westliche Hälfte sowie Norden der Schweiz. Es gibt wohl kaum ein Land, in dem Ziegen wegen der Milchleistung gehalten werden, in das nicht Saanenziegen exportiert wurden. In 14 europäischen Ländern kommt eine Rasse vor, die als „Saanenziege" bezeichnet wird.
Leistung: Fleisch. Häute. Durchschnittliche Jahresmilchmenge in der Schweiz 750 kg;

diese Leistung ist um so beachtlicher, als sie meist mit wirtschaftseigenem Futter und ohne große Kraftfuttergaben erzielt wird. Spitzenleistungen bei 3500 kg.
Zuchtgeschichte: Wurde bereits im 19. Jahrhundert recht einheitlich auf weiße Farbe, kurzes Haar und Hornlosigkeit gezüchtet. Galt schon damals als vorzügliche Milchziege und wurde deshalb von zahlreichen Ländern importiert, wo sie teilweise rein weitergezüchtet wurde und dann ihren ursprünglichen Namen behielt. Sie stammt ursprünglich aus dem Saanenland und dem Obersimmental (Kanton Bern). Von hier aus breitete sie sich zunächst über Teile des schweizerischen Mittellandes aus. 1890 haben sich die Züchter zu einer Zuchtgenossenschaft vereinigt, um Zucht und Export planmäßig betreiben zu können. Sie ist mit 27,9% des Gesamtbestandes die Rasse mit den meisten Individuen in der Schweiz. Bekannteste und lange Zeit erfolgreichste Ziegenrasse der Welt.

Appenzellerziege

Kennzeichen: Weiß, z.T. mit rosa Anflug. Haare an Rumpf und Oberschenkeln lang. Ursprünglich hornlos, heute vermehrt behornt.

	Bock	Geiß
Widerristhöhe	70–80	65–75
Gewicht	65	45–50

Verbreitung: Nordost-Schweiz, insbesondere die beiden Kantone Appenzell. Nordamerika. Großbritannien. In geringer Zahl in Westdeutschland.
Leistung: Fleisch, Häute. Durchschnittliche Jahresmilchmenge 680 kg. Damit ist gegenüber 1962/63 (408 kg) eine erhebliche Leistungssteigerung eingetreten.
Zuchtgeschichte: In den Kantonen Appenzell wurden zwar Ende des 19. Jahrhunderts auch Ziegen gezüchtet, die einerseits schwarz, rötlich oder gefleckt, andererseits kurzhaarig waren. Die meisten Tiere des „Appenzeller Schlages" waren jedoch damals schon weiß und langhaarig. Man zog solche „Zattenziegen" insbesondere für die Älpung vor. 1903 wurde eine Ziegenzuchtgenossenschaft gegründet, „um die weiße ungehörnte Appenzellerziege reinblütig weiter zu erhalten und zu veredeln". Es wird betont, dass diese Rasse sich deutlich von der Saanenziege unterscheidet. Abgesehen vom langen Haar ist sie gedrungener und hat einen kürzeren, breiteren Kopf. Im 19. Jahrhundert bereits vor der Saanenziege nach Deutschland exportiert und dort in die weißen Schläge eingekreuzt. Der Gesamtbestand betrug im Zeitraum 1910–1920 ungefähr 5000 Tiere. Exportländer waren Deutschland, Italien und Nordamerika. Die Appenzellerziege macht nur 2,6% des Schweizer Ziegenbestandes aus; sie ist damit eine der am wenigsten verbreiteten Rassen in diesem Land. Die Zahl der Herdbuchtiere liegt bei knapp 600. Die Appenzellerziege wird meist mit der Züricherziege zusammengefasst, die ihr ähnlich ist, jedoch mehr der Saanenziege gleicht.

Gemsfarbige Gebirgsziege

Kennzeichen: Braun mit schwarzer Unterseite, schwarzen Beinen vom Sprunggelenk bzw. Vorderknie abwärts, schwarzem Aalstrich entlang der Mittellinie des Rückens, schwarzem Schwanz und schwarzen Abzeichen am Kopf. Es gibt zwei Schläge: Der Typ Oberhasli-Brienzer ist hornlos, der Typ Graubünden (s. Abb.) behornt.

	Bock	Geiß
Widerristhöhe	75–85	70–80
Gewicht	65	45

Verbreitung: Schweiz. Der (ursprünglich) hornlose Typ in der Region Brienz, im Greyerzerland und der übrigen Westschweiz. Der gehörnte Typ in den Kantonen Graubünden und Uri. Ähnlich gezeichnete Ziegenrassen kommen in zahlreichen Ländern vor (z. B. Bunte Deutsche Edelziege, Pinzgauer Ziege in Österreich).
Leistung: Fleisch, Häute. Die Jahresmilchmenge beträgt beim Oberhasli-Brienzer-Typ 680 kg, beim Graubündner-Typ 570 kg. Letzterer ist robuster, wird unter härteren Bedingungen gehalten und erträgt extreme klimatische Verhältnisse.
Zuchtgeschichte: Sie kann offenbar auf Ziegen nicht genannter Rasse zurückgeführt werden, die in Färbung und Zeichnung der heutigen Form entsprachen und in der Urschweiz vorkamen. Diese waren jedoch klein und gedrungen sowie „mit einem wilden Aussehen" und sollten noch „die Spuren des frühesten Urstammes des urschweizerischen Ziegenschlages an sich tragen". Später wurde von der „gemsfarbigen Alpenrasse" gesprochen, die aus mehreren, damals ausschließlich gehörnten, Schlägen bestand. Der Oberhasli-Brienzer-Typ wurde in den folgenden Jahrzehnten auf Hornlosigkeit gezüchtet. Erst in den letzten Jahren besteht auch hier wieder die Tendenz zu behornten Tieren. Die Rasse wurde in viele Länder exportiert. Sie macht ca. 28% des Schweizer Ziegenbestandes aus.

Toggenburger Ziege

Kennzeichen: Mittel- bis großrahmig. Hellbraun bis mausgrau mit helleren Ohren, helleren Streifen vom Ohrgrund bis zum Maul und weißer Umgebung des Maules. Die Beine vom Sprunggelenk und Vorderknie abwärts sowie Hinterseite der Oberschenkel und Umgebung von After und Scheide sind ebenfalls fast weiß. Sie ist meist langhaarig, vor allem an der hinteren Körperhälfte (Mantel), wobei die Zucht aus Hygienegründen zur Kurzhaarigkeit tendiert. In Großbritannien und Nordamerika ist diese Rasse ausschließlich kurzhaarig. Breites, nicht stark abfallendes Becken. Trockenes, nicht zu feines Fundament. Sowohl hornlos als auch behornt.

	Bock	Geiß
Widerristhöhe	75–85	65–75
Gewicht	65–75	50–60

Verbreitung: St. Gallen sowie Zentralschweiz. Großbritannien. Nordamerika.

Leistung: Fleisch, Häute. Mittlere Jahresmilchmenge 700 kg bei 3,1% Fett und 3,0% Eiweiß. Erste Ablammung im Alter bis 15 Monate. Durchschnittlich 1,8 Zicklein pro Geburt. Fruchtbar, widerstandsfähig und langlebig.

Zuchtgeschichte: Alte lokale Rasse. Wird bereits 1802 erwähnt. Kam zunächst nur im Toggenburg im Kanton St. Gallen/Schweiz vor, bis sie sich langsam ihr heutiges Rassegebiet eroberte und international geschätzt wurde. Noch Anfang des 20. Jahrhunderts teilweise mit dunklen oder vermehrt weißen Flecken sowie gänzlich dunklem Haarkleid und häufig behornt. In Mitteleuropa früher gelegentlich in andere Rassen eingekreuzt. Um die Wende vom 19. zum 20. Jh. nach Deutschland importiert und hier vorübergehend als eigenständige Rasse gezüchtet. Der gegenwärtige Bestand umfasst 3500 Herdbuchtiere. Damit hält die Toggenburger Ziege einen Anteil von ungefähr 16,5% am Gesamtbestand der Schweizer Ziegen.

Bündner Strahlenziege

Kennzeichen: Anthrazitfarben bis
schwarz. Hell sind folgende Körperteile:
Ohren, Umgebung des Maules sowie Streifen von der Hornbasis bis zum Maul (Strah-
len), Unterseite des Schwanzes, Umgebung
des Afters, Rückseite der Oberschenkel
(Schürze), Unterbauch bis zur Brust und
Beine vom Sprunggelenk bzw. Vorderknie
abwärts (Stiefel). Kurzhaarig. Behornt.
Tiefrumpfig, doch elegant.

	Bock	Geiß
Widerristhöhe	75–85	70–75
Gewicht	65	45–50

Verbreitung: Graubünden/Schweiz,
Großbritannien. USA. Einzeltiere in
Deutschland.
Leistung: Sehr widerstandsfähig und anspruchslos. Macht oft täglich lange Märsche
in großer Höhe. Die Jahresmilchmenge von
durchschnittlich 460 kg ist unter diesen Bedingungen beachtlich. Fleisch, Häute.

Zuchtgeschichte: Wird bereits Anfang
des 19. Jahrhunderts in der Literatur erwähnt. Zu Beginn des 20. Jahrhunderts als
„Schwarze Bündnerziege" beschrieben,
wobei sowohl Tiere mit dem heutigen Farbmuster als auch ganz schwarze Tiere vorkamen. Galt lange Zeit als Schlag der
„Schweizer Gebirgsziege". In jüngster Zeit
Blutauffrischung mit Tieren der gleichen
Rasse aus Großbritannien. 1999 gab es noch
knapp 700 Herdbuchtiere. Damit macht die
Bündner Strahlenziege lediglich ca. 2,2%
des Schweizer Ziegenbestandes aus.

Pfauenziege

Kennzeichen: Die vordere Körperhälfte ist überwiegend weiß mit schwarzen „Stiefeln", die hintere überwiegend schwarz. Jedoch Innenseite der Ohren und Umgebung des Maules dunkel, sowie dunkler Wangenfleck und dunkle Streifen von der Hornbasis übers Auge bis zur Nase. Diese „Pfauen" gaben der Rasse ihren Namen. Oberseite des Schwanzes und Außenseite des Oberschenkels weiß; weißer Fleck in der Flanke. Gelegentlich gesamtes Haarkleid mit bräunlichem Anflug. Dichtes, mittellanges Haarkleid. Behornt.

	Bock	Geiß
Widerristhöhe	75–85	65–75
Gewicht	70–80	50–60

Verbreitung: Graubünden und Tessin in der Schweiz. Ähnlich gefärbte Tiere sind in Österreich, Oberitalien und im Hochsavoyen anzutreffen. Von dort als French Alpine nach Nordamerika.

Leistung: Fleisch, Häute. Milchmenge während ca. sieben Monate dauernder Laktation im Durchschnitt 470 kg.

Zuchtgeschichte: Über die Herkunft dieser Rasse ist wenig bekannt. Angaben über die Prättigauer und die Engadiner Ziege decken sich in Bezug auf Körperbau, Haarkleid und Färbung weitgehend mit der heutigen Pfauenziege. Früher in Graubünden und Tessin weitverbreitete Rasse. Nachdem sie bei der Rassenbereinigung für Ziegen in der Schweiz 1938 nicht offiziell anerkannt wurde, ging der Bestand stark zurück. Es wurde behauptet, sie sei eine Farbvariante der Bündner Strahlenziege, daher sei eine Erhaltung nicht gerechtfertigt. Blutgruppenuntersuchungen ergaben, dass die Pfauenziege mit dieser Rasse und auch mit der Nera Verzasca nah verwandt ist. Sie stellt dennoch etwas Eigenständiges dar. Einige unentwegte Züchter haben sie trotz allem über Jahrzehnte weitergezüchtet. Es sind nur noch ca. 300 Exemplare vorhanden. Seit kurzem in der Schweiz als Herdbuchrasse anerkannt.

Nera Verzasca

Kennzeichen: Meist vollständig schwarz oder schwarz mit rotbraunem Anflug an den Oberschenkeln. Einzelne Tiere schokoladenbraun. Gelegentlich weiße Abzeichen und Scheckung. Gestreckter Kopf, schlanker Hals, langer Rumpf mit guter Brusttiefe. Kräftiges Fundament. Kurzhaarig. Überwiegend behornt.

	Bock	Geiß
Widerristhöhe	80–90	75–85
Gewicht	70	50–55

Verbreitung: Tessin/Schweiz.
Leistung: Widerstandsfähigste Ziegenrasse der Schweiz. Angepasst an extrem hohe und tiefe Temperaturen. Robust und sehr genügsam. Fleisch, Häute. Jahresmilchmenge 490 kg.
Zuchtgeschichte: Die von Schwarz abweichenden Farbvarianten kamen früher häufiger vor, außerdem gab es im jetzigen Verbreitungsgebiet sowohl kurz- als auch

langhaarige Tiere. Diese Rasse galt schon immer als anspruchslos und widerstandsfähig. Zentrum der Zucht ist das Verzasca-Tal, das vom Nordende des Lago Maggiore nach Norden führt. Besonders im Dorf Sonogno am Ende des Tals werden Verzasca-Ziegen noch in größerer Zahl gehalten. Die Tiere mehrerer Besitzer sind teilweise in Gemeinschaftsställen untergebracht. Im Frühling laufen die Ziegen frei im Talgrund umher. 1999 gab es 143 gekörte Zuchtböcke und 1451 Herdebuchgeißen. Die Nera Verzasca machte damit ca. 7,5% des Schweizer Ziegenbestandes aus. Sie ist die vierthäufigste Rasse in diesem Land.

Walliser Schwarzhalsziege

Kennzeichen: Stämmige Hochgebirgsrasse.
Kurzer Kopf. Stirn und Maul breit.
Leicht abstehende Ohren. Kurzer Hals.
Gerader Rücken mit breiter Lende.
Muskulöse Schenkel. Vordere Körper-
hälfte schwarz, hintere weiß. Langhaarig.
Auch die weiblichen Tiere besitzen eine
Stirnlocke. Behornt. Hörner der Böcke bis
zu 80 cm lang.

	Bock	Geiß
Widerristhöhe	75–85	70–80
Gewicht	65–70	45–50

Verbreitung: Oberwallis/Schweiz.
Hauptsächlich Vispertäler, Zermatt und
Saas Fee. In Deutschland in zahlreichen
Zoos, gelegentlich aber auch in privaten
Tierhaltungen. Ähnlich gefärbt ist die Bagot
Goat in Großbritannien.
Leistung: Attraktionstier im Walliser Tou-
rismus. Bemerkenswerte Mastfähigkeit. Jah-
resmilchmenge 600 kg bei 3,1% Fett und

3,0% Eiweiß. Durchschnittlich 1,7 Zicklein
pro Geburt.
Zuchtgeschichte: Ursprünglich hauptsächlich im Unterwallis, später auch im Ober-
wallis. Nach historischen Berichten soll sie
durch Einwanderung afrikanischer Völker
930 n. Chr. in diese Gegend eingeführt worden sein. Die „Gletschergeiß" war lange
Zeit die zahlenmäßig kleinste der anerkann-
ten Rassen in der Schweiz. 1974 war der
Bestand auf 440 Tiere zurückgegangen. Er
hat sich jedoch in den letzten Jahren etwas
erholt. 1999 gab es noch 274 Böcke und
2197 Herdebuchgeißen. Damit nimmt sie
am Gesamtbestand der Schweizer Ziegen
einen Anteil von ca. 11,6% ein. Früher
waren auch die Bezeichnungen Sattelziege,
Vispertalerziege und Halsene (französisch
Race de Viège) üblich.

Poitevine

Kennzeichen: Großrahmig. Langhaarig; insbesondere an Rücken und Hinterbeinen. Dunkel- bis schwarzbraun. Unterseite, Unterbeine und Streifen von der Überaugengegend bis zum Maulwinkel sowie die Afterregion gelblich. Stehohren. Leicht eingedellte Profillinie. Langer und tiefer Rumpf. Hornlos.

	Bock	Geiß
Widerristhöhe	70–80	65–70
Gewicht	60–70	45–55

Verbreitung: Frankreich, insbesondere in den Departements Deux-Sèvres, Vienne, Charente sowie Charente-Maritime. Kleinere Bestände in den angrenzenden Ländern. In Deutschland nur wenige Tiere.
Leistung: Die Jahresmilchmenge liegt bei durchschnittlich 800–900 kg mit 3,4% Fett und 3,0% Eiweiß. Die Milch dient im Wesentlichen der Herstellung typischer Käsesorten (Poitou-Käse). Die Zahl der Zicklein

je Lammung von Altziegen liegt im Durchschnitt bei 1,8. Robust. Durch ihre Neigung, besonders Kräuter und Laub zu fressen, hält die Ziege die Landschaft offen und macht Ödflächen wieder zugänglich. Wegen der seit Jahrhunderten währenden Selektion ist die Rasse gut an maritimes Klima angepasst.
Zuchtgeschichte: Aus Landziegen in Westfrankreich herausgezüchtet. Anfang des 20. Jahrhunderts gab es schätzungsweise 150 000 Ziegen dieser Rasse. Ein Herdbuch wurde 1947 gegründet. In Reinzucht werden nur etwa 1300 Tiere gehalten.

Bunte Holländische Ziege

Kennzeichen: Mittelgroß. Schwarz-, grau-
bzw. braunweiß gescheckt. Meist kurzhaarig. Kopf und Hals sind in der Regel weitgehend pigmentiert. Langer Rumpf. Tiefe,
breite Brust. Kurzes Becken. Relativ langbeinig. Die meisten Tiere sind behornt,
es kommen aber auch hornlose vor
(s. Abb.).

	Bock	Geiß
Widerristhöhe	80–82	71–73
Gewicht	70	50–60

Verbreitung: Ursprünglich in den nieder-
ländischen Provinzen Süd-Holland und
Zeeland. Jetzt auch in anderen Teilen der
Niederlande, in Belgien und in einigen
Beständen in Norddeutschland vorkom-
mend.
Leistung: Anspruchslos. Widerstandsfähig.
Wenig krankheitsanfällig. Daten über die
Milchleistung liegen nicht vor. Frühreif.
Durchschnittlich 1,7 Zicklein pro Geburt.

Zuchtgeschichte: Zu Beginn des 20. Jahrhunderts aus wenig durchgezüchteten
Landziegen durch Einkreuzung von Toggenburgern und Saanenziegen aus der Schweiz
sowie Weißen Edelziegen aus Westdeutschland in den Niederlanden entstanden. In
den 40er-Jahren des 20. Jh. wurden erneut
Toggenburger eingekreuzt. Allerdings sind
jetzt Merkmale, die auf eine Einkreuzung
von Toggenburgern hinweisen, unerwünscht. Dank der Bemühungen der
niederländischen Stiftung für seltene Haustierrassen hat die „Niederländische Organisation für Ziegenzüchtung" 1980 ein Herdbuch eröffnet. Die Zahl der registrierten
Tiere beträgt gegenwärtig ungefähr 800.

Anglo-Nubische Ziege

Kennzeichen: Groß und kräftig gebaut.
Kurzer Kopf mit extrem geramstem Nasenrücken. Tief angesetzte, lange Hängeohren, die über das Maul hinunterreichen. Häufig etwas überbaut oder leichter Senkrücken. Muskulöse Beine. Kräftige Fesseln. Kugeleuter mit wenig ausgeprägtem Voreuter. Dünnhaariges, seidigglänzendes Fell. Farben Schwarz, Braun, Grau, Gelblich und Weiß in nahezu jeder Kombination. Auffallend sind Mondschecken mit weißen Flecken auf pigmentiertem Untergrund. Meist hornlos.

	Bock	Geiß
Widerristhöhe	85–90	75–80
Gewicht	90–100	70–80

Verbreitung: Ursprünglich nur in Großbritannien. Heute in zahlreichen europäischen Ländern und in Übersee. In Deutschland einzelne Bestände.
Leistung: Gute Milchziege mit Durchschnittsleistungen von 1000 kg Milch pro Jahr, bei Spitzenleistungen von nahezu 2000 kg mit annähernd 5% Fett. Schmackhaftes Fleisch.

Zuchtgeschichte: Mit Nubien hat diese Rasse nur bedingt etwas zu tun. Ende des 19. Jahrhunderts wurde in England für jede Ziege aus dem Nahen, Mittleren und Fernen Osten der Ausdruck „nubisch" verwendet. Die Rasse geht zurück auf die Jumna-Pari-Rasse in Indien und die Zairaibi-Rasse in Ägypten. Erste Tiere kamen in der zweiten Hälfte des 19. Jahrhunderts als Milchlieferanten nach England. Zunächst Kreuzung mit Ziegen Schweizer Ursprungs, später Verdrängungskreuzung mit Frischimporten der genannten Rassen. 1910 Eröffnung des Herdbuchs in England mit zunächst 457 Ziegen. Im Verlauf der Zeit Selektion auf höhere Milchleistung und Hornlosigkeit. Ungewöhnliches Aussehen und die beachtliche Milchleistung machten diese Rasse zu einer der am meisten geschätzten in Großbritannien. Seit 1972 besteht dort die „Anglo-Nubian Breed Society".

Bagot-Ziege

Kennzeichen: Mittelgroß. Vorwiegend
weiß. Schwarze oder graue Flecken an
Kopf, Hals und Vorderbeinen, gelegentlich
auch am Rumpf. Weiße Stirn und Blesse.
Die Bagot-Ziege ähnelt damit der Walliser
Schwarzhalsziege, lässt sich aber durch die
geringere Pigmentierung mit unklarer
Begrenzung deutlich von dieser unterscheiden. Eingedellte Profillinie, mittellange Ohren. Kräftiger Körper, stabiles Fundament. Mittellanges, zottiges Haarkleid.
Gehörnt.

	Bock	Geiß
Widerristhöhe	70–75	60–65
Gewicht	60	45

Verbreitung: England
Leistung: Sehr dekorativ. Mäßige Milch-
und Fleischleistung. Geringe Geburtenrate,
erhebliche Geburtsschwierigkeiten, mäßige
Mütterlichkeit. Zur Landschaftspflege geeignet.

Zuchtgeschichte: Im 12. Jahrhundert sollen Schwarzhalsziegen von Kreuzfahrern
aus dem Wallis nach England gebracht worden sein. Diese Tiere ließ man in der Grafschaft Staffordshire frei herumlaufen. Halb
verwildert kamen sie damals schon auf dem
Grundbesitz der Familie Bagot vor. Die
Tiere wurden zu engen Kumpanen dieser
Familie und ab 1380 führte Sir John Bagot
einen Ziegenkopf im Familienwappen. Später erschien auch auf den Rüstungen und
Grabsteinen der Familie ein Ziegenkopf. Um
den Eingang zum Park der Familie Bagot
sind Ziegenköpfe in Steine eingemeißelt;
noch heute heißt das Eingangstor Ziegen-
lodge. Die Rasse umfasst nur wenig mehr
als 50 Tiere; sie ist allerdings auch früher
nie sehr verbreitet gewesen.

Schami

Kennzeichen: Sehr groß. Einfarbig gelb-
braun bis dunkelrot; gelegentlich grau.
Langhaarig. Sehr lange, die Kopflänge oft
überschreitende Ohren. Extrem ramsnasig.
Meist gehörnt.

	Bock	Geiß
Widerristhöhe	80	70
Gewicht	60–80	45–60

Verbreitung: Syrien, Libanon, Zypern (hier
seit Jahrzehnten dominierende Milchrasse).
In geringer Zahl in Israel.
Leistung: Die Jahresmilchmenge liegt bei
500 kg mit 3,6% Fett und 3,5% Eiweiß.
Werden die Zicklein von der Geiß aufgezogen, kann man nach ihrem Absetzen
noch ca. 300 kg Milch gewinnen. Das
Ablammergebnis erreicht nahezu 200%.
Das Geburtsgewicht der Zicklein liegt bei
4,4 kg; mit 20 Wochen wiegen die Jungtiere 25–30 kg. Gute Fleischziege. Wird gelegentlich in die sonst wesentlich kleineren

Ziegenrassen des Nahen Ostens eingekreuzt,
damit diese größer und rahmiger werden.
Zuchtgeschichte: Die Rasse ist auch unter
dem Namen Damaskus-Ziege bekannt. Sie
wurde aus den bodenständigen Ziegen
Syriens durch gezielte Selektion herausgezüchtet.

Westafrikanische Zwergziege

Kennzeichen: Achondroplastischer Zwerg mit kurzen Beinen, gedrungenem Rumpf und dickem Bauch. Es kommen die Farben Schwarz, Weiß, Grau und Braun vor. Die Tiere sind meist gescheckt. Es gibt aber auch viele zwei- und dreifarbige. Kurzer, breiter Kopf. Kurze, aufrecht stehende Ohren. Behornt.

	Bock	Geiß
Widerristhöhe	50	40–45
Gewicht	30	25

Verbreitung: Westafrika. Jetzt auch in Europa und Nordamerika. Weitere Zwergziegenformen kommen in Zentral- und Ostafrika sowie in Indien und Bangladesh vor.

Leistung: Wird in den Ursprungsländern wegen des Fleisches und der Haut gehalten. Die Milchleistung ist gering; kaum Milchgewinnung. Hohe Reproduktionsrate. In Europa und Nordamerika in Zoos, Hobby-tierhaltungen und als Versuchstier. Einzeltiere häufig in pferdehaltenden Betrieben, damit sich die Pferde nicht langweilen. In den Heimatländern hohe Widerstandsfähigkeit gegen die Krankheiten der humiden und subhumiden Zonen, insbesondere hohe Trypanosomenresistenz.

Zuchtgeschichte: Hauptsächlich beheimatet im Gebiet des Regenwaldes und der Feuchtsteppen, an die diese Rasse gut angepasst ist. Kam vermutlich über Ägypten aus Asien. Vor vielen Jahrzehnten nach Europa eingeführt.

Ostafrikanische Zwergziege

Kennzeichen: Im Gegensatz zur West-afrikanischen Zwergziege ist sie nicht kurzbeinig und dickbäuchig, sondern wohlproportioniert. Die Beine dieser Rasse sind eher lang. Die Tiere wirken schlank und elegant. Gerade oder leicht eingedellte Stirnlinie. Die Ohren sind gewöhnlich kurz und aufgerichtet, jedoch kommen in manchen Gegenden auch Hängeohren vor. Das Haar ist kurz und weich. Die Färbung ist sehr vielfältig: schwarz, weiß, braun (u. a.

	Bock	Geiß
Widerristhöhe	65	60
Gewicht	30	25

mit schwarzem Bauch wie die Frankenziege und hellem Bauch wie die Schwarzwaldziege). Unter den Schecken ragen solche heraus, bei denen weiße Flecken auf farbigem Grund liegen (Mondschecken). Gewöhnlich sind beide Geschlechter behornt. Die Hörner sind stark nach hinten gebogen.

Verbreitung: Über weite Teile Ostafrikas, abgesehen von den feuchtheißen Gebieten.

Leistung: Bedürfnislos und sehr anpassungsfähig. Gut geeignet für die Nutzung extremer Standorte. Obwohl sie nicht sehr gut bemuskelt sind, liegt ihre Hauptnutzung in der Fleischproduktion. Die Milch deckt kaum den Bedarf des Zickleins. Trägt wesentlich zur Eiweißversorgung der ärmeren und damit bargeldlosen Bevölkerung sowie von Menschen in Gegenden bei, in denen aus ökologischen oder wirtschaftlichen Gründen andere Nutztierarten nicht gehalten werden können. Weitgehend saisonale Fortpflanzung. In der Regel nur ein Zicklein, dessen Geburtsgewicht bei 2 kg liegt.

Zuchtgeschichte: Eine alte Landrasse. In der Landeszucht züchterisch nie bearbeitet. In verschiedenen Versuchsstationen werden Ostafrikanische Zwergziegen zuweilen mit europäischen Rassen oder der Burenziege gekreuzt, um eine größere Wirtschaftlichkeit zu erzielen.

Galla-Ziege, Somali-Ziege

Kennzeichen: Schlanke, mittelgroße Ziege. Recht einheitlich im Typ. Im allgemeinen reinweiß. Gelegentlich rötlicher Anflug oder schwarze bzw. braune Flecken an den Ohren und um die Augen. Selten schwarzer Aalstrich. Haut schwarz pigmentiert, was insbesondere an den haarlosen und dünnbehaarten Körperteilen auffällt. Kurzhaarig. Relativ kleiner Kopf mit eingedellter Nasenlinie. Mittellange, engstehende, schmale Ohren. Langer Hals. Langbeinig. Meist leicht überbaut. Gut bemuskelt. Großes, straffsitzendes Euter.

	Bock	Geiß
Widerristhöhe	70–75	65–70
Gewicht	35–55	30–45

Die Böcke besitzen einen kurzen Bart; die Geißen haben keinen Bart. Hodensack der Böcke bis zum Rumpf hinauf gespalten, so dass jeder Hoden in einem eigenen Sack liegt. Dies scheint eine Anpassung an die hohen Temperaturen (Abkühlungseffekt) oder an sperrige Weideverhältnisse zu sein. Böcke gehörnt. Die relativ kurzen Hörner sind nach außen gedreht. Geißen besitzen oft nur Hornstümpfe oder sind hornlos.

Verbreitung: Somalia, Provinz Ogaden in Äthiopien sowie Nordosten Kenias.

Leistung: Anspruchslos. Gut angepasst an hohe Temperaturen und regenarme Gebiete. Recht gute Mastleistung. Fleisch. Häute. 75% der zugelassenen Ziegen werden tragend. In der Regel werden nur Einlinge geworfen. Geburtsgewicht durchschnittlich 2,4 kg.

Zuchtgeschichte: Bodenständige Rasse in Ostafrika, die in den letzten Jahren in Hinblick auf Frühreife und Wüchsigkeit sehr verbessert wurde. Sie kann als Beispiel dafür gelten, dass auch in den Ländern der Dritten Welt ohne Einfluss von außen hervorragende tierzüchterische Leistungen vollbracht werden. Wird meist in großen Herden unter nomadischen Bedingungen gehalten.

Angoraziege

Kennzeichen: Klein- bis mittelrahmig.
Reinweiß mit langem, seidigem, lockig herabhängendem Haarkleid. Leicht eingedellte
Nasenlinie. Mittellange bis lange Hängeohren. Die Böcke tragen korkenzieherartig
gedrehte, nach hinten und außen schwingende Hörner. Die sichelförmigen Hörner
der Geißen sind wesentlich kürzer.

	Bock	Geiß
Widerristhöhe	60	50
Gewicht	45–55	30–40

Verbreitung: Türkei (Ursprungsland), Südafrika, Argentinien, USA, GUS, Australien.
Einige Tiere in Deutschland.
Leistung: Der Hauptnutzen liegt in der Gewinnung von Wolle, die als Mohair auf den
Markt kommt. Die Weltproduktion von
Mohairwolle liegt bei 15 000 Tonnen.
Zwei Schuren pro Jahr. Jährlicher Wollertrag
3–4 kg (Geißen) bzw. 5–6 kg (Böcke).
Nässeempfindlich und daher für mittel-
europäische Verhältnisse nur bedingt geeignet. Mäßige Fruchtbarkeit; es lammen nur
wenig mehr als 90% der Geißen. Spätreif.
Einlingsgeburten sind die Regel; Zwillingsgeburten machen nur 1% aus. Die Geißen
gelten als schlechte Mütter. Die Böcke sind
auch während der Decksaison friedfertig.
Zuchtgeschichte: Ursprünglich wurde
diese Rasse in der Provinz Ankara (= Angora) in Anatolien gezüchtet. Es ist denkbar,
dass es Angoraziegen schon seit Jahrtausenden im Nahen Osten gibt; eine Passage im
4. Kapitel des Hohelieds Salomons im Alten
Testament kann jedenfalls in dieser Weise
gedeutet werden. Der erste größere Export
aus der Türkei erfolgte 1838 und zwar
nach Südafrika. Mitte des 19. Jahrhunderts
kamen Angoraziegen in die USA; der Bestand war allein in Kalifornien 1885 schon
auf 100 000 Tiere angewachsen. Später erfolgten Exporte auch in andere Länder mit
entsprechenden klimatischen Voraussetzungen. Hier wurden Wollqualität und -menge
inzwischen züchterisch stark verbessert.

Kaschmirziege

Kennzeichen: Mittelgroß. Langhaarig. Im Ursprungsgebiet grau, weiß, schwarz und braun; in Europa fast ausschließlich weiße Tiere. Schlappohren. Gehörnt.

	Bock	Geiß
Widerristhöhe	65	60
Gewicht	45–55	30–40

Verbreitung: Himalaya und dessen Randgebiete, Australien, Neuseeland, Großbritannien, Island, Mitteleuropa.

Leistung: Vor allem wegen der Unterwolle gehalten, die bei einem Faserdurchmesser von weniger als 18 μ deutlich feiner ist als die feinste Schafwolle, und zu den feinsten Tierhaaren überhaupt gehört. Üblicherweise werden die Tiere nicht geschoren, sondern die Unterwolle wird herausgekämmt. Jährliche Wollproduktion weiblicher Tiere ca.150 g, von Böcken 200 g. Fleisch. Mit acht Monaten zuchtreif. Wurfgröße im Durchschnitt 1,4 Zicklein. Robust und genügsam. Zur Landschaftspflege geeignet. Im Himalaya auch Nutzung als Tragtier.

Zuchtgeschichte: Ursprungsgebiet sind die Hochgebirge Zentralasiens (China, Mongolei, südliche Teile der ehemaligen UdSSR, Iran). Kaschmirziegen gehören dort nicht einer einzelnen Rasse an, sondern eher einer Rassengruppe von ca. 20 Rassen. Bei aller Vielfalt in Farbe, Größe und Typ besitzen alle eine lange, feine Unterwolle. Seit den 70er-Jahren des 20. Jh. wurden in Australien und Neuseeland große Farmen zur Kaschmirwollproduktion aufgebaut. Oft handelt es sich dabei nicht um reine Tiere aus den Heimatländern der Kaschmirziege, sondern diese wurden mit Angoraziegen (Cashgora), anderen Rassen oder gar eingefangenen verwilderten Ziegen gekreuzt. Seit den 80er-Jahren des 20. Jahrhunderts werden Kaschmirziegen in Europa (Island), und seit 1986 in Schottland gezüchtet. In Mitteleuropa (Schweiz, Deutschland) gibt es Kaschmirziegen außerhalb von Zoos erst seit wenigen Jahren in einzelnen Betrieben.

Pferde

In Mitteleuropa ist das Pferd als landwirtschaftliches Nutztier nahezu bedeutungslos geworden. Es tritt hier fast nur noch als Sport- und Freizeitpferd in Erscheinung. Diese Tatsache lässt leicht übersehen, welchen bedeutenden Anteil das Pferd an der Entwicklung von Zivilisation und Kultur des Menschen hatte. Kraft und Arbeitswilligkeit ließen es zum unentbehrlichen Helfer in der Landwirtschaft werden. Es half bei Bodenbearbeitung und Ernte, brachte die landwirtschaftlichen Produkte in die Stadt und machte Handel in größerem Umfang von Land zu Land möglich. Dort wo Handel und Transport ohne Pferde möglich waren, wie bei der Flussschifffahrt, war man beim Transport der Schiffe flussaufwärts wieder auf Pferde angewiesen. Schon bei unseren östlichen Nachbarn hat das Pferd von seiner ursprünglichen Bedeutung wenig verloren.

Weltweit ist es zwar nicht so zahlreich vertreten wie Rind, Schaf und Schwein, doch kommt es überall vor. Es wird in den Tropen gehalten, kommt in seinen edelsten Formen in Wüsten vor und überlebt nördlich des Polarkreises, selbst wenn es ganzjährig im Freien gehalten wird. Das Pferd gedeiht, auch wenn die Weide so schlecht ist, dass es täglich bis zu 14 Stunden mit der Futtersuche verbringen muss, und wenn Trinkwasser nur im Abstand von einigen Tagen erreichbar ist. Unter ungünstigen Voraussetzungen frisst es an der Meeresküste salzigen Tang und mitunter gar angespülte Fische.

Die meisten Pferde kommen in stark landwirtschaftlich orientierten Ländern vor, in denen die Motorisierung sich noch nicht restlos durchgesetzt hat oder der Einsatz von Pferden für wirtschaftlicher angesehen wird. Weitere Zentren der Pferdehaltung sind Länder, die sich aufgrund ihres Wohlstandes viele Pferde als Hobby leisten können oder in denen in weiten Teilen nur Weidewirtschaft betrieben werden kann (z. B. USA). Pferde können vielfältig genutzt werden. Spezielle Nutzung setzt spezielle Ausrichtung der Zucht voraus. Dies ist die Ursache für die große Rassenvielfalt bei Pferden.

Die Diskussion um die Abstammung des Pferdes ist noch nicht abgeschlossen. Fachleute, die sich mit dieser Frage eingehend auseinander gesetzt haben, lassen jedoch keinen Zweifel daran, dass alle Hauspferde – vom winzigen Falabella bis zum riesigen Shire – auf nur eine Urform zurückzuführen sind (HERRE und RÖHRS 1990, HEMMER 1983). Unterschiedlicher Ansicht ist man darüber, welche Wildform als Ursprung des Hauspferdes zu gelten hat. Teilweise ging man davon aus, dass es zum Zeitpunkt der Domestizierung des Pferdes überhaupt nur eine einzige Wildpferdeart, wenn auch in mehreren voneinander abweichenden Unterarten, gegeben hat: das Przewalskipferd *(Equus przewalskii)*. Diese Pferdeart kommt in ca. 2000 Exemplaren vorwiegend in Gefangenschaft vor. Einige Herden werden wieder in Reservaten im ursprünglichen Verbreitungsgebiet in der Mongolei und im Nordwesten Chinas gehalten. In der Mongo-

Rinderhirten in Argentinien beim Sortieren der Tiere.

lei an der Grenze zu China war die Auswilderung einer Gruppe erfolgreich. Das Besondere dieser Pferde ist die Stehmähne. In diesem Merkmal gleichen sie allen anderen Wildequiden. Umgekehrt hat keine Hauspferdeform eine Stehmähne, wie irrtümlicherweise gelegentlich angegeben wird. Bei manchen Rassen, beispielsweise dem Fjordpferd, wird die Mähne häufig modisch zurechtgestutzt, aber eine solche Stehmähne ist dann eben ein Kunstprodukt. Auch bei der Rückzüchtung des Tarpans, eines vermeintlichen Wildpferdes, ist die Stehmähne trotz gelegentlicher Einkreuzung von Przewalskipferden nicht wieder aufgetreten.

Die unterschiedliche Chromosomenzahl bei Przewalskipferd (66) und Hauspferd (64) ist kein Beleg dafür, dass die domestizierte Form von einer anderen, inzwischen ausgestorbenen Wildpferdeart, abstammt. Sie lässt sich durch Zentromerfusion (Vereinigung zweier Chromosomen) erklären. Alle weiteren Unterschiede – Färbung,

Größe, Körperproportionen usw. – können als Domestikationserscheinungen angesehen werden. Dass der Tarpan noch im 19. Jahrhundert als Wildpferd galt, besagt nicht viel. Die biologischen Kenntnisse und die Einsichten in Vorgänge der Domestikation reichten in der damaligen Zeit nicht aus, um zwischen tatsächlichen Wildtieren und verwilderten Tieren zu unterscheiden. Beim Tarpan handelt es sich also wahrscheinlich um ein verwildertes Hauspferd. Es sei daran erinnert, dass der Dülmener auch gegenwärtig noch gelegentlich als Wildpferd bezeichnet wird.

Der Mensch hat zu Pferden stets ein anderes Verhältnis gehabt als zu den übrigen landwirtschaftlichen Nutztieren. Das ist sicher nicht so sehr auf die Intelligenz dieser Tiere zurückzuführen, über die die Ansichten ohnehin auseinander gehen. Nicht abzusprechen ist ihnen dagegen eine ausgeprägte Sensibilität sowie die Fähigkeit, sich auf den Menschen einzustellen und auf geringste

Äußerungen zu reagieren. Der Grund für das besondere Verhältnis zwischen Mensch und Pferd dürfte darin liegen, dass beim Pferd meist nicht Produkte Nutzungszweck sind, sondern Leistungen in Zusammenarbeit mit dem Menschen. Ein Pferd halten zu können und besitzen zu dürfen, war früher eine Auszeichnung. Die Ausdrücke „Kavalier" und „ritterlich" zeugen noch heute vom ehemals hohen Sozialprestige des Reiters.

Reiterspiele unterschiedlicher Art wie Polo und Ringreiten galten rund um die Welt als Höhepunkte höfischen und dörflichen Lebens. Sie waren früher wesentlicher Teil der Kultur eines Volkes. Dabei fasste man Reiterspiele nicht nur als Sport und Vergnügen auf. In ihnen wurden Charaktereigenschaften geübt und bestätigt. In China wurden früher gute Polospieler bevorzugt zu Ministern ernannt, weil man davon überzeugt war, dass die im Spiel gewonnenen Fähigkeiten den Aufgaben des Lebens dienten (ISENBART und BÜHRER 1969). Die in Wettbewerben erfolgreichsten Pferde nahm man bevorzugt zur Zucht. Nicht nur Englisches Vollblut und Traber, sondern zahlreiche weitere Rassen wie z.B. Quarter Horse und Appaloosa sind das Ergebnis. Gar nicht selten sind gute Sportpferde aus Pferden hervorgegangen, die hart im Daseinskampf gefordert wurden. In der extensiven Rinderhaltung zeigen manche Pferde ausgesprochenen „Cow Sense". Sie haben

Tab. 12. Zuchtpferdebestand in Deutschland 1999

Rasse	Deckhengste	eingetragene Zuchtstuten	zusammen
Warmblut	2 554	73 570	76 124
Englisches Vollblut	222	1 011	1 233
Araber	1 344	3 958	5 302
Schweres Warmblut	58	1 209	1 267
Kaltblut	305	4 299	4 604
Tinker	34	186	220
Friesen	103	509	612
Lipizzaner	4	38	42
Paint	22	60	82
Pinto	125	782	907
Quarter Horse	9	71	80
Haflinger	616	12 063	12 679
Deutsches Reitpony	741	8 159	8 900
Welsh	412	2 039	2 451
Connemara	60	498	558
Dartmoor	27	139	166
Fjord	127	1 544	1 671
Island	728	5 541	6 269
New Forest	67	597	664
Shetland	706	3 531	4 237
Dülmener	16	44	60
Sonstige	93	773	866
Gesamt	8 373	120 621	128 994

Quelle: Jahresbericht 1999 der Deutschen Reiterlichen Vereinigung e. V.

Tab. 13. Pferdebestand in Österreich 1995			
Rasse/Typ	1968	1985	1995
Kaltblut	34 502	6 996	7 495
Haflinger	15 041	13 780	20 043
Warmblut	6 444	13 131	27 335
Vollblut einschl. Traber	1 883	4 403	6 457
Kleinpferde	1 005	6 548	11 161
Quelle: ÖSTAT, BMLF-ALFIS			

also die Fähigkeit, beim Aussortieren einzelner Tiere ihre Aufgabe zu erkennen und deren Fluchtbemühungen zu durchschauen. Solche Pferde arbeiten ohne große Hilfen durch den Reiter weitgehend selbstständig (Abb. Seite 191). Es fällt schwer, diese Fähigkeit nicht als intelligente Leistung einzustufen.

In der Nachkriegszeit betrug der Pferdebestand in der Bundesrepublik noch mehr als 1,5 Millionen. Danach setzte ein starker Rückgang in der Pferdehaltung ein, wobei der Bestand 1970 mit 252 000 Tieren seinen Tiefststand erreichte. Die anschließende Aufwärtsentwicklung wurde 1981 erneut beendet. 1999 wurden in Deutschland 680 000 Pferde gehalten. 1999 gab es hier insgesamt 8373 gekörte Deckhengste (Tab. 12). Warmblut und Araber stellten allein nahezu die Hälfte aller Beschäler. Der Bestand an Zuchtstuten betrug 120 621.

Während beim Warmblut der Schwerpunkt der Zucht im Gebiet Hannover liegt, stehen bei den Ponys die meisten Zuchtstuten in Westfalen und Bayern. 1999 fanden in der Bundesrepublik 29 Reitpferdeauktionen statt, auf denen 1127 Pferde verkauft wurden, die im Preis zwischen 7500 und 600 000 DM schwankten. Es wurde ein Gesamtumsatz von 37,6 Millionen DM und ein Durchschnittspreis aller verkauften Reitpferde von 33 352 DM erzielt.

Im Gegensatz zu anderen Nutztierarten besteht bei Pferden kein großer Geschlechtsunterschied. Hengste der einzelnen Rassen sind nur einige Zentimeter höher als die Stuten und nur wenig schwerer. Dennoch sind sie im Allgemeinen leicht am insgesamt kompakteren Körperbau, am wesentlich stärkeren Oberhals (Hengstkamm) sowie am Temperament zu erkennen.

Deutsches Reitpferd

Kennzeichen: Großlinig. Inbegriff des Warmblutpferdes. Ausdrucksvoller Kopf. Kräftiger, gut aufgesetzter Hals. Ausgeprägter Widerrist. Gut gelagerte Schulter. Tiefe Brust. Geschlossener Rumpf. Gut bemuskelte, schräge Kruppe. Gut angesetzter, schön getragener Schweif. Korrekte, starkknochige Beine. Harte Hufe. Es kommen alle Grundfarben mit und ohne Abzeichen vor. Stockmaß 160–170 cm.
Verbreitung: Deutschland. Als Sportpferde und zur Zucht in vielen anderen europäischen Ländern sowie Nord- und Südamerika.
Leistung: Gutmütig, ausgeglichen. Nervenstark und ausdauernd. Wegen seines Charakters und seiner Rittigkeit für Reitzwecke jeder Art geeignet. Hervorragende Vielzweckpferde mit großer Leistungsbereitschaft. Weltweit gesehen führende Rasse im Turniersport und in der Dressur. Als Kutschund Freizeitpferd bestens geeignet.

Zuchtgeschichte: Warmblutpferde werden in Deutschland seit vielen Jahrhunderten gehalten. Zum Teil gingen sie aus Kreuzungen von bodenständigen schweren Pferden mit Andalusiern, Neapolitanern, orientalischen Pferden und Vollblütern hervor. Zuchtziel war ein kräftiges Pferd, das für Arbeiten in der Landwirtschaft, aber auch als Reit- und Wagenpferd verwendet werden konnte. Die Ausrichtung auf ein eleganteres Sportpferd führte in den letzten Jahrzehnten dazu, dass in der Zucht verstärkt Vollblüter, Araber und Trakehner verwendet wurden. Nach dem 2. Weltkrieg ist es verstärkt zu einem Blutaustausch zwischen den einzelnen Verbänden gekommen, so dass sich die ursprünglich im Typ unterschiedlichen deutschen Warmblutrassen einander anglichen. 1975 entschlossen sich die Pferdezuchtverbände, ein einheitliches Zuchtziel zu formulieren. Die einzelnen Verbände haben jedoch nach wie vor ihr eigenes Brandzeichen: Holsteiner (Abb.), Hannoveraner, Westfale, Hesse, Zweibrücker, Württemberger und Bayer.

Trakehner

Kennzeichen: Sehr edles Reit- und Sportpferd. Feiner, ausdrucksvoller Kopf. Langer,
geschwungener Hals. Langer Widerrist.
Schräge, lange Schulter. Lange und tiefe,
eher schmale Brust. Ebene Kruppe mit
hochangesetztem Schweif. Trockene, seh-
nige Gliedmaßen. Rappen, Braune, Füchse
und Schimmel kommen vor, z. T. mit Abzeichen. Stockmaß der Hengste im Mittel
165 cm, der Stuten 162 cm.
Verbreitung: Deutschland, Polen, Baltikum,
GUS, Niederlande sowie weitere europäische Länder, Nordamerika und Afrika.
Leistung: Hoch im Blut stehend. Ausdauernd und schnell. Geräumige, schwungvolle
Gänge. Gleichermaßen zum Springen und
Geländeritt wie zur Dressur geeignet. Gutes
Temperament und ausgezeichnete Charaktereigenschaften. Spätreif.
Zuchtgeschichte: Im Jahre 1732 wurden
verstreut liegende Stutereien in dem könig-
lichen Stutamt Trakehnen, dem späteren

Hauptgestüt Trakehnen, vereinigt. Mit Gründung der ostpreußischen Landgestüte im
Jahre 1787 bekam Trakehnen die Aufgabe,
Beschäler für die Landespferdezucht zu liefern. Als Hauptbeschäler wurden jetzt nur
noch Hengste der eigenen Zucht, Araber
und Vollblüter eingesetzt. Der Araber gab
dem Trakehner die Schönheit, der Vollblüter
den größeren Rahmen. Beide trugen zur Erhaltung von Nerv und Adel bei. Nach dem
1. Weltkrieg Umstellung vom Kavalleriepferd auf ein Pferd für die Landwirtschaft:
mittelstark, tief und gut gerippt mit bestem
Temperament. Am Ende des 2. Weltkriegs
Umzug nach Westdeutschland in einem wo-
chenlangen, entbehrungsreichen Treck. Es
werden in hohem Maße Vollbluthengste
eingesetzt. Das Ausland züchtet zumeist auf
den alten Linien Dampfross, Parcifal, Tem-
pelhüter u. a. weiter. Der Trakehner diente
ganz erheblich der Veredelung anderer
Warmblutrassen. Im In- und Ausland ca.
4000 eingetragene Stuten und ca. 300 eingetragene Hengste.

Ostfriese

Kennzeichen: Schwerste deutsche Warm-
blutrasse. Vorwiegend Rappen und Braune
mit wenig Abzeichen. Kopf nicht zu groß.
Hals genügend lang und hoch aufgesetzt.
Lange, schräge, gut bemuskelte Schulter.
Mittellanger elastischer Rücken. Sattellage
deutlich markiert. Kruppe lang, leicht abfallend und stark bemuskelt. Rumpf tief. Geschlossene Flanke. Starkes Fundament mit
kräftigen, jedoch trockenen Gelenken.
Stockmaß 160–165 cm.
Verbreitung: Im alten ostfriesischen Zuchtgebiet und in Ostdeutschland.
Leistung: Ruhiges Temperament. Durch
seine Masse besonders für die schweren
Böden Ostfrieslands als Zugpferd geeignet.
Imponierendes Schaupferd. Leichtfuttrig,
frühreif. Schwungvolle, raumgreifende Bewegungen.
Zuchtgeschichte: Auf der Grundlage von
Landschlägen durch Einkreuzung von orien-
talischem, englischem und Normänner-Blut

entstanden. Später erheblich von schweren
Hannoveranern und vom Oldenburger beeinflusst. Damals war der Ostfriese ein sehr
„barockes" Pferd an der Grenze zum Kaltblut. 1852 führte man die Prämierung der
Stuten ein; seit 1870 gibt es ein Stamm-
register für ostfriesische Wagenpferde. Nach
dem 1. Weltkrieg wünschte man mehr
Masse und Schwere. Die leichteren und
edleren Pferde wurden von der Zucht ausgeschlossen. In der Umstellungsphase vom
Zugpferd zum Reitpferd nach dem 2. Weltkrieg wurden intensiv Vollblutaraber eingesetzt, die dem Ostfriesen auch Adel und
Härte geben sollten. Das ostfriesische Stutbuch hat sich später dem Verband hannover-
scher Warmblutzüchter angeschlossen.
Vom ursprünglichen Ostfriesen sind nur
noch wenige Exemplare vorhanden. Kürz-
lich wurde versucht, unter Einbeziehung
von Oldenburgern und eines englischen
Cleveland Bay-Hengstes das verbliebene
Zuchtmaterial als „Schweres Warmblutpferd" zu erhalten.

Oldenburger

Kennzeichen: Ausgeglichenes, schweres Warmblut. Braun, dunkelbraun oder schwarz mit geringen Abzeichen. Harmonischer und muskulöser Körperbau. Gute Halsung. Meist ramsköpfig. Starkes Fundament. Stockmaß 157–165 cm bei einem Gewicht von 550–650 kg.

Verbreitung: Nur noch wenige Exemplare im alten Oldenburger Kernzuchtgebiet. Etwas weitere Verbreitung in den traditionellen Nachzuchtgebieten wie Polen und Sachsen (Moritzburg).

Leistung: Vielseitig, leistungswillig. Elegantes, schweres Kutschpferd mit einer dem Typ entsprechenden Zugsicherheit und Arbeitsfähigkeit. Ruhiges Temperament. Energische, effektvolle Trabbewegungen. Hart, wetterfest und robust.

Zuchtgeschichte: Durch Anpaarung von friesischen Stuten mit andalusischen und orientalischen Hengsten entstanden. Das „elegante Oldenburger Kutschpferd" war eine der ältesten und am meisten durchgezüchteten Warmblutrassen Deutschlands. Schon im 17. Jahrhundert schrieb der Geschichtsschreiber v. Halem: „Die Oldenburger Pferde werden wegen ihrer Größe, Schönheit und Stärke gern gekauft und von Fürsten und Potentaten hochgeschätzt". Von der Mitte der 30er-Jahre des letzten Jahrhunderts an wurden Englisches Vollblut sowie Anglo-Normänner eingekreuzt. Die Zuchtleitung verteidigte lange Zeit den Oldenburger Rassetyp, musste in der Umstellung auf das Reitpferd in den 60er/70er-Jahren des 20. Jh. durch massiven Einsatz von Vollblut- und hannoverschen Hengsten jedoch den ursprünglichen Typ aufgeben. Zuchtzentrum ist jetzt Moritzburg. Die Warmblutzucht in den Niederlanden, Dänemark und Österreich geht wesentlich auf Oldenburger Blut zurück. Auch in das alte Zuchtgebiet des Rottalers wurden vor 120 Jahren Oldenburger Hengste eingeführt, so dass die letzten noch vorhandenen Rottaler dem Oldenburger ähneln.

Senner

Kennzeichen: Leichtes, elegantes, mittelgroßes Warmblutpferd im Typ des Angloarabers. Zur Zeit herrschen Braune und Schimmel vor. Stockmaß 155–165 cm.

Verbreitung: Beheimatet in der „Senne", einem ausgedehnten Heidegebiet am Südhang des Teutoburger Waldes zwischen Bielefeld und Paderborn.

Leistung: Verwendung hauptsächlich als Reitpferd, aber auch als Kutschpferd geeignet. Widerstandsfähig, genügsam und leichtfuttrig. Angenehmes Temperament. Spätreif.

Zuchtgeschichte: Eine der ältesten Pferderassen Deutschlands; erste urkundliche Erwähnung im Jahre 1160. Das Gestüt lag bis 1680 in der Nähe von Detmold; danach wurde es nach Lopshorn verlegt. Der eigentliche Aufenthaltsort der Senner waren Wald und Heide; sie blieben das ganze Jahr über draußen. Stuten und Fohlen wurden nur eingetrieben, um die als Arbeits- und Reit-

pferde benötigten Tiere auszuwählen. Ab Mitte des 18. Jahrhunderts wurden Hengste ausländischer Herkunft, meist edle Pferde spanischer oder orientalischer Abstammung, eingekreuzt. Ab 1870 trieb man die Pferde nicht mehr auf die Waldweide; damit entfielen die Grundbedingungen seiner körperlichen und charakterlichen Sonderstellung. Nach dem 1. Weltkrieg gingen die verbliebenen Pferde aus dem Besitz des lippischen Fürsten in den des Verbandes lippischer Pferdezüchter über. 1935 wurde das Gestüt aufgelöst. Die Niederländerin J. M. Immink erwarb einige der Tiere und setzte die Zucht zunächst auf Lopshorn fort. 1946 wurde das Gestüt endgültig aufgelöst. Die Pferde wurden an Privatpersonen und Institutionen in Westdeutschland und den Niederlanden verkauft, kamen aber z. T. wieder zurück. Gegenwärtig ca. 30 Tiere, darunter 15 Zuchtstuten und drei Deckhengste. Seit Mai 2000 stehen wieder vier Senner-Pferde im Rahmen eines Beweidungsprojektes in der Senne.

Rottaler

Kennzeichen: Mittelgroßes, kräftiges, tief am Boden stehendes Pferd. Vorherrschend Braune mit wenig Abzeichen; weniger häufig Rappen. Kräftiger Hals. Stark entwickeltes Gesichtsteil. Großes, kluges Auge. Schön aufgerichteter mittellanger Hals. Genügend langer Widerrist. Tiefe und breite Brust; der Brustkorb gut gewölbt. Länglichrunde und wenig geneigte Kruppe. Mittelhoch angesetzter, gut getragener Schweif. Klare, kräftige Gelenke. Die Hufe sind wohlgestaltet. Stockmaß 160–165 cm.
Verbreitung: Rottal und angrenzende Gebiete. Einige im übrigen Bayern.
Leistung: Vielseitiges Wirtschaftspferd. Höchste Eignung für die früheren Anforderungen der Landwirtschaft, aber auch hervorragend geeignet für alle Arten des Reit- und Fahrsports. Wurde früher „Rottaler Kutschpferd" genannt, wobei auf die Hauptnutzung hingewiesen ist. Gutmütig und nervenstark. Schwungvoller, weitausgreifender und energischer Gang. Ausdauernd und wendig. Fruchtbar und langlebig.
Zuchtgeschichte: In Deutschland neben der ostfriesischen die älteste geschichtlich erwähnte Pferdezucht. Im Rottal/Niederbayern auf der Grundlage einheimischer Pferde und ungarischer Beutepferde seit dem 10. Jahrhundert gezüchtet. Im 18. Jahrhundert wurden Holsteiner und Anglo-Normänner Hengste verwendet, die Größe und Stärke in die Zucht bringen sollten. Ende des 19. Jahrhunderts waren am Aufbau dieser Rasse maßgeblich edlere Oldenburger Hengste beteiligt. Besondere Bedeutung hatte der 1930 geborene Hengst „Gardist". 1944 waren im Rottaler Warmblutpferdezuchtverein noch 251 Züchter zusammengefasst. Zur Umgestaltung des Typs auf ein vielseitiges Leistungspferd wurden durch einzelne sehr engagierte Züchter Hannoveraner, Trakehner, Vollblüter und Araber benutzt. Gegenwärtig noch ca. 30 Stuten mit mindestens 50% Rottaler-Blutanteilen sowie drei Hengste.

Altwürttemberger

Kennzeichen: Mittelgroßes, gedrungenes
Pferd im Cob-Typ, doch genügend elegant.
Rumpfig mit großer Breite und Tiefe. Gut
gelagerte, lange Schulter. Relativ kurze
Beine. Trockenes Fundament. Starke Kno-
chen. Feste Hufe. Stockmaß 160–165 cm.
Verbreitung: Ursprünglich in ganz Würt-
temberg verbreitet, wobei Oberland und
Schwäbische Alb Kernzuchtgebiete waren.
Es sind jetzt nur noch wenige Exemplare
vorhanden.
Leistung: Leichtfuttrig. Hart und robust.
Leistungswillig und einsatzbereit. Nerven-
stark und umgänglich. Hervorragende
Zugleistung. Für Dauerleistungen geeignet.
Vielseitig verwendbar. Gut für die Landwirt-
schaft und als Kutschpferd für mittelschwe-
ren Zug geeignet. Lebhafter, räumender
Gang.
Zuchtgeschichte: Obwohl die Hauptstadt
von Württemberg (Stuttgart = Stutengarten)
schon immer eine starke Beziehung zum

Pferd gehabt haben muss und ein Pferd im
Wappen führt, hat Württemberg nie eine
eigene, bodenständige Rasse hervorgebracht. Am meisten wurde das Württemberger Warmblut im vergangenen Jahrhundert
vom Anglo-Normänner geprägt, insbesondere von dem Hengst „Faust", der 1889 als
Dreijähriger für 5800 Mark in der Normandie angekauft wurde. Es kamen aber auch
Stuten aus Holstein, Ungarn, Kärnten und
anderen Gegenden. 1908 wurde das erste
Stutbuch angelegt, in das zunächst 406
Stuten eingetragen wurden. Ab den 30er-
Jahren des 20. Jh. setzten sich unter den
vielen eingesetzten Hengsten nur Araber
und mit Einschränkung Trakehner durch.
Erst nach dem 1. Weltkrieg konnte man von
einer nach Form und Eigenschaft gefestigten
Rasse sprechen. Die später stärker ange-
strebte Veredelung wurde über die Verdrängungskreuzung mit Ostpreußen erreicht.
Gegenwärtig gibt es nur noch wenige Tiere,
die den schwereren Altwürttemberger im
Typ des Anglo-Normänners verkörpern.

Lipizzaner

Kennzeichen: Die Körperform entspricht der des barocken Prunkpferdes. Die meisten Lipizzaner sind weiß. Gelegentlich kommen Braune, Rappen und Füchse vor; sie werden aber nicht zur Zucht verwendet. Die Fohlen werden schwarz, grau oder braun geboren. Schöner, ausdrucksvoller, oft ramsnasiger Kopf. Kluge Augen. Der Hals ist kräftig, hoch aufgesetzt und wird edel getragen. Kräftiger, muskulöser Rücken. Starke Kruppe. Der gut angesetzte Schweif ist dicht und von feinem Haar. Die betont kurzen Gliedmaßen sind trocken und profiliert; sie verfügen über reine Sprunggelenke und schön geformte Hufe. Stockmaß 155–167 cm bei einem Gewicht von 450–550 kg.
Verbreitung: Österreich, Ungarn, Slowenien. In geringerem Umfang auch in vielen anderen Ländern Europas sowie in Nordamerika. Insgesamt ca. 3000 Tiere.
Leistung: Zeichnet sich durch Härte, Ausdauer und Genügsamkeit aus. Leichtfuttrig.

Gelehrig, intelligent und fromm. Angeboren hohe Knieaktion. Als Reit- und Schulpferd sowie als Kutschpferd besonders geeignet. Sehr spätreif und langlebig. Die Lipizzaner bilden die Pferde der Spanischen Reitschule in Wien.
Zuchtgeschichte: 1580 kamen spanische Pferde von der Iberischen Halbinsel nach Lipica (jetzt Slowenien). Bis ins 18. Jahrhundert wurden immer wieder spanische Pferde angekauft, seit ca. 1700 auch italienische, deutsche und dänische zur Veredelung. Mitte des 19. Jahrhunderts Einkreuzung von Arabern. Nach vorübergehendem Aufenthalt in Kladruby kamen die Pferde 1920 in das Bundesgestüt Piber/Steiermark, in dem sie sich seither befinden. Weitere traditionsreiche Zuchtstätten liegen in Slowenien (Lipica), Ungarn, Italien und der Tschechischen Republik. Gelegentlich werden Araber eingekreuzt. Man unterscheidet sechs Stammfamilien, die alle einen bestimmten Typ verkörpern: Conversano, Neapolitano, Pluto, Favory, Maestoso und Siglavy.

Kladruber

Kennzeichen: Barocker Zugpferdeschlag; etwas schwerer als der Lipizzaner. Es kommen Schimmel und Rappen vor. Ausgeprägter Ramskopf. Großes, rundes Auge. Hoch aufgerichteter, kurzer Hals. Breite Brust. Weicher, langer Rücken. Relativ kurze, recht breite Kruppe. Muskulöse Beine. Elastische Fesseln. Das Stockmaß beträgt 160–170 cm.
Verbreitung: Tschechische Republik, Österreich. Einige Tiere in Deutschland.
Leistung: Gutmütig und arbeitswillig. Kräftiges Wagenpferd mit hohen, nicht ausgreifenden Aktionen. Gutes Paradepferd. Erfolgreich in der Dressur. Dient in der Tschechischen Republik zur Verbesserung der Landeszucht. Spätreif.
Zuchtgeschichte: Die Vorfahren kamen im 16. Jahrhundert aus Spanien. Das Hofgestüt Kladruby, 1562 gegründet, züchtete dieses schwere Warmblut als Karossier, der für den Marstall des österreichischen Kaisers be-

stimmt war. Vereinzelt wurden ungarische und italienische (Neapolitaner) Hengste zur Blutauffrischung eingesetzt. Unter letzteren befand sich der Begründer der Schimmellinie. Ab 1800 nur noch vereinzelt Einkreuzung fremden Blutes. Bis zum 1. Weltkrieg hatten sie ein Stockmaß von mehr als 180 cm, später wurden sie handlicher gezüchtet. Nach Fortfall der ursprünglichen Nutzung ist die Zuchtbasis sehr schmal geworden. Sie umfasst nur wenig mehr als 100 Mutterstuten und zehn Deckhengste. Es wird nach Farben getrennt gezüchtet: die Schimmel in Kladrub, die Rappen in Slatinany. Zur Vermeidung von Inzucht bei der geringen Individuenzahl dieser Rasse werden gelegentlich Lipizzaner, neuerdings auch ein Friesenhengst eingesetzt. Zwei Linienbegründer des Lipizzaners waren Kladruber Hengste.

Einsiedler

Kennzeichen: Kräftig gebautes, leichtes Warmblut. Gut proportioniert mit ausdrucksvollem Kopf. Starke Schulter. Tiefe Brust. Kräftige Hinterhand. Die Widerristhöhe beträgt 156–165 cm. Alle Grundfarben kommen vor; am häufigsten sind Braune, weniger oft kommen Füchse vor. Rappen und Schimmel sind selten.

Verbreitung: Der Hauptbestand steht beim Kloster Einsiedeln im Kanton Schwyz. Einzeltiere über die gesamte Schweiz verteilt.

Leistung: Vielseitig verwendbares Mehrzweckpferd. Hervorragend unter dem Sattel wie im Geschirr. Leichte, elegante Bewegungen. Z. T. ausgezeichnetes Sprungtalent. Gehorsam und von einwandfreiem Charakter.

Zuchtgeschichte: Die Rasse erhielt ihren Namen nach der Benediktiner-Abtei Einsiedeln. Die früheste urkundliche Erwähnung stammt aus dem Jahre 1064. Die Blütezeit dieser Rasse lag im 16. Jahrhundert. Um

1800 gingen die am Kloster stehenden Pferde durch Kriegseinwirkung verloren. Man war deshalb gezwungen, Tiere aus der Umgebung anzukaufen, um das Blut nicht zu verlieren. Da die Zucht um die Mitte des 19. Jahrhunderts dennoch einen Tiefpunkt erreicht hatte, wurden in der zweiten Hälfte des Jahrhunderts ausländische Hengste eingesetzt: Zunächst ein Yorkshire-Hengst, später Anglo-Normänner, die den Typ der Rasse stark prägten. Einsiedler dienten zunächst als Reise- und Fortbewegungspferde. Später waren sie auch bei der Schweizer Kavallerie sehr beliebt. Besonders geschätzt waren sie in Oberitalien. Vor ca. 30 Jahren entschloss man sich zur Umzüchtung auf ein modernes Reitpferd. Dies geschah im Wesentlichen durch französische Hengste. In Einsiedeln selbst stehen gegenwärtig noch ca. 20 Zuchtstuten. Der Einsiedler hat einen eigenen Brand: einen fliegenden Kolkraben mit dem Buchstaben E im Kreis.

Friese

Kennzeichen: Großrahmiges, schweres Warmblut. Stets Rappen. Zugelassen sind nur Abzeichen am Kopf (Flocke, Stern, Stichelhaare) und einige graue Haare an der Unter- oder Oberlippe. Keine Abzeichen an den Beinen. Relativ kleiner, edler Kopf mit kleinen Ohren. Der auffallende Hals wird hoch getragen, ist leicht gebogen (Schwanenhals) und trägt eine kräftige Mähne. Rücken nicht zu lang, Widerrist nicht stark entwickelt. Abfallende Kruppe; Hinterhand und Fundament kräftig. Auffallend starker Kötenbehang. Stockmaß 155–160 cm.
Verbreitung: Niederlande, hauptsächlich Friesland; Nordamerika, Schweiz, Österreich und Australien. Großer Bestand in Südafrika. In Deutschland werden 100 Hengste und 500 Zuchtstuten gehalten.
Leistung: Energische, hohe Trabaktion. Temperamentvoll und trittsicher. Weiche Gänge. Früher meist in der Landwirtschaft, heute vorwiegend als Kutschpferd einge-

setzt. Genügsam und fromm. Für die klassische Dressur und die Hohe Schule geeignet.
Zuchtgeschichte: Alte niederländische Rasse, in die im 16. und 17. Jahrhundert spanische Pferde eingekreuzt wurden. Dem Geschmack dieser Zeit entsprechend als „barockes" Pferd gezüchtet. Die Friesen hatten damals bereits einen guten Ruf als gewichttragende, aber elegante Reitpferde, die sich zur klassischen Dressur anboten. 100 Jahre später, als Trabrennen in den Niederlanden hoch im Kurs standen, erwiesen sie sich als schnelle Sprinter über kurze Distanzen. Als sie im 19. Jahrhundert nicht mehr mit anderen Rassen gleicher Zuchtrichtung konkurrieren konnten, wurden sie – im Wesentlichen unter Verwendung von englischem Blut – völlig umgezüchtet. Vorübergehend vom Aussterben bedroht. Seit ca. 1980 starke Zunahme der Bestände. 1879 wurde das Niederländische Friesenpferde-Stammbuch gegründet. 1992 Vereinigung „Deutsche Friesenpferde-Züchter im FPS" gegründet.

Knapstruper

Kennzeichen: Schweres Warmblut. Ausschließlich Tigerschimmel. Das Langhaar und der untere Teil der Beine können sowohl weiß als auch dunkel sein. Ramsköpfig. Breit aufgesetzter Hals. Tiefe Brust. Gut bemuskelt. Kräftiges Fundament. Die Widerristhöhe liegt bei 160 cm.
Verbreitung: Dänemark. Einzeltiere in anderen europäischen Ländern.
Leistung: Finden überwiegend als Zirkus- und Voltigierpferde Verwendung.
Zuchtgeschichte: Diese Rasse geht auf eine edle Stute unbekannter Herkunft zurück, die ein spanischer Offizier Anfang des 19. Jahrhunderts in Dänemark verkaufte. Entgegen ursprünglichen Plänen wurde die Stute nicht geschlachtet, sondern gelangte in den Besitz eines Züchters von Frederiksborger Pferden und damit auf das Gut Knapstrup. Bei dieser Stute handelte es sich um einen stichelhaarigen Zobelfuchs mit weißem Langhaar und zahlreichen weißen Flecken auf der Lende. Unter ihren Nachkommen befand sich eine große Zahl stark getigerter Pferde, die zu einer Rasse zusammengefasst wurden. Schon seit Mitte des 19. Jahrhunderts wurden ständig andere Rassen eingekreuzt, vor allem Frederiksborger, in denen sie schließlich weitgehend aufgingen. Sie sind jedoch auch heute noch, abgesehen von der charakteristischen Färbung, etwas leichter als diese. Vorwiegend auf der Insel Seeland gezogen.

Englisches Vollblut

Kennzeichen: Bei dieser Rasse entscheidet nicht das Aussehen eines Pferdes über dessen Einsatz in der Zucht, sondern ausschließlich die Leistung. Rechteckformat. Pferd mit langen Linien. Die meisten Tiere sind braun und dunkelbraun, doch kommen auch andere Farben vor. Trockener und feiner Kopf mit großen, klaren Augen. Langer, muskulöser Hals. Schräge Schulter. Ausgeprägter und hoher Widerrist. Mittellanger Rücken. Kräftige, lange und muskulöse Kruppe. Kräftiges Fundament mit kurzen Röhren und festen harten Hufen. Seidiges Haarkleid. Sehr feines Langhaar. Das durchschnittliche Stockmaß beträgt 160–170 cm bei einem Gewicht von 400–500 kg.
Verbreitung: Weltweit verbreitet. Die größte Bedeutung hat es außerhalb Großbritanniens in den USA, Frankreich, Italien und Deutschland.
Leistung: Außerordentliche Schnelligkeit besonders auf den Mittelstrecken, und zwar sowohl auf der Flachbahn als auch bei Hindernisrennen. Spitzengeschwindigkeiten bei 70 km/h. Nach Beendigung der Karriere auf der Bahn häufig Verwendung in Reitsport und Dressur. Hat starke Bedeutung für die Veredelung vieler anderer Rassen.
Zuchtgeschichte: Im Wesentlichen gehen alle Englischen Vollblüter auf drei orientalische Hengste (Byerley Turk, Darley Arabian und Godolphin Barb) und knapp 50 Stuten zurück. Entscheidenden Einfluss für die Konsolidierung dieser Rasse stellt 1793 die Herausgabe des „General Stud Book" in England dar. Pferde, die hier eingetragen werden sollen, müssen neben entsprechender Abstammung in ihrer nahen Verwandtschaft ausreichende Leistungen auf der Rennbahn aufweisen, durch die das Vertrauen in ihre Reinblütigkeit bestätigt wird. Ist an der Bildung der meisten Warmblutrassen beteiligt. Es wird auch weiterhin immer wieder in diese Rassen eingekreuzt, um deren Adel, Härte und Nerv zu erhalten. Internationales Kürzel: xx

Arabisches Vollblut

Kennzeichen: Edelste Pferderasse. Alle Farben kommen vor. Am häufigsten sind Schimmel in allen möglichen Schattierungen. Rappen sind selten. Der schöne, kleine Kopf wird hoch und frei getragen. Auffallend breite und hohe Stirn. Kopf zum Maul hin stark verjüngt. Nasenrücken am Übergang zum Gesichtsteil des Kopfes leicht eingebogen (Hechtkopf). Große, stark erweiterungsfähige Nüstern. Kleine, lebendige Ohren. Große, ausdrucksvolle, vorstehende Augen. Kurze Rückenlinie. Frei getragener Schweif. Im Fundament gut modellierte Gelenke und trockene Sehnen. Sehr harte, kleine Hufe. Fell und Langhaar dünn und seidig. Beine ohne Behang. Stockmaß 145 bis 155 cm. Ausgewachsene Tiere haben ein Gewicht von 400–450 kg.

Verbreitung: Nahezu weltweit verbreitet. Ursprünglich in den Ländern der Arabischen Halbinsel sowie Ägypten. Bedeutende Zuchten in den USA; in Europa besonders in Großbritannien (UK), den Niederlanden und in Osteuropa.

Leistung: Berühmt für seine Ausdauer, Genügsamkeit und rasche Regenerationsfähigkeit nach großen Anstrengungen. Besitzt Mut, hohe Intelligenz und ein ausgeglichenes, ruhiges Temperament. Geht freudig unter dem Sattel, ist aber auch fähig, beträchtliche Lasten über weite Strecken zu tragen. Spätreif. Langlebig.

Zuchtgeschichte: Als Arabisches Vollblut sind unter den arabischen Pferden nur solche zu verstehen, die stets innerhalb der auf einen bestimmten Urstamm zurückgehenden Linien gezüchtet wurden; es wurde stets Reinzucht und oft Inzucht betrieben. Das erste Auftreten ist nicht bekannt. Sicher ist, dass Mohammed im 7. Jahrhundert nicht der Gründer, sondern lediglich der große Förderer dieser Rasse war. In die nicht-arabische Welt kam das Arabische Vollblut im 19. Jahrhundert. In den Ursprungsländern durch die Motorisierung stark zurückgegangen. Internationales Kürzel: ox.

Traber

Kennzeichen: Im Allgemeinen länger, aber etwas kleiner und mit feinerem Fundament als Englisches Vollblut. Ansonsten kräftiger Knochenbau. Es kommen Braune, Füchse, Rappen, aber auch hellere Farben vor. Die Hinterhand ist stark entwickelt und etwas höher als der Widerrist (Traberkruppe). Das Gewicht liegt zwischen 450 und 600 kg bei einem Stockmaß von 152 cm bis 163 cm.

Verbreitung: Weltweit.

Leistung: Traber werden in Rennen eingesetzt, in denen sie gewöhnlich eine Distanz zwischen 1600 und 2400 m im Trab zurücklegen müssen. Als Trab wird eine Gangart mit diagonaler Fußfolge bezeichnet, bei der der Vorderfuß und der Hinterfuß der anderen Seite gleichzeitig vom Boden abgehoben werden und diesen zeitgleich wieder berühren. Der Weltrekord liegt bei 1:11,3 min auf umgerechnet 1 km. Der deutsche Rekord wird von dem Hengst Simmerl mit 1:15,5 min gehalten. Traber werden teilweise auch als Kutschpferde genutzt.

Zuchtgeschichte: Die deutsche Traberzucht basiert auf amerikanischer Grundlage; sie wurde vor allem nach dem 2. Weltkrieg auch vom Französischen Traber beeinflusst. Der Amerikanische Traber vereinigt in seinem Ursprung unter anderem Englisches Vollblut, Araber sowie Passgänger verschiedener Rassen. Der Französische Traber entstand im Wesentlichen aus dem Anglo-Normänner. Er hat nur noch in seinem Ursprungsland größere Bedeutung. In Deutschland entwickelte sich der Trabsport erst ab 1874; die Zucht des Trabers begann hier im Jahr 1885. Vor dem 2. Weltkrieg war Deutschland im Trabsport sogar führend. Obwohl die deutsche Traberzucht in den letzten Jahrzehnten erstklassige Hengste hervorbrachte, die sich hervorragend vererbten (z. B. Permit von W. Heitmann), ist sie auch heute noch auf die Zufuhr von ausländischem Blut angewiesen.

Orlow-Traber

Kennzeichen: Kraftvolles, kompaktes Pferd. Erheblich schwerer als Amerikanischer und Französischer Traber. Recht schwerer Kopf. Große Augen. Kurze Ohren. Gut angesetzter, gewölbter Hals. Kräftiger Rücken. Breite, wenig abfallende Kruppe. Starkknochige Beine. Oft deutlicher Kötenbehang. Alle Grundfarben kommen vor. Die Widerristhöhe liegt bei 160–165 cm.
Verbreitung: Russland. Sonstige Länder Osteuropas. In geringer Anzahl in Mitteleuropa.
Leistung: Ausdauernd. Langlebig. Fruchtbar. Ausgezeichnetes Kutsch- und Schlittenpferd. Liegt in der Rennleistung deutlich hinter den anderen Traberrassen zurück. Gut geeignet für den Reitsport.
Zuchtgeschichte: Der Gardeoffizier Graf Alexej Grigorjewitsch Orlow beteiligte sich an einem Umsturz, durch den Katharina II. auf den russischen Thron kam. Diese schenkte ihm später einen großen Besitz in den Steppen des Woronescher Gouvernements. Graf Orlow, der ein großer Pferdefreund war, erwarb in entlegenen Gegenden des russischen Reiches, in die sonst kein Europäer kam, viele türkische, persische und arabische Pferde. Der herrliche Araber Smetanka, den er für 60 000 Goldrubel gekauft hatte – eine für die damalige Zeit ungeheure Summe – kam auf sein Landgut Ostrow in der Nähe von Moskau. Bars I, ein Enkel des Hengstes Smetanka, in dessen Adern auch holländisches und dänisches Blut spanisch-andalusischer Abstammung floss, zeigte ein außerordentliches Trabvermögen. Er gilt als Stammvater der Orlow-Traber, die auch Blut von Norfolk Trottern und Englischem Vollblut führen. Gewünscht wurde ein schnelles, elegantes Wagenpferd. Die ersten regulären Trabrennen in Westeuropa wurden ausschließlich mit Orlow-Trabern bestritten. Als Gebrauchspferd vor Wagen oder Schlitten musste er genügend rahmig und kräftig sein, um den harten Anforderungen zu genügen.

Anglo-Araber

Kennzeichen: Gefälliges Äußeres. Edel. Früher leicht, oft fein. Heute wird mehr Kaliber gefordert. Alle Grundfarben kommen vor; Braune überwiegen. Schöner Kopf. Gut aufgesetzter Hals. Markanter Widerrist. Lange, schräg gelagerte Schulter. Gute Tiefe und Breite. Trockene, klare Beine. Das Stockmaß liegt bei 160–170 cm.
Verbreitung: In nahezu allen europäischen Ländern.
Leistung: Leistungspferde mit ausgezeichneten Grundgangarten und überragendem Springvermögen. Sie werden mit großem Erfolg in allen hippologischen Wettbewerben von der Dressur über Springen bis zu Vielseitigkeitsprüfungen und Hürdenrennen eingesetzt und haben viele bedeutende internationale Preise gewonnen. Klug und elegant.
Zuchtgeschichte: Der Anglo-Araber ist aus der Kreuzung von Arabischem und Englischem Vollblut entstanden, wie der Name

andeutet und er soll die Vorzüge der beiden Ausgangsrassen in sich vereinigen. Konsolidierte Zuchten. Ursprünglich vor allem in Frankreich, Italien, Ungarn, Polen und Spanien unabhängig voneinander entstanden. Die bekannteste Form ist der Französische Anglo-Araber. Mitte des 19. Jahrhunderts in den Gestüten Le Pin und Pompadour entstanden. Stammväter sind die Orientalen Massoud und Aslan, Stammmütter die Englischen Vollblutstuten Delphine, Danae und Cloris. Die Zucht blüht jetzt vor allem in Südwestfrankreich. Für die Eintragung ins Stutbuch ist ein Anteil von mindestens 25% arabischem Blut erforderlich. Pferde mit geringerem Anteil werden als komplementäre Anglo-Araber bezeichnet. Das Stutbuch befindet sich beim Service Haras Nationaux et de l'Equitation. In Deutschland hat sich z. B. der Anglo-Araber Ramses (v. Rittersporn) einen guten Namen gemacht. Von ihm stammen viele berühmte Spring-, aber auch Dressurpferde ab.

Shagya

Kennzeichen: Araber im größeren Rahmen und mit mehr Reitpferdepoints. Alle Farben kommen vor. Vorherrschend sind Schimmel; Rappen sind selten. Weiße Abzeichen an Kopf und unteren Extremitäten kommen vor. Edler Araberkopf. Kräftig entwickelte Ganaschen. Große Nüstern. Gut bemuskelter, schön aufgesetzter Hals. „Fasanenartig" hoch getragener Schweif. Hengste haben ein Stockmaß von 156–165 cm, Stuten ein solches von 153–160 cm.
Verbreitung: Ungarn, Tschechische Republik, Russland, Österreich, Deutschland, Dänemark, Schweiz, USA.
Leistung: Ausgezeichnetes, vielseitiges Reit- und Kutschpferd. Rittig. Hervorragende Bewegungen. Enormes Springvermögen. Hart und ausdauernd. Gut geeignet für Distanzritte oder Jagden hinter der Meute.
Zuchtgeschichte: Im 19. Jahrhundert in den ungarischen Militärgestüten der K. u.

K.-Monarchie aus Wüstenarabern unter Einkreuzung von bodenständigen Landrassen, Andalusiern, Lipizzanern und Englischem Vollblut entstanden. Es wurde ein Pferd gewünscht, das in Größe und Kaliber als Kavallerie- und Kutschpferd, vor allem aber auch als glanzvolles Paradepferd geeignet ist. Die königliche Garde in Budapest war grundsätzlich mit edlen Shagya-Arabern beritten. Der weitere Aufbau dieser Rasse geschah durch Reinzucht, wobei von Zeit zu Zeit beste und schönste Wüstenaraber zur Zucht eingesetzt wurden, um die Rasse nicht zu schwer werden zu lassen. Von der Welt-Araber-Organisation seit 1978 als „Reinzucht-Shagya-Araber" anerkannt. Ab 1960 entstand eine systematische Zucht in Mitteleuropa; in Deutschland mit regionalem Schwerpunkt im Norden. Es gibt nur wenige hundert eingetragene Zuchttiere. Benannt nach dem Stammlinienbegründer „Shagya", einem 1837 nach Ungarn importierten Vollblutaraber, der ein Schimmelhengst war.

Achal-Tekkiner

Kennzeichen: Sehr edles, elegantes Pferd.
Die vorherrschenden Farben sind Gold-
braun, Falb, Isabell und Schwarz; es kommen aber auch Schimmel und Füchse vor.
Langer Hals. Hochbeinig mit wenig Gurttiefe. Gerader, starker Rücken mit langem,
hohem Widerrist. Lange Mittelhand. Feine,
trockene Gliedmaßen mit gut markierten
Sehnen. Kleine, harte Hufe. Haut und Haar
außerordentlich fein und mit charakteristi-
schem Goldglanz. Schütteres Langhaar. Im
Zuchtbuch werden drei Typen unterschieden: Standardtyp, mittlerer und massiver
Typ. Das Stockmaß liegt bei 152–164 cm.
Verbreitung: Die wesentlichen Zuchtstätten befinden sich in den Steppengebieten
Turkmenistans, Usbekistans, Tadschikistans
sowie im Norden des Iran. Seit längerer Zeit
auch in Deutschland (ca. 60 Individuen) sowie weiteren mitteleuropäischen Ländern.
100 Individuen in Nordamerika.
Leistung: Echte Wüstenpferde. Edel. Hart.

Ausdauernd. Hitzetolerant. Elegante, leichte
Bewegungen. Energisch und temperamentvoll mit gutem Schritt und langem, elasti-
schem Galopp. Gut zur Dressur geeignet,
aber auch hervorragende Springpferde.
Außerdem Vielseitigkeits- und Distanz-
pferde. Imponierende Dauerleistungen.
Zuchtgeschichte: Die Rasse ist benannt
nach der Oase Achal und dem Turkmenen-
stamm der Tekke, der im Norden des Kopet-
Dag-Gebirges lebt. Seit mehreren Jahrhunderten planmäßige Zucht. Registrierung im
staatlichen Zuchtbuch seit 1934/35. 10 von
15 Linien begründete der Hengst „Bojnou“.
Der Achal-Tekkiner hatte großen Einfluss
auf die Entstehung von Warmblutrassen in
vielen Teilen der Erde; bei uns im Wesentlichen auf die Trakehnerzucht. Insgesamt gibt
es ca. 2500 Exemplare. Die Zucht wird von
ungefähr 300 Stuten getragen. Der Schwerpunkt der heutigen Zucht liegt im Gestüt
Machmud-Kuli in der Oase Achal nahe
Aschchabat. 1989 wurde die „Turkmeni-
sche Achaltekkiner-Gesellschaft“ gegründet.

Don-Pferd

Kennzeichen: Stattliches, leichtes, aber kräftiges Pferd im Vollbluttyp. Tiefgebaut. Überwiegend Füchse mit auffallendem Goldschimmer. Mittelgroßer, edler Kopf mit gerader Profillinie. Weit auseinander stehende Augen. Ziemlich kleine Ohren. Mäßig langer, gerader Hals. Guter Widerrist. Breiter Rücken. Kräftige Hinterhand. Trockenes Fundament. Die Widerristhöhe beträgt 160–165 cm. Relativ große, harte Hufe.
Verbreitung: Russland. Andere osteuropäische Länder. In einigen Exemplaren auch in Deutschland.
Leistung: Zäh und ungewöhnlich ausdauernd. Anspruchslos. Robust gegen klimatische Unbilden. Hervorragende Wagen- und erstklassige Reitpferde. 1883 ritten vier Offiziere mit 14 Kosaken bei Frost bis −20 °C in 11 Tagen 1300 km von Nowgorod nach Moskau. 1950 legten fünf Don-Pferde innerhalb 24 Std. 305 km zurück; ein weiteres, Zenit, sogar 311,6 km.

Zuchtgeschichte: Stammt von den Pferden der Tartaren ab. Ursprünglich Lieblingspferd der Don-Kosaken in Ponygröße. Bereits 1770 gründet Kosaken-Ataman M. I. Platow das erste Gestüt am Don. Bekam im 19. Jahrhundert durch Einkreuzung von Englischem Vollblut, Orlow-Trabern und anderen russischen Rassen mehr Rahmen. Seit Anfang des 20. Jahrhunderts wird kein Fremdblut mehr zugeführt. Lebt in den Steppen der südlichen GUS unter härtesten Bedingungen, z. B. ganzjährige Haltung im Freien bei dürftiger Ernährung. Im 2. Weltkrieg wurden die wertvollen Zuchtpferde dieser Rasse hinter den Ural evakuiert. Seit Kriegsende wieder systematischer Aufbau der Zucht und Entwicklung vom Kavalleriepferd zum vielseitig verwendbaren Warmblutpferd. Zentren der Zucht liegen im Don-Gebiet, Kirgisien sowie in Kasachstan. Den besten Ruf haben die Don-Pferde aus Issyk-Kul, dem östlichsten Gestüt der GUS, das in 1600 m ü. M. im Tienschangebirge liegt.

Tersker

Kennzeichen: Elegantes Reitpferd im Arabertyp, aber im größeren Rahmen. Hellgraue oder weiße Pferde mit Silberglanz, seltener Füchse oder Braune. Eleganter, arabischer Kopf mit gerader oder leicht eingedellter Nasenlinie. Breite Stirn. Große, ausdrucksvolle Augen. Ziemlich lange, spitze Ohren. Langer, schön getragener Hals. Ausgeprägter Widerrist. Ziemlich langer Rücken mit kräftiger Nierenpartie. Hoch angesetzter Schweif. Trockene, starkknochige Beine. Deutlicher Silberschimmer des Fells. Das Stockmaß liegt zwischen 154 und 162 cm, gelegentlich auch darüber.

Verbreitung: GUS. In zunehmendem Maße auch in Mitteleuropa.

Leistung: Gutes Geländepferd. Ausdauernd. Wird im Flachrennen eingesetzt bei hoher Rennleistung. Ausgezeichnete Vielseitigkeitspferde. Wegen seines eindrucksvollen Äußeren, der guten Dressurveranlagung und des sanften Temperaments häufig im Zirkus zu sehen. Elegante, schwungvolle Bewegungen. Sehr lernfähig.

Zuchtgeschichte: 1921 gründete der sowjetische Staat auf den kaukasischen Gütern des Grafen Stroganoff und des Sultans Girea das Staatsgestüt Tersk. Grundlage der Zucht bildeten der Rest der sehr bekannten Streletzker sowie Kabardiner, Halbblüter, Englisches Vollblut und Don-Pferde. Stammväter sind die beiden reinrassigen Araberhengste Cenitel und Cilindr. Das Zuchtziel war zunächst, gute Reitpferde für die Armee zu schaffen. Ab 1925 wollte man ein elegantes, hartes Reitpferd im Arabertyp, aber im größeren Rahmen. Da die Zuchtbasis durch die Kriegswirren zu eng geworden war, kreuzte man nach dem 2. Weltkrieg Don-Pferde, Kabardiner und Englisches Vollblut ein. Es wurde auf einen Typ selektiert, der weitgehend dem Araber entspricht, jedoch etwas größer und muskulöser ist. 1948/49 erfolgte die offizielle Anerkennung als Rasse. Bald darauf geschah die Verlagerung der Herde in das Staatsgestüt Stawropol.

Budjonny

Kennzeichen: Robustes, etwas massiv ge-
bautes, aber dennoch elegantes Reitpferd.
Überwiegend Füchse; andere Farben kom-
men auch vor, jedoch nie Schimmel. Edler,
trockener Kopf. Gerade Nasenlinie. Kleine
Ohren. Langer, hoch angesetzter muskulöser Hals. Starke Schulter. Ausgeprägter
Widerrist. Tiefe Brust. Geschlossene, starke
Lende. Kräftiges Fundament. Golden schim-
merndes, feines Haarkleid. Die Widerristhöhe beträgt im allgemeinen 162–165 cm.
Verbreitung: GUS. In geringer Anzahl in
Mitteleuropa.
Leistung: Anspruchslos. Gutes Temperament. Ausdauernd. Gut geeignet für alle
Reitsportarten, insbesondere Distanzritte
und Hindernisrennen. Der Hengst Santos
legte in 15 Tagen 1800 km zurück. Beachtlich sind auch die Ergebnisse in Flachrennen; der Rekord für 2-Jährige über 1000 m
liegt bei 1,03 min. International große Er-
folge in Springsport, Dressur und Military.

Zuchtgeschichte: Nach dem 1973 verstor-
benen Marschall Semjon Michajlowitsch
Budjonny benannt, der 1921 den Befehl zur
Gründung neuer Gestüte in den Salischen
Steppen unterschrieb. Geplant war ursprünglich ein erstklassiges Reitpferd.
Zunächst wurden Elite-Stuten des Don-Pfer-
des (das Zuchtzentrum lag bei Rostow in
der Don-Ebene) und Schwarzmeerstuten
(Pferde der Saporoger Kosaken) mit Hengsten des Englischen Vollbluts angepaart. Von
Anfang an wurde streng selektiert. 1941
wurden die Gestüte hinter den Ural evakuiert, von wo sie Ende 1944–1945 zurück-
kehrten. Nach dem 2. Weltkrieg war die
Rasse in sich gefestigt. Sie wurde 1948 offiziell anerkannt. Die Pferde werden bewusst
in großen Herden nahezu ganzjährig auf der
Weide gehalten. Auf die so erlangte Abhär-
tung und die gesunde Ernährung führt man
die kräftige Konstitution und die gute Kon-
dition zurück. Nur bei starkem Frost und
hohem Schnee werden die Herden in wind-
geschützten Unterständen gehalten.

Kabardiner

Kennzeichen: Kräftiges Pferd im mittleren
Rahmen. Meist braun, schwarzbraun oder
Rappen, selten Füchse. Kopf mit gerader
Nasenlinie. Ausgeprägter Widerrist. Kräfti-
ger Rumpf. Ziemlich langer Rücken. Ge-
neigte Kruppe (Gebirgspferd!). Trockenes
Fundament. Relativ kurze Beine. Sehr
harte Hufe. Die Widerristhöhe beträgt
147–155 cm. Heute auch viele Anglo-
Kabardiner, die etwas größer sind.
Verbreitung: Kaukasus (Südrussland,
Georgien, Aserbaidschan), Deutschland.
Hier 1999 sechs Hengste und fünf einge-
tragene Stuten.
Leistung: Trittsicher. Ausdauernd. Hart.
Leistungsbereit. Anspruchslos. Langlebig
und fruchtbar. Gilt als beste Gebirgsrasse
der GUS. Ausgeglichenes Wesen. Geduldig.
Vielseitig verwendbar. Gut geeignet als
Saumpferd und für Distanzritte; 15 Reiter
auf Kabardinern und Anglo-Kabardinern leg-
ten in 47 Tagen 3000 km um den Kaukasus

zurück. Anglo-Kabardiner sind schneller
und besser für die Dressur geeignet.
Intelligent und mit gutem Orientierungssinn
(auch bei Dunkelheit). Die Milch der Stuten
wird zu verschiedenen Produkten verarbeitet. Der Kabardiner wird häufig als Veredler
eingesetzt.
Zuchtgeschichte: Ursprungsgebiet ist die
Republik Kabardin. Stammt vermutlich vom
Tscherkessen-Pferd ab. Über den Ursprung
ist ansonsten wenig bekannt. Wurde im Verlaufe der Zeit mit Turkmenen, Karabakhen
und Arabern veredelt. Nicht nur jetzt, sondern schon seit dem 16. Jahrhundert in den
Anrainerstaaten des Kaukasus weit verbreitet. Hauptgestüte sind Malokarachayew und
Malkinskoje im Nordkaukasus.

Karabaier

Kennzeichen: In Größe und Typ dem
Araber ähnelnd, jedoch kräftiger. Trockener
Kopf. Weit auseinander liegende große
Augen. Breiter Rücken. Insgesamt recht
muskulös. Trockene Beine. Schwache Ausprägung der Langhaare. Alle Grundfarben
kommen vor. Die Widerristhöhe beträgt
148–152 cm, selten darüber.
Verbreitung: Usbekistan, Deutschland.
Leistung: Ausdauernd, schnell und wendig.
Anspruchslos. Intelligent und mutig. Leis-
tungsfähig, arbeitswillig und anpassungsbe-
reit. Gangart der Orientalen und Robustheit
der Steppenpferde in sich vereinigend. In
ihrer Heimat vielfach verwendet für wildes-
te Reiterspiele. Gut in der Landwirtschaft
einsetzbar. Zug- und Tragtier im Gebirge.
Vielseitig verwendbar. Auf vielen Gestüten
wird die Milch zur Kumysbereitung gewonnen.
Zuchtgeschichte: Uralte Rasse, in die
wahrscheinlich wiederholt Pferde der benachbarten Völker (Mongolen, Kirgisen und
Turkmenen) eingekreuzt wurden. Wird bereits vor 2400 Jahren erwähnt. War schon
im 18. Jahrhundert gut bekannt und weit
verbreitet. Man unterscheidet drei Typen
von unterschiedlicher Konstitution, die
für verschiedene Zwecke genutzt werden.
Schwerpunkt der Zucht liegt im Gestüt
Dshisak.

Karabakh

Kennzeichen: An der unteren Grenze des mittleren Rahmens. Dem Araber nahestehend. Edler Kopf. Breite Stirn. Vorspringende, große Augen. Schmale Nasenpartie. Kleines Maul. Kräftiger, gut geformter Hals. Ausgeprägter Widerrist. Kompakter, kurzer Rumpf. Etwas abgeschlagene Kruppe. Trockenes, recht feines Fundament. Kleine, harte Hufe. Vorwiegend Füchse, aber auch Falben mit weichem, seidigem, goldglänzendem Fell; selten Isabellen und Schimmel. Widerristhöhe im Durchschnitt 150 cm.
Verbreitung: GUS (Karabakh-Gebirge, Aserbaidschan), Iran, Deutschland.
Leistung: Energisch. Zäh. Ausdauernd. Leichte, behende Bewegungen. Gutmütiges Temperament. Gutes Reitpferd. Gilt in seiner Heimat als ausgezeichnetes Pferd für Reiterspiele.
Zuchtgeschichte: Uralte Pferderasse. Wurde bereits vor 1500 Jahren erwähnt. Stammt vermutlich von edlen turkmeni-schen, persischen und arabischen Pferden ab. Führende Hippologen Russlands halten den Karabakh für die einzige Rasse, die rein erhalten wurde. In einigen alten Schriften werden sie als edelste Pferderasse bezeichnet. Diese Rasse hatte ihre Blütezeit im 18. Jahrhundert, als sie in ganz Europa begehrt war. Wurde in zahlreiche andere russische Rassen, insbesondere das Don-Pferd, eingekreuzt. Als 1826 die Perser Baku eroberten, nahmen sie fast alle Herden der Karabakher als Beute mit. 1946 fand unter Marschall Budjonny mit 27 ausgewählten Stuten ein züchterischer Neubeginn statt. Der neue Zuchtstamm wurde auf einer Staatsfarm bei Chaldan, in der Ebene zwischen Kirowabad und Baku, untergebracht. Königin Elisabeth II. von England erhielt 1956 von Nikita Chruschtschow den Goldfalben „Zaman", der sich in der Reitponyzucht Englands hervorragend vererbte. Der Karabakh wird jetzt hauptsächlich im Gestüt Akdam in Aserbaidschan gezüchtet. Gelegentlich werden noch Araber eingekreuzt.

Camargue-Pferd

Kennzeichen: Ausgewachsene Tiere sind ausschließlich Schimmel. Kurzer Kopf mit geradem Nasenprofil, breiter Stirn und kleinen Ohren. Gut aufgesetzter kurzer und kräftiger Hals. Gedrungener Rumpf. Kurze, kräftige, leicht abfallende Kruppe. Stabiles Fundament mit trockenen Gelenken und breiten Hufen. Erinnert im Typ an den Berber. Die Farbe der Fohlen variiert von Schwarz- über Rot- bis zu Hellbraun; auch lichtgraue kommen vor. Die reinweiße Farbe wird erst im Alter von 5−7 Jahren erreicht. Stockmaß von 135 bis 145 cm.

Verbreitung: Hauptzuchtgebiet ist das Rhônedelta in Südfrankreich, insbesondere zwischen Montpellier im Westen, Tarascon im Norden und Fos im Osten. Einige Tiere in anderen europäischen Ländern. Einzeltiere in Nordrhein-Westfalen. In Frankreich ca. 50 Deckhengste und 400 Zuchtstuten.

Leistung: Wird in seiner Heimat als Hirtenpferd der „Gardians" zum Treiben der Rinderherden benutzt. Ist hierbei außerordentlich lebendig und gewandt. Ausdauernd und anspruchslos. Gut angepasst an die Sümpfe und karge Vegetation seiner Heimat; ernährt sich im Sommer überwiegend von Schilftrieben, im Winter von Salzpflanzen der Steppe. Gut geeignet für die Freizeitreiterei, wo es wegen seines sanften Charakters und seiner geringen Größe geschätzt wird.

Zuchtgeschichte: Gehört zu den ältesten Pferderassen der Erde. Dürfte aus der Verkreuzung verschiedener Pferdeformen entstanden sein. Das Pferd der Camargue war schon den Phöniziern bekannt; auch Cäsar soll seine Zucht gefördert haben. Napoleon stattete seine Armee im Wesentlichen mit dem Camargue aus; beim Bau des Suez-Kanals hat es sich mit großem Erfolg als Tragtier bewährt. In den letzten Jahrzehnten Einkreuzung von Berbern und Arabern. Insgesamt züchtet man jetzt einen etwas größeren Typ, der den veränderten Ansprüchen im Umgang mit den Rindern besser gerecht wird.

Berber

Kennzeichen: Kleine trockene und kräftige
Pferde. Der lange, kräftige Kopf ist meist
leicht geramst. Mittellanger, gut bemuskel-
ter Hals. Breite Brust, flache Schulter. Kurzer
Rücken und stark abfallende Kruppe. Der
Schweif ist tief angesetzt. Lange Beine mit
starken Knochen. Kleine, feste Hufe. Alle
Grundfarben kommen vor. Die Widerristhöhe beträgt 148–155 cm. Im Ursprungsgebiet unterscheidet man fünf Typen.
Verbreitung: Nordafrika. Etliche Tiere in
anderen Ländern. In Deutschland und der
Schweiz werden einige hervorragende
Exemplare gehalten.
Leistung: Temperamentvoll, doch gehorsam. Gutmütig. Zäh, wendig und ausdauernd. Geringe Futteransprüche und
leistungswillig. Früher oft Kavalleriepferde.
In Nordwestafrika oft bei Rennen eingesetzt. In Europa für Distanz- und Ge-
länderitte. Hohe Dressurbegabung.
Zuchtgeschichte: Berberpferde waren

schon vor Beginn der Zeitrechnung bekannt
und wegen ihrer Geschwindigkeit berühmt.
Es wird vermutet, dass der Berber im Wesentlichen auch auf kaltblütige Pferde
zurückgeht, die die aus dem Norden kom-
menden Vandalen in der Völkerwanderung
mitbrachten. Als im 7. und 8. Jahrhundert
die Araber nach Nordafrika kamen, brachten sie ihre Pferde mit und kreuzten diese
teilweise in die heimische Population ein.
Durch die Araber kamen berberblütige
Pferde dann auch nach Spanien. Da diese
dem Schönheitsideal des Barock mit ihren
gerundeten Körperformen am besten entsprachen, kamen sie zu dieser Zeit an viele
europäische Herrscherhäuser und fanden
auf diesem Wege Eingang in die Landeszucht. In Nordafrika wurden von den Kolo-
nialmächten größere, schwerere Pferde eingekreuzt. Viele Rassen in allen Teilen der
Welt lassen sich erbmäßig auf den Berber
zurückführen, so z. B. alle über Spanien ein-
geführten Pferderassen Amerikas, Englisches
Vollblut und der Lipizzaner.

Andalusier

Kennzeichen: Edles, elegantes Pferd mit genügender Tiefe und Breite. Zumeist Schimmel mit bläulichem Schimmer, aber auch Rappen und andere dunkle Schattierungen. Ausdrucksvoller Kopf mit gerader oder auch gering gewölbter Profillinie. Gebogener, gut aufgesetzter Hals. Betonter Widerrist. Korrekte Schulter. Schön getragener Schweif. Glasklare Beine mit kurzen Röhren und deutlich abgesetzten Fesselgelenken. Das Stockmaß liegt bei 155–160 cm.
Verbreitung: Spanien. Bedeutende Zuchten sowie Einzeltiere in Deutschland (hier 40 Hengste und 70 Stuten) und anderen europäischen Ländern.
Leistung: Wendig und ausdauernd. Freie, weiche Bewegungen. Erhabene Gänge. Gutes Springvermögen. Hervorragend für die Hohe Schule geeignet. In Spanien als Reit- und Wagenpferd sowie bei Stierkämpfen eingesetzt.
Zuchtgeschichte: Geht auf Pferde zurück, die die Phönizier nach Spanien brachten. Später wurden durch die vorübergehende moslemische Herrschaft Berber und Araber in die einheimischen Pferde eingekreuzt. Wird seit 1571 systematisch gezüchtet. Die Blütezeit der Zucht lag im 17. Jahrhundert. Sie hatte während dieser Zeit großen Einfluss auf fast alle europäischen Pferderassen. Insbesondere Lipizzaner und Kladruber gehen direkt auf Andalusier zurück, weil dieser in der Barockzeit den Vorstellungen von einem schönen Pferd am besten entsprach. Einem königlichen Befehl zur Einkreuzung von schwereren Pferden widersetzten sich nur die Mönche des Kartäuserklosters bei Jerez. Auf diese Weise konnten die Andalusier in die Gegenwart hinübergerettet werden. Schon vor mehreren Jahrzehnten fanden sie auch in Mitteleuropa Anhänger und seit einigen Jahren werden sie in Deutschland rein gezüchtet. Nahezu sämtliche mittel- und südamerikanischen Pferde sowie die Westernpferde Nordamerikas lassen sich auf den Andalusier zurückführen.

Criollo

Kennzeichen: Quadratisch, muskulös, mittelgroß mit starkem Hals und derbem Kopf. Profillinie des Kopfes gerade oder leicht geramst. Leicht abgeschlagene Kruppe; tief angesetzter Schweif. Kräftiges Fundament. Zahlreiche Farben, Abzeichen sowie viele Schecken kommen vor. Stockmaß 140–148 cm. Criollos in Venezuela, dort „Llanero" genannt, sind etwas größer.

Verbreitung: Argentinien (dort über 4 Millionen Tiere), etliche andere südamerikanische Länder. In Mitteleuropa seit Ende der 1980er-Jahre. Die meisten bei uns als „Criollo" bezeichneten Pferde sind allerdings nur Kreuzungstiere.

Leistung: Anspruchslos, robust, zäh. Schnell, wendig, ausdauernd. Zuverlässig und gehorsam; sehr rittig. Wenig krankheitsanfällig. Gut für die Rinderarbeit, als Westernpferd und für Distanzritte. In Argentinien scharfe Leistungsprüfung mit hoher Dauerbelastung.

Zuchtgeschichte: Criollo bedeutet „von Europäern abstammend". Die ersten Pferde kamen 1535 durch Don Pedro Mendoza an die Ostküste des heutigen Argentinien. Von deren Nachkommen entkamen viele und verwilderten. 1580 soll es 12 000 verwilderte Pferde gegeben haben. Unter den harten Bedingungen der Wildnis entwickelten sich anspruchslose und zähe Pferde, von denen immer wieder Einzeltiere eingefangen und zum Hüten der Rinder genutzt wurden. Durch Einkreuzungen ging der ursprüngliche Typ zusehends verloren. Seit Anfang des 20. Jahrhunderts bemüht man sich, aus unverkreuzten Tieren, den Cimarons (Wildlingen), einen Zuchtstamm aufzubauen. Ein Stutbuch wurde 1918 eröffnet. 1923 Gründung des Criollo-Zuchtverbands. In anderen südamerikanischen Ländern (Brasilien, Uruguay, Venezuela) gibt es Pferde gleichen Ursprungs mit ähnlicher Zuchtgeschichte und nahezu gleichem Zuchtziel. Criollos wurden vielfach in das Polopferd eingekreuzt.

Polopferd

Kennzeichen: Edles, langbeiniges Pferd.
Es kommen alle Grundfarben, vorwiegend
jedoch Braune vor. Kurze Mittelhand. Gute
Bemuskelung. Das Stockmaß liegt im Allgemeinen zwischen 150 und 160 cm, die für
das Polospiel optimale Größe beträgt
156–158 cm. Der früher benutzte Ausdruck
„Pony" ist nicht mehr gerechtfertigt. Er
rührt von früher her, als Poloponys erheblich kleiner waren.
Verbreitung: Über Argentinien hinaus in
allen Ländern, in denen Polo gespielt wird.
Seit einigen Jahren in zunehmendem Maße
auch in Deutschland.
Leistung: Schnell, wendig und ausdauernd.
In erstaunlichem Ausmaß fähig, Aufgaben
zu erfassen und auf die Absicht des Reiters
einzugehen. Dies gilt nicht nur beim Polo,
sondern auch bei ihrem Einsatz in der Rinderhaltung. Sie haben „Cow Sense". Durch
diese ständige Übung und die fortwährende
Selektion der fähigsten Tiere sind die argen-

tinischen Polopferde weltweit hoch geschätzt.
Zuchtgeschichte: 1870 brachte man das
Polospiel von Indien nach Großbritannien
und von dort bald in viele andere pferdebe-
geisterte Länder der Welt. Man benutzte
zunächst einheimische Ponys der jeweiligen
Länder, bis sich zu Beginn des letzten Jahrhunderts die australischen Ponys als die geeignetsten herausstellten. Ab 1930 war das
Argentinische Polopferd anderen Pferdetypen so sehr überlegen, dass es sie weltweit
nahezu verdrängte. Diese Tendenz wurde
durch den 2. Weltkrieg noch gesteigert, als
das Polospiel – abgesehen von Argentinien –
nahezu eingestellt worden war. Ursprünglich war das Polopferd zwar mehr ein Nut-
zungstyp als eine Rasse. Nachdem lange Zeit
ausschließlich Stuten in der Zucht eingesetzt wurden, die sich im Spiel bewährt hatten, kann das Polopferd durchaus als Rasse
betrachtet werden. Der Name Polo wird
vom tibetischen Wort für Ball, „Pulu", her-
geleitet.

Peruanischer Paso

Kennzeichen: Soll Energie, Stärke, Anmut und Vitalität ausstrahlen. Es kommen Rappen, Füchse, Schimmel, Palomino, Blauschimmel und Rotschimmel vor. Dunkle Nüstern. Weiße Abzeichen nur an den Unterbeinen, zwischen den Augen und oberhalb der Lippe zulässig. Kleiner, gerader, fein modellierter Kopf. Breite Stirn. Ausdrucksvolles Auge. Kleines Maul. Große scharfkantige Nüstern. Hals mit anmutigem Bogen. Kurzer bis mittellanger, starker Rücken. Brustkorb gut gewölbt und sehr tief. Schulter eher steil und gut bemuskelt. An den Beinen stark hervortretende Sehnen. Muskulatur insgesamt gut entwickelt. Stockmaß von 144 bis 154 cm.

Verbreitung: Peru, Nordamerika. Seit einigen Jahren auch in Mitteleuropa.

Leistung: Intelligent, folgsam und jederzeit arbeitswillig. Die Gangart des Pasos ist ein gebrochener Pass, wobei der reine Viertakt-Tölt besonders bevorzugt wird. Beim „Termino" werden die vorderen Gliedmaßen abgerollt. Er sollte aus der Schulter heraus kommen. Dies und andere Komponenten des Bewegungsablaufes führen zu einer freien, flüssigen, rollenden Bewegung, die Ursache für eine weiche, elegante Gangart ist. Typisch ist auch das Untertreten: der Hinterhufabdruck überschreitet den Vorderhufabdruck der gleichen Seite. Gut für Wander- und Distanzritte geeignet.

Zuchtgeschichte: Aus den Pferden der Konquistadoren – im Wesentlichen Kreuzungen von Andalusiern und Berbern – in Peru entstanden. Dort wurde ein hartes und edles Reitpferd mit einer weichen, bequemen Gangart benötigt, denn die Großgrundbesitzer saßen oft 8–10 Stunden im Sattel, um die großen Entfernungen auf ihren ausgedehnten Ländereien bewältigen zu können. Seit 1960 in den USA und in Kanada. 1973 kamen die ersten Pasos nach Europa. 1985 Gründung des „Paso Club International". In Europa gibt es heute ca. 400 Pasos, weltweit ungefähr 80 000.

Mangalarga Marchador

Kennzeichen: Elegantes Reitpferd. Mittellanger, tiefer Rumpf mit langer, schräger Schulter und leicht geneigter Kruppe. Gut angesetzter, leichter Hals. Mittelgroßer Kopf mit breiter Stirn und gerader bis leicht konkaver Profillinie. Ausdrucksvolles Auge. Ohren mit nach innen gerichteter Spitze. Trockene Gelenke. Die Fesselung ist eher weich. Alle Farben sind erlaubt. Am beliebtesten sind Schimmel in allen Schattierungen. Daneben gibt es Braune und Rappen sowie Falben und Schecken. Stockmaß um 150 cm.

Verbreitung: Brasilien. Seit einigen Jahren auch in Mitteleuropa.

Leistung: Beherrscht neben den drei Grundgangarten den Tölt; damit ist ein sanftes, rückenschonendes Reiten möglich. Zur Zucht werden nur Pferde zugelassen, die den Tölt (in Brasilien „Marcha" genannt) beherrschen und besonders leichtrittig sind. Robust, anpassungsfähig und viel-seitig. Elegant und leichtfüßig. Gut für Western- und Wanderreiten geeignet. Perfektes Freizeitpferd. In Brasilien auch für alle in der Landwirtschaft anfallenden Arbeiten genutzt.

Zuchtgeschichte: Die Rasse entstand im 18. Jahrhundert in Brasilien. Damals lebte auf der Farm Campo Alegro wenige hundert Kilometer nördlich von Rio de Janeiro ein gewisser Gabriel Francisco Junqueira. Dieser kreuzte einen Hengst der portugiesischen „Alter"-Rasse mit Berber- und Andalusierstuten. Besonders interessiert an diesen Pferden waren die Besitzer der Facenda „Mangalarga". Sie förderten die Rasse so, dass der Name dieses Grundbesitzes bald zur offiziellen Rassebezeichnung wurde. Der 1949 gegründete „Brasilianische Mangalarga Marchador Züchterverband" umfasst 6000 Züchter; in das Zuchtregister sind ca. 100 000 Pferde eingetragen. Damit ist diese Rasse die am meisten verbreitete Pferderasse Brasiliens.

Morgan

Kennzeichen: Kompaktes Warmblut. Kurzer Kopf mit gerader Profillinie, breiter Stirn und kleinen Ohren. Muskulöser Hals. Kräftige Schultern, gut gewölbte Brust, muskulöse Kruppe. Starke Beine. Üppiges Langhaar (Mähne und Schweif). Braune, Füchse und Rappen; meist mit weißen Abzeichen an Kopf und Beinen. Das Stockmaß beträgt 148–158 cm; das Gewicht liegt zwischen 360 und 540 kg.

Verbreitung: USA, Kanada. Seit einigen Jahren auch in Mitteleuropa.

Leistung: Kräftig, gelehrig und arbeitsfreudig. Freundlich, aber energisch. Vielseitiges Reit- und Wagenpferd. Wendig. Gut geeignet für den Viehtrieb und als Polizeipferd. Früher auch als Traber eingesetzt.

Zuchtgeschichte: Erste in den USA entstandene Pferderasse. Sie geht zurück auf den um 1790 im Nordosten der USA geborenen und 1793 gekörten Hengst „Morgan", der möglicherweise ein Welsh Cob war. Dieser hieß zunächst „Figure", wurde aber später nach seinem zweiten Besitzer, Thomas Justin Morgan, benannt. Der Rassebegründer hatte unter seinen Vorfahren vor allem Welsh Cob, aber auch Englisches Vollblut und Araber. Morgan selbst besaß eine sehr gute Konstitution; er war außerordentlich stark und schnell. Vorwiegend wurde er als Arbeitspferd eingesetzt, gewann aber auch zahlreiche Galopprennen und tat sich als Wagenpferd hervor. Der Hengst hat seine Fähigkeiten durchschlagend vererbt. Wegen ihrer guten Eigenschaften wurden Morgans später in andere Rassen eingekreuzt oder waren an ihrer Bildung beteiligt, u. a. Tennessee Walking Horse und Amerikanischer Traber. Der Morgan Horse Club wurde 1907 gegründet. Früher war der Morgan kompakter und kleiner; der Rassebegründer „Morgan" soll ein Stockmaß von nur 142 cm gehabt haben. Der heutige Morgan ist feiner.

Quarter Horse

Kennzeichen: Kompaktes Pferd mit starker Bemuskelung. Es dominieren Fuchs- und Brauntöne, doch sind vom Schimmel bis zum Rappen alle Farben und Schattierungen vorhanden. Immer einfarbig mit oder ohne Abzeichen an Kopf und Beinen. Edler Kopf. Schlanker, nicht sehr langer Hals. Schräge Schultern. Kurzer Rücken. Kräftig bemuskelte, z.T. überbaute Hinterhand. Etwas abgeschlagene Kruppe. Das Stockmaß liegt zwischen 150 cm und 156 cm bei einem Gewicht von 520–680 kg.
Verbreitung: Nord- und Südamerika, Australien und Mitteleuropa.
Leistung: Sehr vielseitiges Pferd. Schnell und wendig. Es ist der Sprinter unter den Pferden. Auf kurzen Strecken allen anderen Rassen überlegen. Unentbehrlicher Helfer auf den Ranchen beim Treiben und Sortieren der Rinder. Besitzt ausgeprägten „Cow Sense". In den USA wurden mit ihm Rennen über eine Viertelmeile, die für es ideale

Distanz, durchgeführt. Von dort leitet sich der Name her. In Nordamerika und Mitteleuropa wird es beim Western-Reiten und bei Rodeo-Veranstaltungen eingesetzt.
Zuchtgeschichte: Älteste nordamerikanische Pferderasse. Anfang des 17. Jahrhunderts aus Pferden spanischer und englischer Abstammung herausgezüchtet. Bereits 1665 als Rasse anerkannt. Früher hauptsächlich auf den Ranchen eingesetzt. Mit dem Quarter Horse wurden die ersten Pferderennen in Nordamerika durchgeführt, und zwar in Virginia. Noch heute ist das höchstdotierte Pferderennen in den USA ein Quarter-Horse-Rennen: die alljährlich stattfindende All American Futurity. 1940 Gründung der „American Quarter Horse Association", die heute die größte Pferdezüchtervereinigung der Welt ist. Seit Anfang der 70er-Jahre des vergangenen Jahrhunderts auch in Deutschland. 1975 wurde die Deutsche Quarter Horse Association gegründet. Mit über drei Millionen Tieren umfangreichste Pferderasse der Welt.

Paint

Kennzeichen: Kompaktes, wendiges Pferd
mittlerer Größe mit stark ausgepräger
Bemuskelung. Ausgesprochen athletisch.
Gescheckt. Die Scheckzeichnung tritt in
zwei unterschiedlichen Mustern auf. Bei der
Overozeichnung, die rezessiv ist, geht das
Weiß von der Seite, vom Bauch oder von
den Beinen aus. Das Weiß kreuzt meist die
Rückenlinie nicht. Bei der Tobianozeich-
nung hat man den Eindruck, dass sie vom
Rücken ausgeht. Die weißen Abzeichen
kreuzen die Oberlinie des Tieres. Tobianos
haben immer weiße Beine. Kleiner, keilförmiger Kopf. Waches Auge. Breite Stirn.
Kleine Ohren. Hals wie beim Quarter
Horse. Schulter stark bemuskelt. Widerrist
gut ausgeprägt. Der kurze Rücken hat eine
gute Verbindung zur Hinterhand. Diese ist
sehr muskulös, insbesondere die gewaltig
ausgelegte, schräge Kruppe. Kräftiges Fundament. Gewicht 550−650 kg bei einem
Stockmaß von 150−155 cm.

Verbreitung: Nordamerika. Mitteleuropa.
Großbritannien. Japan. Australien. Südafrika.
Leistung: Robust und gutmütig. Paint
Horses zeichnen sich besonders als Kurz-
strecken-Rennpferde über eine Viertelmeile
aus. In Nordamerika werden sie auf den
Ranchen eingesetzt (Cowboypferde) oder
dienen als Western-Pferde. Letzteres gilt
in gewissem Ausmaß auch für Europa.
Sie sind gute Freizeit- und Wanderpferde.
Zuchtgeschichte: Bei den Quarter Horses
kamen immer wieder Schecken vor, die
von der Zucht ausgeschlossen wurden.
1962 wurde die American Paint Horse
Association als American Paint Stock Horse
Association gegründet. Sie vereinigte sich
später mit der 1961 gegründeten American
Paint Quarter Horse Association. Von Beginn an wurden von dieser Organisation
nur Pferde mit reiner Quarter Horse-
Abstammung als Paint Horses anerkannt;
es ist also ein geschecktes Quarter
Horse.

Pinto

Kennzeichen: Geschecktes Western-Pferd im „Pleasure-Typ", d. h. ein zwar kräftiges, gut bemuskeltes, dabei aber elegantes Pferd mit edlem Kopf und fein geschwungenem Hals. Kurzer Rücken. Lange, schräge Schulter. Das Stockmaß beträgt 145–160 cm; das Körpergewicht liegt bei 400–500 kg. Auch beim Pinto kommen die beiden Farbverteilungsmuster Tobiano und Overo vor (s. Paint).
Verbreitung: Ursprünglich Nordamerika. Jetzt auch in Mitteleuropa und anderen Ländern.
Leistung: Schnell, ausdauernd, anspruchslos. Sowohl bei Western-Turnieren als auch bei Distanz-, Wander- und Geschicklichkeitsritten einsetzbar. Typisches Gleichgewichtspferd mit hoher Rittigkeit, freundlichem Wesen und großer Intelligenz. Der ursprüngliche und typische Pinto besitzt aber auch viel „Cow Sense" für die Rinderarbeit. Erstklassige Familien- und Freizeitpferde.
Zuchtgeschichte: Der Pinto hat teilweise den gleichen Ursprung wie das Paint-Horse, jedoch verlief die weitere Entwicklung unterschiedlich. Im Verlaufe der Zeit Einkreuzungen von Arabern. Ist nicht im eigentlichen Sinne eine Rasse, sondern eine Farbzucht. Es gibt vier Zuchtbücher mit zunehmend strengeren Anforderungen:
Permanent Registration Division. Eintragungsberechtigt ist jeder Schecke jeder Pferderasse.
Premium Registration Division. Mindestens eine Generation muss bereits registriert sein.
Approved Breed Division. Reinblütige Pintos, d. h. es sind bereits mehrere einwandfreie Pinto-Nachkommen vorhanden.
Solid Color Breeding Stock Division. 100%ige Farbenvererber, d. h. die Vorfahren sind seit mindestens 6 Generationen Schecken.
1941 wurde die Pinto Horse Society gegründet, aber erst seit 1963 sind Pintos offiziell als Rasse anerkannt. Über das Zuchtziel bestehen unterschiedliche Ansichten.

Appaloosa

Kennzeichen: Gut bemuskeltes Quadrat-
pferd. Das markanteste Merkmal ist das teilweise gefleckte (gesprenkelte) Fell. Häufig
ist die vordere Hälfte durchgehend pigmentiert (evtl. mit Abzeichen), die hintere
Körperhälfte weiß bzw. weiß mit Pigmentflecken. Oft Haarkleid weiß und mit dunklen Flecken oder Stichelhaaren versehen.
Die Grundfarbe kann von Schwarz über alle
Brauntöne bis Goldgelb sein. Auch die
gleichmäßige Mischung von roten und
weißen Haaren sowie Schimmel kommen
vor. Edler Kopf. Gerade Nasenlinie. Weit
auseinander liegende Augen. Weiße Iris.
Relativ kurzer Rücken. Tiefer Rumpf. Schräg
abfallende Kruppe. Dünnes Mähnen- und
Schweifhaar. Stockmaß 148–160 cm. Gewicht 430–570 kg.
Verbreitung: Nordamerika, Mitteleuropa.
Leistung: Hart. Widerstandsfähig. Antritt-
und spurtschnell, dabei ausdauernd. Wird
für Western-Turniere und Rennen benutzt.

Gut für Freizeit-, Jugend- und Kinder-
reiterei. Durch sein ruhiges Wesen und die
handliche Größe für therapeutisches Reiten
geeignet.
Zuchtgeschichte: Seit Anfang des 18. Jahrhunderts züchteten die Nez Perce-Indianer
im Nordwesten der USA gefleckte Pferde.
Die Weißen sahen diese Pferde zuerst am
kleinen Fluss Palouse, der diese Gegend
durchfließt. Sie bezeichneten sie als „a
Palouse", woraus später Appaloosa wurde.
Bereits die Indianer wählten ihre Pferde
nicht nur nach Zeichnung, sondern auch
nach Schnelligkeit und Ausdauer aus. Erst
1950 wurden die Appaloosas als eigenständige Rasse anerkannt. Gelegentlich wurden
in den letzten Jahrzehnten Quarter Horses,
Araber und andere Rassen eingekreuzt.
Anfang der 70er-Jahre des 20. Jh. kamen die
ersten Appaloosas nach Deutschland. Nach
Farbgebung (6 Grundmuster) und anderen
erblichen Kennzeichen unterteilt und eingetragen. Sehr beliebt ist die „Blanket"-Zeich-
nung (s. Abb.).

Schleswiger Kaltblut

Kennzeichen: Tiefes, kurzbeiniges und ge-
drungenes Pferd im mittleren Rahmen. Die
Fuchsfarbe ist vorherrschend; in geringem
Umfang kommen Schimmel vor. Typisch ist
der seidige Behang. Das Stockmaß beträgt
156–162 cm bei einem Gewicht von ca.
800 kg.
Verbreitung: Schleswig-Holstein und
Niedersachsen. Vereinzelt in den anderen
Bundesländern Deutschlands.
Leistung: Hervorragend geeignet in der
Landwirtschaft als tierische Zugkraft, insbe-
sondere auf dem schweren Marschboden.
Darüber hinaus früher von Transportunter-
nehmen und Forstbetrieben genutzt. Raum-
greifende Schritt- und Trabbewegung.
Lebhaftes, aber gutmütiges Temperament.
Ausdauernd und anspruchslos.
Zuchtgeschichte: Seiner Abstammung
nach geht das Schleswiger Kaltblut auf das
jütische Pferd in Dänemark zurück. Ent-
scheidend für die dänische Zucht und damit

auch für die sich darauf aufbauende Schleswiger Kaltblutzucht war die Einfuhr des
Hengstes Oppenheim um 1860. Dessen
genaue Herkunft ist ungeklärt; er soll ein
Suffolk oder Shire gewesen sein. 1891 erfolgte die Gründung des Verbandes Schleswiger Pferdezuchtvereine. Ihre Blütezeit erreichte diese Rasse in den Jahren nach dem
2. Weltkrieg, als dem Verband mehr als
15 000 Züchter mit etwa 20 000 Zuchtstuten angeschlossen waren. Später wurde
versucht, durch Anpaarung mit Hengsten
der französischen Boulonnais-Rasse sowie
eines Bretonen zu einer Modernisierung zu
kommen. Vor einigen Jahren wurden jütlän-
dische Hengste und Stuten angekauft, um
den Rahmen zu vergrößern und das Fundament zu verstärken. Ursprünglich lag das
züchterische Zentrum in den nördlichen
Kreisen des Landes Schleswig-Holstein. Die
Zuchtaktivitäten haben sich jetzt mehr nach
Holstein verschoben. Zur Zeit werden im
Stutbuch ca.100 Stuten und 20 Hengste geführt.

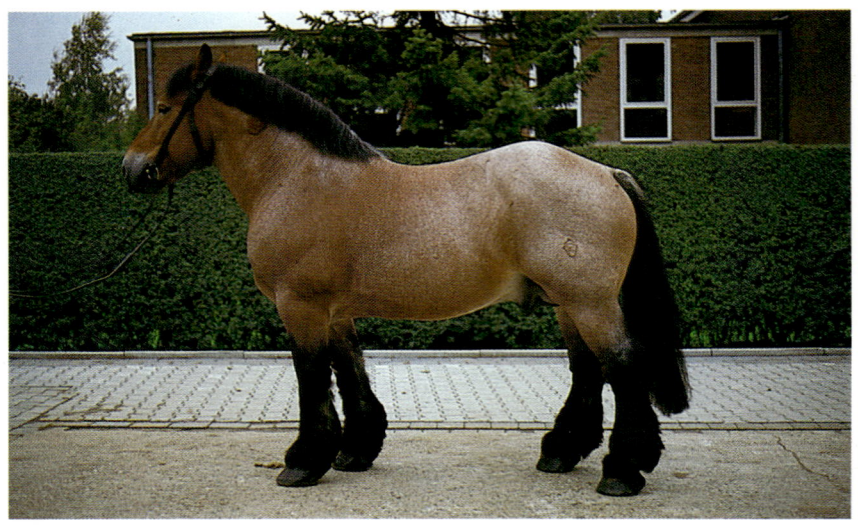

Rheinisch-Westfälisches Kaltblut

Kennzeichen: Kräftiges, breit gebautes und harmonisches Arbeitspferd mittlerer Schwere und Größe. Es kommen hauptsächlich Füchse, Apfelschimmel und Braune vor. Hübscher Kopf auf kräftigem, gut aufgesetztem Hals. Kompakte, schräge muskulöse Schulter. Tiefe, breite Brust. Kurzer Rücken. Gut bemuskelte Kruppe. Kurze Gliedmaßen. Ausgeprägter Kötenbehang. Das mittlere Stockmaß liegt bei 160 cm (Stuten) bzw. 165 cm (ausgewachsene Hengste), bei einem Gewicht bis zu 1000 kg.
Verbreitung: Nordrhein-Westfalen. Zuchtinseln in Niedersachsen, Hessen und anderen Bundesländern.
Leistung: Kräftiges, robustes und arbeitswilliges Pferd. Ruhiges Temperament. Raumgreifende Gänge. Gut für Dauerleistungen geeignet. Es wird gelegentlich noch in der Land- und zunehmend in der Forstwirtschaft und vor dem Planwagen einge-

setzt. Nutzung insbesondere durch Brauereien, heute zumeist zu Repräsentationszwecken. Frühreif und leichtfuttrig.
Zuchtgeschichte: Nachdem Mitte des 19. Jahrhunderts zuerst englische Kaltblüter benutzt wurden, wählte man zur Zucht vermehrt Belgisches Kaltblut und Ardenner, die schon seit Anfang des 19. Jahrhunderts die rheinische Pferdezucht beeinflusst hatten. 1892 wurde das Rheinische Pferdestammbuch gegründet. In den 30er-Jahren letzten Jahrhunderts machte diese Rasse 50% des deutschen Pferdebestandes aus. Nach dem 2. Weltkrieg verlor sie stark an wirtschaftlicher Bedeutung. 1957 wurde das 1839 gegründete Landgestüt Wickrath aufgelöst; die verbliebenen Kaltblüter kamen in das Westfälische Landgestüt Warendorf. In den letzten Jahrzehnten kam es zu einem starken Schrumpfungsprozess sowie zu einer Umzüchtung auf ein Pferd im mittleren Rahmen. Beim westfälischen Pferdestammbuch sind noch knapp 400 Stuten sowie 46 Hengste eingetragen.

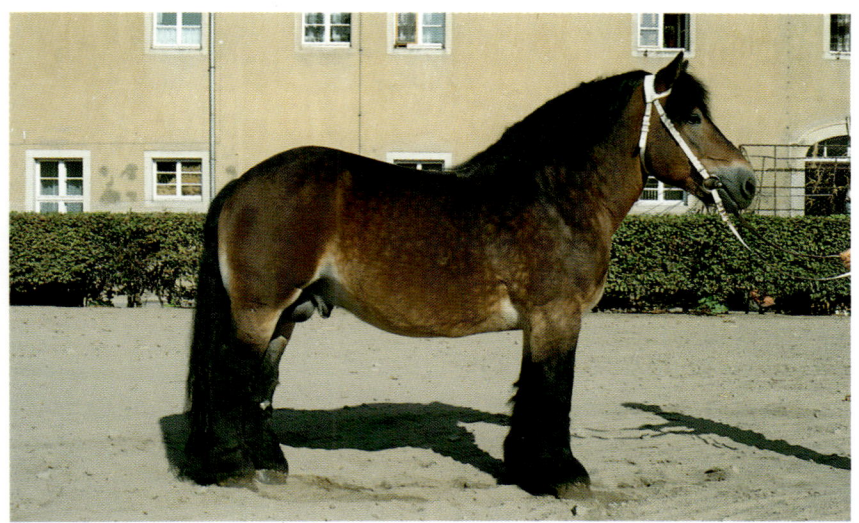

Ostdeutsches Kaltblut

Kennzeichen: Mittelrahmiges, kalibriges Pferd. Genügend langer, gut angesetzter Hals. Feste Oberlinie; gute Rippenwölbung; lange, geneigte und voll bemuskelte Kruppe. Gute Brust- und Flankentiefe. Kräftiges, trockenes Fundament mit wenig Behang. Trockene Gelenke. Nahezu die Hälfte des Gesamtbestandes sind Braunschimmel. Es folgen Braune, Füchse und Fuchsschimmel. Rappschimmel, Rappen und Schimmel sind selten. Stockmaß 157–163 cm bei einem Gewicht von 750–800 kg.

Verbreitung: Gesamtes Gebiet der ehemaligen DDR, mit Schwerpunkt im Süden.

Leistung: Sehr leistungsbereit und zugwillig. Gut für die Forstwirtschaft geeignet. Nervlich und gesundheitlich stabil. Anspruchslos und robust. Frühreif. Trächtigkeitsrate bei 72%.

Zuchtgeschichte: Anfang des 19. Jahrhunderts aus französischen, englischen, dänischen und insbesondere belgischen (Braban-

ter) Kaltblutpferden entstanden. Hochzuchtgebiet war Sachsen-Anhalt, vor allem die Altmark. Später schlossen sich Thüringen und Sachsen als Nachzuchtgebiete an. Die heutige Zucht geht vor allem auf den belgischen Hengst Albion d'Hor sowie dessen Sohn Albion d'Herse zurück. Eine eigenständige Zucht von schweren Zugpferden auf belgischer Grundlage begann 1863 mit Gründung des mitteldeutschen Pferdezuchtvereins. Nach dem 2. Weltkrieg Einsatz mehrerer Araberhengste und ab 1965 Einkreuzung von zwei Ardenner-Hengsten. Nach Gründung der Zentralstelle für Pferdezucht der DDR 1952 erfolgte 1966 eine Zuchtzieländerung; der Rahmen wurde verkleinert. Von den 60er-Jahren des 20. Jh. an zunächst ständiger Rückgang des Hengst- und Stutenbestandes. Seit Beginn der 80er-Jahre aufgrund der veränderten Wirtschaftslage erneuter Ausbau der Zucht. Heute werden Altmärkisches, Meklenburger und Sächsisch-Thüringisches Kaltblut als eigenständige Rasse geführt.

Süddeutsches Kaltblut

Kennzeichen: Großrahmiges und gut bemuskeltes Kaltblutpferd. Gute Vorhand. Nicht zu kurze, aber straffe Mittelhand. Feste, breite Lende. Lange, gespaltene Kruppe. Gute Tiefenentwicklung und korrektes Fundament. Es kommen zu 80% Füchse sowie Braune und (selten) Rappen vor. Stockmaß 158–164 cm. Das Gewicht liegt bei 700–900 kg.

Verbreitung: Bayern, Baden-Württemberg.

Leistung: Fruchtbar, langlebig, leichtfuttrig. Guter Charakter. Wendig und vielseitig verwendbar. Kann sowohl in bergigem Gelände als auch in der Ebene für landwirtschaftliche Arbeiten und zum Holzrücken gut eingesetzt werden. Raumgreifender Schritt. Wird in den letzten Jahren häufig als Kutschpferd in Gegenden mit Fremdenverkehr benutzt oder als Schaupferd bei Festzügen eingesetzt.

Zuchtgeschichte: In Bayern wurde schon früh ein Kaltblutpferd gezüchtet, das auf Pferde der römischen Provinz Noricum zurückgehen soll und deshalb als Noriker bezeichnet wurde. Es gab zwei Typen; der schwere Schlag wurde als „Pinzgauer", der leichte als „Oberländer" bezeichnet. Im Verlaufe der Zeit wurden Warmbluthengste sowie Kaltbluthengste anderer Rassen aus dem In- und Ausland eingekreuzt. Später war man bestrebt, den Typ zu verstärken und zu vereinheitlichen. Man setzte jetzt österreichische Hengste ein. 1906 wurde erstmals ein Stutbuch eingerichtet. 1920 führten die Zuchtverbände das Edelweiß als Brandzeichen ein. Nach dem 2. Weltkrieg wurden beide Schläge unter dem Oberbegriff „Süddeutsches Kaltblut" zusammengefasst. Der Landesverband Bayerischer Pferdezüchter führte in der Nachkriegszeit ca. 28 000 Stuten und 600 Hengste dieser Rasse. Ein deutlicher Einbruch in der Zucht fand erst in den 60er-Jahren des vergangenen Jahrhunderts statt. 1995 waren 80 Hengste und 1800 Stuten in die Zuchtbücher der deutschen Zuchtverbände eingetragen.

Schwarzwälder Fuchs

Kennzeichen: Leichtes bis mittelschweres, harmonisch gebautes Kaltblutpferd. Feiner Kopf. Kurzer, kräftiger und gut angesetzter Hals. Kurze Mittelhand. Breite Kruppe. Kräftiges, trockenes Fundament mit nur geringem Kötenbehang. Harte Hufe. Die Farbe ist meist dunkelbraun mit hellem, oft nahezu weißem Langhaar (Kohlfüchse). Das Stockmaß der Stuten liegt bei 152 cm, das der Hengste beträgt einige Zentimeter mehr.

Verbreitung: Schwarzwald und dessen nähere Umgebung.

Leistung: Gutmütig, dennoch lebhaft. Zugstark und ausdauernd. Wendig und hart. Flotte, raumgreifende Gänge. Bevorzugt bei Forstarbeiten und in kleinbäuerlichen Betrieben eingesetzt. Im Rahmen des Fremdenverkehrs als Kutsch- und Schlittenpferd geschätzt, aber auch für die Freizeitreiterei unter dem Sattel geeignet. Anspruchslos. Gedeiht selbst auf den kalkarmen Böden des Hochschwarzwaldes.

Zuchtgeschichte: Kaltblutpferde gibt es im Schwarzwald seit vielen Jahrhunderten. Zunächst kamen noch alle Farben vor. Die Füchse lassen sich zumeist auf einen 1875 geborenen Hengst zurückführen. 1896 schlossen sich Züchter zur „Schwarzwälder Pferdezuchtgenossenschaft" zusammen. Ihre Tiere wurden unter der Rassebezeichnung „Schwarzwälder Pferde" 1906 erstmals auf einer DLG-Ausstellung gezeigt. Bis in die Zeit nach dem 2. Weltkrieg wurden Hengste vieler Kaltblutrassen und auch des Warmbluts eingesetzt. In der Nachkriegszeit zunächst zahlenmäßiger Rückgang; ab 1970 erneuter Aufschwung. Es gibt ungefähr 310 eingetragene Stuten und 16 Deckhengste. Durch den Ankauf von Norikerhengsten wurde die Zucht in den letzten Jahren wieder etwas mehr verbreitet. Um 1980 Einkreuzung von Freiberger-Hengsten. Hengstaufzucht und -haltung sind auf das Landgestüt Marbach übergegangen. Für die in der Forstwirtschaft eingesetzten Tiere gewährt das Land Baden-Württemberg Beihilfen.

Freiberger

Kennzeichen: Kräftiger, aber nicht schwerer Kaltblüter. Häufig Braune, nicht selten jedoch auch Füchse. Häufig kleine Abzeichen. Kleiner, ausdrucksvoller Kopf. Wuchtiger Hals. Breite Brust. Leicht gerundete Kruppe. Kräftige, trockene Gliedmaßen. Kurze Fesselung. Gute Hufe. Stockmaß 150 bis 155 cm bei einem Gewicht von 550–650 kg.

Verbreitung: Schweiz. Einzeltiere in anderen Ländern, vor allem zur Einkreuzung in schwere Kaltblutrassen, um diesen einen etwas kleineren Rahmen zu geben. 3000 eingetragene Stuten.

Leistung: Ausdrucksvolles, frühreifes, genügsames und umgängliches Pferd. Guter Charakter. Leichtfuttrig. Korrekte, ergiebige Gänge. Der Freiberger ist ein ideales Zug-, Last- und Reitpferd für die Bedürfnisse der Landwirtschaft in hügeligem Gelände. Er wird in der Schweiz auch noch vielfach für militärische Zwecke eingesetzt und ist bei der Waldarbeit unentbehrlich. Trittsicher.

Gut geeignet für die Freizeitreiterei. Dank seines ausgeglichenen Charakters ideales Pferd für Reittherapie und Voltigieren.

Zuchtgeschichte: Die ursprüngliche Heimat dieses Pferdes ist der Schweizer Jura, dort insbesondere die Hochebene der Freiberge, wo es seit Jahrhunderten gehalten wird. Im Verlaufe des 19. Jahrhunderts wurden Hengste von zehn verschiedenen Rassen, insbesondere Anglo-Normänner und Belgisches Kaltblut, aber auch Vollblüter eingesetzt. Ab dem Jahr 1900 Reinzucht. Seit Anfang des 20. Jahrhunderts gut konsolidierte Rasse. Nach dem 2. Weltkrieg bis auf ein Fünftel des ehemaligen Höchstbestandes von 80 000 Tieren zurückgegangen. Hält sich jedoch besser als andere Kaltblutrassen wegen seines leichteren Kalibers, breiten Verwendungsspektrums und der Tatsache, dass die Schweizer Armee für den Saumdienst im Gebirge immer noch Pferde benötigt. In letzter Zeit erfolgten vorsichtige Einkreuzungen mit Warmbluthengsten aus Schweden und Frankreich.

Noriker

Kennzeichen: Kaltblut im mittleren Rahmen. Es gibt Braune, Füchse, Blauschimmel, Tigerpferde und als besondere farbliche Rarität Mohrenköpfe. Derber, schwerer Kopf. Kurzer, kräftiger Hals. Breite Brust. Ziemlich steile Schulter. Langer, breiter Rücken. Mittellange Beine mit gut ausgebildeten Sprunggelenken und geringem Kötenbehang. Stockmaß ca. 160 cm.
Verbreitung: Österreich, hauptsächlich in den gebirgigen Gegenden. Das Hauptzuchtgebiet liegt rund um den Großglockner. Export in die angrenzenden Länder, aber z. B. auch nach Pakistan und China.
Leistung: Vielseitiges Wirtschaftspferd mit hervorragenden Leistungsanlagen. Guter Charakter bei genügend Temperament und Adel. Trittsicher.
Zuchtgeschichte: Der Noriker soll ursprünglich von römischen Legionspferden abstammen. Er wird schon seit über 400 Jahren in strenger Reinzucht und harter Selektion gehalten. 1574 wurden von Erzbischof Kuen die ersten Landbeschäler in den Pinzgau geschickt. 1688 traf Erzbischof Graf Thun folgende Anordnungen, die die Norikerzucht maßgeblich beeinflussten: 1. Die inländischen Mutterstuten dürfen nur von einheimischen Beschälern gedeckt werden. 2. Nur die Hofbeschäler dürfen zum Belegen verwendet werden und 3. vom Staat dürfen nur Fohlen angekauft werden, die von Hofbeschälern abstammen. In der Renaissance wurde andalusisches und neapolitanisches Blut in den einheimischen Pferdebestand eingekreuzt. Es gibt gegenwärtig ca. 9000 Noriker, davon sind 2700 als Hauptstammbuchstuten bei den einzelnen Zuchtverbänden eingetragen. Noriker werden als einzige Kaltblutrasse noch in einem geschlossenen Zuchtgebiet in rein bäuerlicher Landeszucht erhalten. Die Bestände haben sich in den letzten Jahren konsolidiert. 1984 fand in Wels (Oberösterreich) nach 18-jähriger Unterbrechung wieder eine Bundesnorikerschau statt.

Abtenauer

Kennzeichen: Kleinstes Kaltblut des deutschen Sprachraums. Gilt als kleine Sonderform des Norikers. Harmonischer Körperbau mit edlem Kopf und kräftigem Fundament. Es überwiegen Rappen, daneben kommen Füchse unterschiedlicher Farbausprägung vor. Besonders auffallend sind die Mohrenköpfe: Blauschimmel mit schwarzen Köpfen, die möglichst keine Stirnabzeichen besitzen sollten. Im Gegensatz zum Pinzgauer gibt es keine Tigerschecken. Das Gewicht schwankt um 600 kg bei einem Stockmaß von 148–154 cm. In den letzten Jahren besteht die Tendenz zu größerrahmigen, schwereren Tieren.

Verbreitung: In der Abtenau (mit dem gleichnamigen Dorf als Mittelpunkt), einem Hochtal südöstlich von Salzburg.

Leistung: Anspruchsloses, futtergenügsames, robustes Pferd. Wendig und gut geeignet für die Arbeit an den Berghängen sowie beim Holzrücken in den heimischen bäuerlichen Mittel- und Kleinbetrieben. Energisch und arbeitswillig. Wenn im österreichischen Bundesheer die gute Marschleistung eines Infanteristen besonders hervorgehoben werden soll, sagt man „der geht wie ein Abtenauer". Ausgeprägtes Gleichgewichtsgefühl. Ruhiges Temperament. Heute vielfach als Kutschpferd genutzt.

Zuchtgeschichte: Stellt seit alters her eine eigene Form innerhalb der Noriker-Schläge dar. Gegenwärtig setzt man zum Decken besonders kleine Norikerhengste ein. Es gibt noch ungefähr 70 Zuchtstuten.

Belgisches Kaltblut (Brabanter)

Kennzeichen: Massiges und mächtiges Kaltblutpferd. Braune, Füchse oder Schimmel unterschiedlicher Schattierung (hauptsächlich Braunschimmel). Recht kleiner, ausdrucksvoller Kopf auf kurzem, schwerem Hals mit Doppelmähne, rund gebaut; stämmig und dicht am Boden stehend. Gute Harmonie der Körperproportionen. Geschlossenes Mittelstück. Breite Brust und mächtig bemuskelte Kruppe. Niedriger Widerrist, lange Schulter. Die Beine sind kurz und stark mit viel Behang. Hengste haben ein Stockmaß von durchschnittlich 172 cm und erreichen ein Gewicht von mehr als 1100 kg. Stuten sind etwas leichter und niedriger.

Verbreitung: Hat von allen Kaltblutrassen international die größte Verbreitung erlangt. Wird in vielen europäischen Ländern sowie in Nord- und Südamerika gezüchtet. Nach wie vor in zahlreichen Exemplaren in Deutschland gehalten.

Leistung: Hervorragende Arbeitsleistung. Enorme Zugkraft. Gutartiges Temperament. Leichte Lenkbarkeit. Im Vergleich zu seinem Gewicht gute Trableistung. Leichtfuttrig. Frühreif.

Zuchtgeschichte: In Belgien wurden seit undenklichen Zeiten Kaltblüter gezüchtet. Cäsar rühmt bereits ein hartes, unermüdliches Bauernpferd westlich des Rheins. Auch im Mittelalter erfreute sich das kräftige und temperamentvolle belgische Pferd eines guten Rufs. Schwere Pferde waren auch in der Ritterzeit sehr beliebt. Später war es die Landwirtschaft, die schwere, kräftige Pferde benötigte. Ende des 19. Jahrhunderts wurden die bis dahin bestehenden unterschiedlichen Schläge vereinheitlicht. Trotzdem unterscheidet man noch heute den größeren und schwereren Brabanter und den kleineren und leichteren Ardenner (s. S. 245).

Shire

Kennzeichen: Größte Pferderasse der
Welt. Als Farben kommen Braune, Rappen,
Füchse und Schimmel vor. Große weiße
Flecken am Körper sind unerwünscht. Auffallende ausgedehnte weiße Abzeichen an
den Beinen. Großer, schwerer Kopf. Kurzer,
kräftiger, gut angesetzter Hals. Kurzer und
starker Rücken. Lange, breite und gut bemuskelte Kruppe. Charakteristisches Merkmal ist der starke Beinbehang, der bereits an
der Vorderfußwurzel bzw. am Sprunggelenk
beginnt und Fessel sowie Hufe lang und
dicht umwallt. Stuten erreichen ein Stockmaß von 165–178 cm. Der ausgereifte
Hengst ist 170–180 cm groß bei einem
Gewicht von 1000–1200 kg.
Verbreitung: Großbritannien, Nord- und
Südamerika, Südafrika sowie Australien. In
Deutschland inzwischen recht häufig.
Leistung: Außerordentliche Kraft. Gesunde
Konstitution. Widerstandsfähig. Freund-
liches, umgängliches Wesen. Nahezu

phlegmatisches Temperament. Wird als
Zugtier für schwere Lasten eingesetzt:
Brauereiwagen, Holzfuhrwerke. In Großbritannien auch für repräsentative Zwecke
genutzt.
Zuchtgeschichte: Der Shire ist ein Nach-
fahre des Schlachtrosses der Ritterzeit. Er
stammt aus den Shires Leicestershire, Staffordshire und Derbyshire in Großbritannien.
Ursprünglich für militärische Zwecke gezüchtet, fand er später bei zunehmender
Kultivierung des Bodens Verwendung in der
Landwirtschaft. Die Rasse musste entsprechend schwer gezüchtet werden, insbesondere bei Bewirtschaftung schwerer Marsch-
böden. Stammbäume lassen sich bis 1770
zurückverfolgen. 1878 wurde in Großbritannien die Shire Horse Society gegründet, die
jetzt mehr als 2500 Mitglieder besitzt.
Früher waren Shires überwiegend schwarz
und wurden deshalb auch als Old Black
English Cart Horse bezeichnet. In Deutschland besteht seit einigen Jahren eine Interessengemeinschaft der Shire-Horse-Halter.

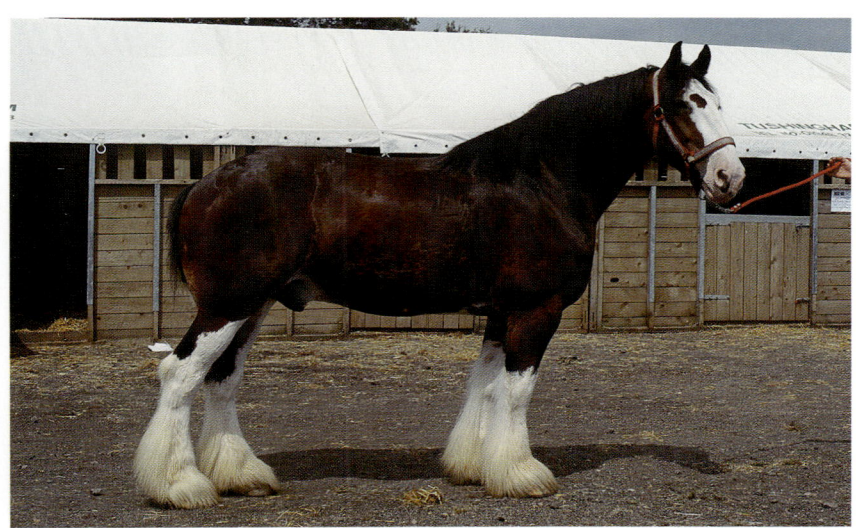

Clydesdale

Kennzeichen: Großrahmiges Kaltblutpferd; edel und trocken. Kurzer, keilförmiger Kopf mit breiter Stirn. Leicht geramste
Profillinie. Langer, hoch aufgesetzter Hals.
Gut markierter Widerrist. Gut bemuskelte,
schräge Schulter. Kräftiger, kurzer Rücken;
viel Gurtentiefe. Abfallende, nur wenig gespaltene Kruppe. Trockenes Fundament,
große Hufe. Ausgeprägter Behang, der den
ganzen Huf bedeckt. Gewöhnlich Braune
oder Rappen. Schimmel sind selten, Füchse
unerwünscht. Breite Blesse, Beine bis über
Carpal- und Sprunggelenk hinauf weiß.
Volles Langhaar. Widerristhöhe der Stuten
ca. 170 cm, die der Hengste 174 cm. Das
Gewicht liegt zwischen 700 und 1000 kg.
Verbreitung: Schottland (Ursprungsgebiet)
und übriges Großbritannien. Irland, Nordamerika, Südafrika, Australien, Neuseeland.
In Mitteleuropa nur Einzeltiere.
Leistung: Gutmütig und lernbereit. Kraftvoller, raumgreifender Schritt. Energisch

und arbeitswillig. Spätreif. Bestens geeignet
für Arbeiten in Land- und Forstwirtschaft sowie für repräsentative Umzüge.
Zuchtgeschichte: Zumindest seit dem Mittelalter werden in Schottland schwere Kaltblutpferde gehalten. Vermutlich seit langer
Zeit durch belgische, holländische und dänische Kaltblutpferde beeinflusst. Damals galt
der Spruch „was für England die Flotte ist,
sind für Schottland die Pferde". Vom 17.
Jahrhundert an kamen immer wieder flämische Pferde ins Land. Ab dem 18. Jahhun-
dert bevorzugt Hengste aus England, vermutlich Shires. Gründerhengst ist der 1810
geborene Rapphengst „Glancer 355". Zwei
seiner Söhne waren Linienbegründer. Das
Clydesdale Stud Book wurde 1876 gegründet; ein Jahr später kam es zur Bildung der
Clydesdale Horse Society. In Russland
wurde die Rasse wegen ihrer Kraft und
Energie als „Traktorenpferd" bezeichnet.
Als Zuchtverband fungiert die „Clydesdale
Horse Society of Great Britain and Ireland".

Suffolk Punch

Kennzeichen: Kaltblutpferd mit gespaltener Kruppe. Die Fuchsfarbe herrscht eindeutig vor. Keine Abzeichen. Recht kleiner Kopf; kurzer, mächtiger Hals. Sehr rumpfig und kompakt mit starker Rippenwölbung. Ziemlich niedriger Widerrist. Breite und starke Kruppe. Recht kurzbeinig. Kaum Kötenbehang, dadurch wirkt das Fundament leicht. Widerristhöhe bei 160–168 cm. Kleinste britische Kaltblutrasse. Gewicht 800–900 kg. Röhrbeinumfang 28 cm.

Verbreitung: Großbritannien, Irland, Nord- und Südamerika, Australien sowie Südafrika. In Mitteleuropa nur einzelne Exemplare.

Leistung: Für jede schwere Zugarbeit verwendbar; unermüdlicher Arbeitswille. Gelehrig, zuverlässig und gutmütig. Gutes Gangvermögen, lebhaftes Temperament. Frühreif und langlebig. Genügsam und leichtfuttrig. Elegant; mit guten Aktionen in Schritt und Trab. Gut geformte, harte Hufe.

Geeignet für die Kreuzung mit Vollblut zur Erzeugung von Huntern bzw. mit Warmblut, um gute Gebrauchspferde zu bekommen.

Zuchtgeschichte: Beheimatet in der ostenglischen Grafschaft Suffolk. Soll aus der Kreuzung von normannischen Hengsten mit einheimischen Landstuten entstanden sein. Die Rasse wurde 1506 zum erstenmal erwähnt. Bedeutender Stammhengst war der 1768 geborene Beschäler Crisp's Horse. Einzige britische Kaltblutrasse, die ausschließlich für landwirtschaftliche Zwecke gezüchtet wurde. Im 19. Jahrhundert sollen in Einzelfällen Yorkshire, flämische Hengste, Traber und Englisches Vollblut zur Zucht eingesetzt worden sein. 1877 wurde als Züchterorganisation die „Suffolk Horse Society" gegründet, die bereits 1880 den ersten Stutbuchband herausgab. Seitdem fand keine Zufuhr von Fremdblut mehr statt. Da gegenwärtig nur noch in beschränktem Umfang Verwendung besteht, ist die Zahl der Tiere erheblich zurückgegangen.

Welsh Cob

Kennzeichen: Mittelgroßes, im Typ zwischen Warm- und Kaltblut stehendes, kompaktes und kräftiges Pferd. Edler, ausdrucksvoller Kopf mit Ponycharakter. Breite Stirn, lebhafte Augen, kleine Ohren. Gut aufgesetzter, recht kräftiger Hals mit gewölbter Oberlinie bei Hengsten. Stark bemuskelte, schräg gelagerte Schulter. Kurzer Rücken, gute Rippenwölbung, große Gurtentiefe. Stark bemuskelte Kruppe und Hinterhand. Kurze Beine. Starke Röhren, trockene Fesseln. Feste Hufe. Seidige Kötenbehaarung. Es kommen alle Farben vor. Weiße Abzeichen sind zulässig, jedoch keine Schecken. Stockmaß ab 137 cm, meist jedoch zwischen 148 und 155 cm. Die auf dem europäischen Kontinent gezüchteten Tiere übertreffen die in Wales aufgewachsenen im Allgemeinen an Größe.

Verbreitung: Großbritannien. Mitteleuropa. Nordamerika.

Leistung: Unempfindlich. Anspruchslos. Ausdauernd. Lebhaft. Gutmütig und ausgeglichen. Hervorragendes Gangvermögen. Freie energische Aktion aus der Schulter. Kraftvoller Schub aus der Hinterhand. Beachtliches Sprungvermögen. Ausgezeichnetes Wagenpferd. Außerordentliche Wendigkeit. Aus der Kreuzung von Cobs und anderen Rassen gehen sehr oft auffallend harmonische und leistungsfähige Pferde hervor.

Zuchtgeschichte: Die Heimat des Welsh Cob ist Wales. Er wird z. T. auf spanische Pferde zurückgeführt; doch gab es bereits zur Zeit der römischen Invasion kleine, kräftige und doch flinke Pferde in Wales. Im vergangenen Jahrhundert wurden Araber und Englisches Vollblut eingekreuzt. Dadurch veränderte sich der Typ jedoch nicht wesentlich. Seit Jahrhunderten wird der Cob in der Landwirtschaft in seiner gebirgigen Heimat sowie als Kutschpferd und für Kriegsdienste eingesetzt. 1902 wurde das erste Stutbuch eröffnet. Pferde, die ein Stockmaß von 137 cm nicht erreichen, werden bei den Welsh Ponys, Section C, geführt.

Percheron

Kennzeichen: Schweres Kaltblut. Als Farben kommen Schimmel und Rappen vor. Feiner Kopf mit lebhaftem Auge und langen, feinen Ohren. Gerader Nasenrücken. Große Nüstern. Langer, kräftiger Hals. Auffallend schräge Schulter. Breite, tiefe Brust; gute Rippenwölbung. Kurzer, gerader Rücken. Viel Gurttiefe. Lange, leicht abfallende, gespaltene Kruppe. Kräftige, aber trockene Gliedmaßen. Starker Kötenbehang. Insgesamt stark bemuskelt. Das Stockmaß beträgt 155–172 cm bei einem Gewicht von durchschnittlich 900 kg.

Verbreitung: Hauptsächlich im Nordwesten, aber auch in anderen Teilen Frankreichs. Man findet ihn außerdem in Großbritannien, USA und Japan sowie in vielen anderen Ländern. In geringer Zahl auch in Deutschland.

Leistung: Hervorragendes Zugpferd. Besitzt viel Energie, Ausdauer und Arbeitseifer. Flexibler, leichter Schritt; eleganter Trab.

Sein Temperament verlangt eine feste Hand. Wird in Deutschland vor allem von Brauereien und Forstbetrieben eingesetzt. In Frankreich weitgehend zur Fleischproduktion gezüchtet.

Zuchtgeschichte: Die Heimat des Percheron liegt in der früheren Provinz Perche, den heutigen Departments Orne und Eure et Loire. Uralte Rasse, in die bereits im 8. Jahrhundert Araber eingekreuzt wurden. Später trugen spanische, normannische und immer wieder arabische Hengste zur Entstehung dieser Rasse bei. Stammhengst war der 1823 geborene Beschäler Jean de Blanc, der einen persischen Hengst zum Vater hatte. Lange Zeit gab es mehrere Schläge. Von ihnen blieb nur der schwerste erhalten, um den Bedürfnissen der Landwirtschaft und den Erfordernissen des Hauptexportlandes USA gerecht zu werden. 1883 gründete man die Société Hippique Percheronne; gleichzeitig wurde ein Stutbuch eröffnet. Die Zahl der Percherons ging nach dem 2. Weltkrieg deutlich zurück.

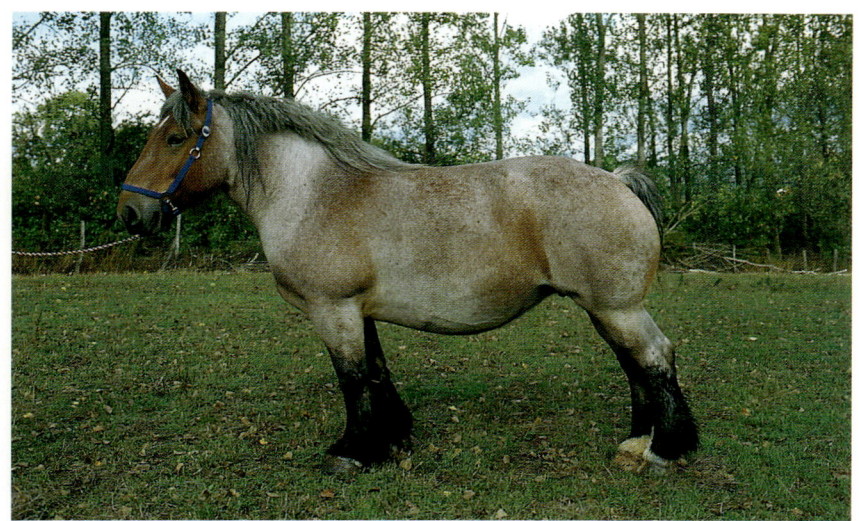

Ardenner

Kennzeichen: Mittelschweres Kaltblut. Kompakt und stark bemuskelt. Alle Grundfarben außer Rappen; vorherrschend Schimmel verschiedener Färbung und Braune, gelegentlich Füchse. Kurzer Rumpf. Relativ kurzbeinig bei großer Rumpftiefe. Wuchtiger Kopf; gerade oder etwas eingedellte Profillinie. Breite Stirn, kleine Ohren. Kurzer, stark bemuskelter Hals mit breitem Ansatz. Breite, stark gewölbte Brust. Kurzer Rücken. Starkknochige Gliedmaßen mit ausgeprägtem Kötenbehang. Widerristhöhe des französischen Ardenners 158–165 cm bei einem Gewicht von 700–1000 kg; der belgische etwas niedriger und leichter.

Verbreitung: Belgien und Frankreich, insbesondere die Ardennen, Luxemburg, Schweden und Deutschland (Pfälzer Ardenner), Russland und Südamerika.

Leistung: Lebhaft, arbeitswillig und ausdauernd. Genügsam und widerstandsfähig. Gutmütig. Früher zum schweren Zug in der Landwirtschaft, zum Lastentransport und beim Militär eingesetzt. Heute Verwendung beim Holzrücken und als Brauereigespanne.

Zuchtgeschichte: Uralte Rasse. War vermutlich schon zur Römerzeit in den Ardennen bodenständig. Zur Veredelung früher gelegentlich Einkreuzung von Arabern und zur Typverbesserung Einsatz von Percheron, Belgiern (Brabantern) und Shire. Wurde insbesondere von Napoleon auf seinen Feldzügen eingesetzt. In Frankreich wurde das Stutbuch 1908 geschaffen, bestand aber nur vorübergehend. Die 1923 ins Leben gerufene Nachfolgeorganisation vertritt zwölf Departements. In Belgien gründete man 1926 eine eigene Züchtervereinigung, die „Société Royale du Cheval de Trait Ardennais". In Frankreich wurde die Rasse auch als „Trait du Nord" bezeichnet, bis sie 1965 „Nördlicher Ardenner" genannt wurde. Um die durch den Zweiten Weltkrieg entstandenen Verluste auszugleichen, wurden in der Folgezeit verschiedene andere Kalt- sowie Warmblutrassen eingekreuzt.

Bretone

Kennzeichen: Kaltblut. Die Größe
schwankt je nach Typ. Meist Füchse, selten
Braune und Schimmel. Mittelgroßer Kopf
mit breiter Stirn. Gerade Profillinie, manchmal etwas geramst. Kleine Ohren, weite
Nüstern. Kräftiger, etwas kurzer, leicht gewölbter Hals. Starker aber niedriger Widerrist. Breiter, kurzer, gut bemuskelter
Rücken. Ziemlich kurze Schulter; gewölbte
Rippe. Schenkel und Vorarm stark bemuskelt. Röhrbein kurz und trocken. Drei Typen. Typ 1: „Petit Trait Breton", kleines bretonisches Zugpferd aus dem Zentralgebirge,
Widerristhöhe bis 157cm, gilt als der eigentliche Nachkomme des alten bretonischen
Pferdes. Typ 2: „Trait Breton", bretonisches
Zugpferd, 900–950 kg, Widerristhöhe
157–160 cm. Gedrungen, kurzbeinig, stark
bemuskelt und kräftig. Typ 3: „Postier Breton" mit brillanten Gängen. Gleiche Größe
wie Typ 2, aber mehr Adel, schöner und
mit 700–900 kg leichter.

Verbreitung: Frankreich in den Departements Finistère, Côtes du Nord, Morbihan,
Ille et Vilaine und Loire Atlantique); Spanien, Italien, Japan und andere Länder.
Leistung: Stark, robust und lebhaft. Sanft-
mütig und arbeitswillig. Viel in der Landwirtschaft, speziell im Gemüseanbau; an
der Küste auch zur Gewinnung von Seetang
eingesetzt. Wegen der guten Fleischqualität
als Schlachtpferd sehr geschätzt.
Zuchtgeschichte: Alte, bodenständige
Rasse, die angeblich von den Pferden der
Kelten abstammt. Im Mittelalter zwei selbst-
ständige Varianten: der Sommier und der
Roussin. Die erste wurde in der Landwirtschaft sowie als Pack- und Zugpferd verwendet, die zweite als Reitpferd. Die drei
obengenannten Typen entstanden durch
Einkreuzung von Arabern, Englischem Vollblut, Hackneys sowie anderen französischen
Kaltblutrassen. Ein Zuchtbuch wurde 1909
gegründet; es wird vom Syndicat des Elèveurs du Cheval Breton geführt. Ein Stutbuch gibt es seit 1951.

Comtois

Kennzeichen: Mittelgroßes Kaltblut.
Füchse oder Braune. Kurzbeinig. Quadrati-
scher Kopf, lebhaftes Auge, kurze Ohren.
Der Hals ist gerade und gut bemuskelt. Ausgeprägter Widerrist, breite und tiefe, gut
gerippte Brust. Lendenpartie kurz und gut
geschlossen. Beine trocken mit klaren
Sehnen und breiten, starken Gelenken.
Hufe mittelgroß und gut geformt. Das Stock-
maß liegt bei 150–160 cm. Ausgewachsene
Hengste und Stuten wiegen 600–800 kg.
Verbreitung: Frankreich. Das ursprüngliche Verbreitungsgebiet ist die Franche
Comté (daher der Name) und besonders
der obere Jura (Maiche-Russey) im Osten
Frankreichs. Das Zentrum des Zuchtgebietes
liegt östlich von Besançon. Darüber hinaus
wird der Comtois in den französischen
Alpen, im Zentralmassiv und in den
Pyrenäen gezüchtet.
Leistung: Robust und ausdauernd. Gut für
schwieriges Gelände geeignet. Vorteilhaft
auch auf armem Boden mit rauem Klima.
Energisch und lebhaft. Häufig Verwendung
bei Waldarbeiten und in Weinbaugebieten.
Frühreif. Das Fleisch wird in Frankreich,
wie Pferdefleisch allgemein, besonders geschätzt.
Zuchtgeschichte: Uralte Rasse. Sie soll auf
germanische Pferde zurückgehen, die ungefähr im 4. Jahrhundert von den Burgundern
eingeführt wurden. Kaiser Karl V. schätzte
diese Pferde zur Verbesserung der Rassen in
Burgund und anderen Gegenden. Ludwig
XIV. benutzte sie für seine Kavallerie und In-
fanterie. Durch Einkreuzung kleiner Ardenner nach 1905 deutliche Typverbesserung.
Seit 1925 nur noch Reinzucht. Seitdem im
Typ auffallend homogen. 1979 gründete
man ein Zuchtbuch. Es wird vom Syndicat
des Eléveurs du Cheval Comtois geführt.
1980 wurden annähernd 7000 Stuten von
mehr als 250 Hengsten gedeckt.

Boulonnais

Kennzeichen: Schweres, aber elegantes
Kaltblutpferd mit viel Adel. Stets Schimmel
von sehr hell bis zum dunklen Apfelschimmel. Eleganter Kopf, breite Stirn, lebhafte
Augen. Hals meist gewölbt; massig und
stark bemuskelt. Sehr dichte Mähne, aber
nicht besonders lang. Breite und tiefe Brust;
Rippe stark gewölbt. Gerader Rücken. Muskulöse, gespaltene Kruppe. Kräftige, stark
bemuskelte Beine. Kurzes Röhrbein. Fessel
wenig behaart. Zwei Typen: 1. Der kleine
„Fischhändler" mit 155–160 cm Stockmaß
und 500–550 kg Gewicht. Er ist recht
selten geworden. 2. Der große Boulogner
mit 160–170 cm Stockmaß und 700 kg
Gewicht. Gelegentlich wird dieser Typ bis
1000 kg schwer.
Verbreitung: In fünf Departements im
Norden Frankreichs (Pas de Calais, Nord,
Somme, Seine Maritime und Oise). Das
Zentrum der Zucht liegt in der Gegend von
Boulogne.

Leistung: Energisch, aber nicht sehr
schwierig im Charakter. Lebhaft, doch gutmütig. Für alle Zugarbeiten gut verwendbar.
Das Fleisch in Frankreich sehr geschätzt.
Zuchtgeschichte: Berittene Einheiten
Cäsars hatten sich, bevor sie nach England
übersetzten, lange an der Kanalküste von
Frankreich aufgehalten. Die Pferde von
damals sollen die Basis der jetzigen Zucht
gebildet haben. Nach anderer Auffassung
stammt der Boulonnais vom alten schweren
Pferd Nordeuropas ab. Wiederholt wurden
Kreuzungen mit Arabern und Andalusiern
vorgenommen. Daher stammen Temperament, ausdrucksvoller Kopf und Adel sowie
die Trockenheit der Gliedmaßen. Früher
waren die „Fischweiber" in Paris gut bekannt. Das waren leichte Boulonnais-Stuten,
die täglich Fische von der Küste nach Paris
brachten. Sie sollen pro Stunde 16 km
zurückgelegt haben. Schon 1866 wurde ein
Zuchtbuch angelegt, das vom Syndicat des
Elèveurs du Cheval Boulonnais geführt
wird. Brandzeichen in Form eines Ankers.

Deutsches Reitpony

Kennzeichen: Unter dieser Bezeichnung ist nicht eine Rasse, sondern eine Zuchtrichtung zu verstehen. Es werden ihm Produkte zugerechnet, die aus der Kreuzung unterschiedlicher Rassen entstanden sind. Folgende Definition kann als Zuchtziel gelten: ein zur Verwendung für Reit- und Fahrzwecke durch Kinder oder Erwachsene geeignetes, rittiges und leistungswilliges Pony mit den Proportionen und Bewegungen eines Reitpferdes bei klarer Ausprägung des Ponytyps wie kurzer, breiter Kopf mit großen Augen; gute Bemuskelung mit abgerundeten Konturen; solides Fundament; Mindestgröße von 138 cm Stockmaß (maximal 148 cm). Die Vorstellungen über den anzustrebenden Standard sind jedoch noch nicht überall einheitlich.

Verbreitung: Deutschland, vor allem in Westfalen und Niedersachsen. Inzwischen gibt es auch die Rasse „Kleines Deutsches Reitpferd".

Leistung: Rittig und leistungswillig. Umgänglich, ausdauernd und anspruchslos. In Temperament und Charakter einwandfrei. Als Reit- und Fahrpony verwendbar. Leichtfuttrig.

Zuchtgeschichte: Aus Dülmenern, Nordkirchnern sowie britischen und anderen Ponyrassen, aber auch Arabern und anderen Großpferderassen entstanden. Die organisierte Zucht begann zwischen 1940 und 1950. Mit der Gründung des „Verbandes der deutschen Kleinpferdezüchter e. V." im Jahre 1943 und dessen Überführung in das „Deutsche Kleinpferdestammbuch" 1945 nahm die deutsche Ponyzucht ihren Ausgang. Seit 1969 wird ein Zuchtbuch geführt.

Lewitzer

Kennzeichen: In der Regel Platten-
schecken, selten auch Tigerschecken oder
Einfarbige. Kleiner, trockener und ausdrucksvoller Kopf. Gute Halsung, ausgeprägter Widerrist. Gut bemuskelte Schulter,
geschlossene Mittelhand und lange, mäßig
abfallende Kruppe. Trockenes, dem Rumpf
angepasstes, kräftiges Fundament mit guten
Gelenken und korrekter Stellung. Stockmaß
133–145 cm.
Verbreitung: Zunächst auf dem Gut Lewitz
südlich von Schwerin in Mecklenburg gezüchtet. Später in der gesamten ehemaligen
DDR. Der Schwerpunkt der Zucht liegt in
Mecklenburg-Vorpommern sowie Sachsen-
Anhalt. Insgesamt 25 Hengste und 217 eingetragene Zuchtstuten (1999).
Leistung: Anspruchslos bezüglich Fütterung und Haltung. Konstitutionsstark.
Hohes Regenerationsvermögen. Gute
Fruchtbarkeit. Ausgeglichenes Temperament
und umgänglich. Leistungsbereit. Fördern-
der, elastischer Bewegungsablauf in allen
Grundgangarten. Klug, gelehrig und absolut
gutmütig. Bestechendes Reit- und
Wagenpferd. Ideales Freizeitpferd. Hervorragendes Kinderpony.
Zuchtgeschichte: Seit 1971 gezüchtet. Aus
der Kreuzung von Ponystuten verschieden-
ster Rassen mit Araber- und Trakehner-
hengsten hervorgegangen. Seit 1976 im
Zuchtbuch geführt. Zunächst wurde die
Zucht von zwei Typen gefördert: Typ C um
125 cm Widerristhöhe und Typ D mit
135–150 cm Widerristhöhe. Der Lewitzer
wurde lange Zeit nur als Zuchtrichtung angesehen, er darf aber heute als eigenständige Rasse gelten.

Dülmener

Kennzeichen: Primitivpferde. Gegenwärtig
kommen drei Farbschläge vor: Mausgraue
(ca. 70%), Braune (ca. 20%) und Rappen
(ca. 10%). In der Regel besitzen die Tiere
einen Aalstrich; gelegentlich angedeutete
Zebrastreifung an den Vorderbeinen. Kalt-
bluttypen, die noch vor wenigen Jahren anzutreffen waren, gibt es jetzt nicht mehr.
Mittelgroßer, ausdrucksvoller Kopf. Leicht
gewölbter, gut aufgesetzter Hals. Mäßig ausgeprägter Widerrist bei guter Schulterlage.
Gut bemuskelter Rücken mit kräftiger Nierenpartie. Trockenes Fundament, kleine,
sehr harte Hufe. Lange, dichte Mähne und
langer Schweif. Das Stockmaß liegt bei
125–140 cm. Tiere in Privatbesitz unterscheiden sich im Typ etwas von den in der
Wildbahn lebenden.

Verbreitung: Der Hauptbestand von ungefähr 250 Tieren wird auf einer Fläche
von ca. 200 ha im Merfelder Bruch bei
Dülmen/Westfalen gehalten.

Leistung: Zäh. Robust. Wetterhart. Die
Herde in der Wildbahn kennt keine spezielle Nutzung. Bei entsprechendem Training
lassen sie sich vor die Kutsche spannen und
geben dann ein sehr ansprechendes Bild.

Zuchtgeschichte: Der Bestand wird urkundlich schon 1316 erwähnt. Der Dülmener ist, auch wenn man dies gelegentlich
lesen kann, kein Wildpferd, sondern durchaus domestiziert. Ursprünglich ist er offenbar das Kreuzungsprodukt aus entlaufenen
Haus- und Wildpferden. Derartige Pferde-
populationen gab es bis ins 19. Jahrhundert
in den sumpfigen „Wildbahnen" Westfalens.
Das Merfelder Bruch fiel 1840 an den Herzog von Croy, der die dort vorhandenen
Dülmener unter besonderen Schutz stellte.
Später wurden gezielt Hengste mehrerer
recht unterschiedlicher Primitivpferde-
Rassen zur Zucht eingesetzt; insbesondere
solche aus Polen und England. Gegenwärtig
kommen auch Hengste aus eigener Nachzucht zum Deckeinsatz. Seit 1989 gibt es
die „IG Dülmener Wildpferd e. V."

Haflinger

Kennzeichen: Kleines, stämmiges, harmonisch gebautes Pferd mit schönen langen Linien und guter Bemuskelung. Füchse vom ganz hellen, goldfarbenen Lichtfuchs bis zum dunklen Kohlfuchs. Trockene, harte Knochen. Kleiner Kopf mit lebhaften, klaren Augen und kleinen Ohren, der deutlich Arabereinfluss verrät: Gute Hufe. Üppige Mähne, die nach Möglichkeit flachsblond sein soll. Kräftiger, leicht gewellter Schweif. Fast immer Abzeichen. 135–145 cm Stockmaß bei einem Gewicht von 350–400 kg.
Verbreitung: Neben Österreich, Italien, Deutschland und der Schweiz in sehr vielen weiteren Ländern. In Deutschland vor allem in Bayern und Westfalen. Hier gibt es ca. 4000 eingetragene Zuchtstuten.
Leistung: Ausgezeichnetes Vielzweckpferd für Landwirtschaft und Gebirgstruppe. Trittsicher und ausdauernd. Hervorragender Kletterer. Gutes Freizeitpferd für Kinder und Erwachsene. Gutmütig und umgänglich.

Zuchtgeschichte: Schon zur Römerzeit gab es in Südtirol kleine Saumpferde, die als Vorfahren des Haflingers angesehen werden. Später starke Einkreuzung von Noriker- und Araberblut. Seit 1900 Benennung nach dem Dorf Hafling oberhalb von Meran. Als Stammvater gilt der hellbraune Halbbluthengst „Folie", ein 1874 geborener Sohn eines Araberhengstes. Zunächst nur Haltung in Südtirol in der Landwirtschaft und als Saumtiere der Gebirgstruppen. Nach dem 1. Weltkrieg Aufbau einer eigenen Zucht in Österreich, in den 30er-Jahren des 20. Jh. auch in Bayern. Im Laufe der letzten Jahrzehnte wurde wegen Änderung des Verwendungszwecks der Typ geändert. Statt des kurzbeinigen Klein-Kaltblüters wird jetzt vermehrt ein kleines Reitpferd mit langer Halsung, ausgeprägtem Widerrist und korrekten, flüssigen Bewegungen verlangt. Das wurde neben strenger Zuchtauswahl durch Einkreuzung von Arabern erreicht. Die Umzüchtung ist abgeschlossen. Der Arabo-Haflinger gilt als überholt.

Konik

Kennzeichen: Kräftiges, gut bemuskeltes
Pony. Leicht überbaut. Fester Rücken.
Kurze, abfallende Kruppe. Verhältnismäßig
schwach entwickelte Brust. Die Farbe ist
Braun, Schwarzbraun oder Mausgrau,
oft mit einem schwarzen Aalstreifen
über dem Rücken. An den Beinen tritt
nicht selten Zebrastreifung auf. Mähne,
Stirnschopf und Schweif sind stark
entwickelt. Die Widerristhöhe beträgt
130–140 cm. Das Gewicht liegt bei
280–370 kg.
Verbreitung: Polen. Etliche Tiere in
Deutschland, vor allem in Mecklenburg-
Vorpommern. Zahlreiche Koniks in Flevo-
land bei Amsterdam.
Leistung: Robust. Widerstandsfähig gegen
Kälte. Sehr genügsam. Zugfest. Feste
Knochen, sehr harte Hufe.
Zuchtgeschichte: Der Name Konik kommt
aus dem Polnischen und bedeutet Pferd-
chen. In Deutschland wurde diese Rasse
auch unter dem Namen Panjepferd bekannt.
Die Grundlage bildete eine primitive Landrasse, der Mierzyn (d. h. Mittelpferd). Ungefähr ab 1927 begann in Polen eine planmäßige Zucht. Nach dem 2. Weltkrieg
wurden mehrere Gestüte zur Zucht dieser
Rasse eingerichtet. Vorübergehend wurden
vorsichtig Fjordpferde eingekreuzt. 1936
setzte man auf Initiative von T. Vetulani
einige ausgewählte Koniks im Wildpferdtyp
in freier Wildbahn aus. Man hoffte, bei
entsprechender Selektion den Urtyp rück-
züchten zu können. Sie sind recht einheitlich in Typ und Färbung; es überwiegt
Eisengrau fast ohne Braunanteile (die Bezeichnung mausgrau ist irreführend). Im
Wildgestüt von Popielno in den Masuren
werden in einem Gehege von 320 ha mehrere Herden ganzjährig frei gehalten. Wider
Erwarten sind sie nicht verwildert, sondern
geradezu aufdringlich. Etliche dieser Pferde
werden in der Landwirtschaft genutzt.
In Polen ca. 35 gekörte Hengste und 150
Stuten.

Huzule

Kennzeichen: Edles und trockenes Pony. Ausdrucksvoller Kopf mit leicht konkaver Profillinie. Kurzer Hals. Schrägliegende Schulter. Leicht überbaut, ziemlich kurze, schrägliegende Kruppe. Niedrig angesetzter Schweif. Ohne Einkreuzung von Arabern kurzbeinig. Starkes Fundament; zur Kuhhessigkeit neigend. Mit Ausnahme von Schimmeln alle Farben. Am häufigsten Rappen, Dunkelbraune und Falben; kleinerer Anteil Füchse. Nach Größe und Kaliber drei Typen mit unterschiedlicher Abstammung. Die Tiere im Norden des Verbreitungsgebietes sind etwas kleiner als die im Süden. Stockmaß 135–145 cm, Röhrbeinumfang 19 cm.
Verbreitung: Hauptsächlich Karpaten und angrenzende Gebiete: Slowakei, Polen (hier 300 Zuchtstuten), Ukraine, Rumänien und Ungarn. Kleinere Bestände in Mitteleuropa und Großbritannien.
Leistung: Gutes Arbeits-, Trag- und Reitpferd. Unermüdlicher Bergsteiger mit großer Trittsicherheit. Vielseitig verwendbar. Robust und zäh, genügsam und ausdauernd. Ruhiges Temperament und guter Charakter; umgänglich. In seiner Heimat wird der Huzule ganzjährig auf der Weide gehalten. Beim Springreiten nimmt er Hindernisse bis zur Höhe von 1,2 m. Gute Eignung für Distanzwettbewerbe; Huzulen legen über eine Entfernung von 50 km bis zu 13 km pro Stunde zurück.
Zuchtgeschichte: Kommt ursprünglich aus der jetzt zur Ukraine gehörigen Huzulei in den Ostkarpaten. Zur Verbesserung der Zucht richtete Österreich 1856 auf dem 1200 m hoch gelegenen Plateau von Luczyna ein Gestüt ein. Besondere Bedeutung für die Zucht hatte der Hengst „Goral", dessen Abstammung unbekannt ist. Später Einkreuzung von Arabern, Orientalen, Englischem Vollblut und anderen Rassen. Die drei Typen – Tarpan-Huzule, Przewalski-Huzule und Bystrzec-Huzule – gleichen einander heute im Typ weitgehend. Seit 1979 Initiative zur Rettung des Huzulenpferdes.

Mazedonier

Kennzeichen: Kräftiges, elegantes Pony. Schlanker, vom orientalischen Einfluss geprägter Kopf mit breiter Stirn. Großes, klares, lebhaftes Auge. Ohren meist klein und hoch angesetzt. Ausgewogener, kräftiger, mittellanger Hals. Gut gelagerte, schräge Schulter. Gerader, kräftiger Rücken. Breite Brust. Trockene Gliedmaßen, zur Kuhhessigkeit neigend. Feste Hufe. Vorwiegend braun und dunkelbraun. Gelegentlich Füchse, Rappen und Schimmel. Keine Schecken; nur selten Abzeichen. Man unterscheidet zwei Größen. Typ A: bis 132 cm Widerristhöhe; Typ B: bis 145 cm Widerristhöhe.

Verbreitung: Ursprünglich südlicher Teil des ehemaligen Jugoslawien. Gehört zur Rassengruppe des Balkanpferdes. Man unterscheidet den kleineren Podvelez-Stamm, der in kargen Gegenden mit spärlicher Vegetation gehalten wird, und den größeren Glasniac-Stamm, den man in fruchtbareren Gegenden hält. Bedeutende Zuchtgruppe seit Anfang der 70er-Jahre des 20. Jh. in der Schweiz.

Leistung: Zäh, genügsam und für alle Arbeiten in der Landwirtschaft einsetzbar. Sehr trittsicher. Leichte Bewegungen, raumgreifender Schritt, viel Schub aus der Hinterhand. Hervorragendes Tragpferd. Leistungsbereit, aber sensibel.

Zuchtgeschichte: Den Ursprung bildete ein an Gebirgsgegenden mit rauem Klima angepasstes Kleinpferd. Im Laufe der Jahrhunderte immer wieder Einkreuzung von arabischen und anderen orientalischen Pferden sowie Berbern und Bosniaken. Im Typ nicht sehr konsolidiert. Im Rahmen einer Rettungsaktion kamen 1973 und 1974 ca. 150 Mazedonier in die Schweiz. Dort gründete man im Herbst 1974 den „Schweizerischen Verein der Mazedonischen Pferde", dem gegenwärtig 70 Mitglieder angehören. Im Zuchtbuch sind ca. 140 Pferde eingetragen.

Bosniake

Kennzeichen: Kräftiges, ausgewogenes Pony. Meist mittel- bis dunkelbraun. Gelegentlich Füchse, Schimmel und Rappen. Keine Schecken, kaum Abzeichen. Ausgeprägter Ponykopf mit gerader Profillinie und weiten Nüstern. Großes, lebhaftes Auge. Mittellange bis große, hochangesetzte Ohren. Kräftiger, mittellanger Hals. Tiefe Brust; gut gelagerte, schräge Schulter. Mittellanger, breiter Rücken mit muskulöser Nieren- und Lendenpartie. Leicht abfallende Kruppe mit tief angesetztem Schweif. Kräftiges Fundament; kleine, feste Hufe. Stockmaß 128–148 cm, Gewicht 350–450 kg.
Verbreitung: Bosnien und Herzegowina sowie teilweise auch in anderen Gegenden des früheren Jugoslawien. Mehrere Bestände in Deutschland.
Leistung: Robust, ausdauernd und genügsam. Zuverlässiges Berg-, Trag- und Distanzpferd. Temperamentvoll, aber ausgeglichen. Trittsicher. Gehorsam und einsatzwillig.

Harmonischer Schritt und Trab; gute Galoppaden. Leichte, sichere Bewegungen. Bei solider Ausbildung ein gutes Kinderpony.
Zuchtgeschichte: Seit vielen Jahrhunderten im Karstgebiet Bosniens, wo ein zähes, stämmiges Pony benötigt wurde. Die österreichisch-ungarische Regierung versuchte im 18. und 19. Jahrhundert, die Rasse durch Einkreuzung von Arabern zu veredeln. In den tiefer gelegenen Gebieten Bosniens und der Herzegowina kamen zudem kräftigere englische Pferde zum Einsatz. Nach dem 2. Weltkrieg kamen viele Tiere aus dem Staatsgestüt „Ergela Borike" und den Landgestüten in mitteleuropäische Länder. In Deutschland werden Bosniaken seit den 60er-Jahren des 20. Jahrhunderts gezüchtet. Nachdem es vorher schon eine Interessengemeinschaft gegeben hatte, wurde 1986 die „Gesellschaft der Freunde, Förderer und Züchter des Bosnischen Pferdes e. V." gegründet, die die Erhaltung des ursprünglichen Typs der Rasse zum Ziel hat. Man unterscheidet die Barut- und die Misko-Linie.

Merens

Kennzeichen: Stämmiges Pony. Stets
Rappen; oft rötliche Flanken. Die Fohlen
werden schwarz, dunkelgrau oder milch-
kaffeebraun geboren. Ausdrucksvoller Kopf
mit breiter Stirn. Recht kurze Ohren, hervorstehende Augen, weiche Augenbrauen-
wölbung. Kräftige Mähne. Breiter Rücken,
feste Lenden, tiefe Flanke. Abfallende
Kruppe. Muskulöse Schulter und Schenkel.
Trockenes Fundament, breite Hufe, häufig
kuhhessig. Die Widerristhöhe beträgt
135–148 cm; das Gewicht liegt bei
400–500 kg.
Verbreitung: Französische Pyrenäen, und
zwar besonders in den Departements
D'Ax-les-Thermes, Querigut, Les Cabannes
und Tarascon. Niederlande. Seit einigen
Jahren in geringer Zahl in Deutschland.
Leistung: Robust und anspruchslos. Eigen-
willig, doch gutmütig. Trittsicher. Verwendung in der Landwirtschaft sowie als Reit-
und Saumpferd. Gutmütig und arbeitswillig.

Zuchtgeschichte: Uralte Robustrasse, deren Vorfahren schon zu Zeiten der Römer
genutzt wurden. Vermutlich von den Pferden der Germanen während der Völkerwanderung und denen der Araber während
ihrer Invasionen beeinflusst. Früher, insbesondere unter Napoleon, als Artilleriepferde
genutzt. Mit systematischer Zucht wurde
1908 begonnen. Nach 1950 vorübergehend
nur noch Restbestände. Dank eines engagierten Züchters konnte die Restpopulation
gehalten werden. Jetzt strenge Selektion der
Zuchttiere. Die Rasse blieb seit langer Zeit
weitgehend frei von Fremdblut. Mit der
Stutbucheintragung begann man 1947. Das
Stutbuch wird vom Syndicat d'Elevage du
Cheval des Mérens geführt.

Fjord-Pferd

Kennzeichen: Robustes Kleinpferd. Meist Falben mit schwarzem Aalstrich, der sich als schwarzer Mähnenstrich bis zu den Ohren fortsetzt und als schwarzer Mittelstrich im Schweif erscheint. Oft angedeutete Zebrastreifung an den Beinen. Kleine weiße Abzeichen am Kopf sind zugelassen, an den Beinen jedoch nicht. Großer, wohlgeformter Kopf mit breiter Stirn, großen Augen und geradem oder leicht konkavem Nasenrücken. Kurze Ohren. Kurzer, kräftiger Hals, der fast ohne Widerrist in den meist langen Rücken übergeht. Schräge, gut bemuskelte Schulter. Viel Gurttiefe. Langer Unterarm und kurzer Mittelfuß. Nicht zu kurze Fesseln. Kruppe kurz, spitz und abgeschlagen. 135–145 cm Stockmaß bei einem Gewicht von 350–500 kg.

Verbreitung: Norwegen. Nord- und Mitteleuropa. In Deutschland vor allem in Hessen und Schleswig-Holstein.

Leistung: Trittsicher, leistungsbereit und ausdauernd. Gut geeignet zur Waldarbeit, im Obst- und Weinbau. Als Freizeitpferde auch für schwere Erwachsene sowie für therapeutisches Reiten geeignet. Schwungvolle, raumgreifende Bewegungen mit Kraft und Schub aus der Hinterhand. Geländegängig. Gutmütig. Willig und umgänglich. Robust und leichtfuttrig. Spätreif.

Zuchtgeschichte: Alte norwegische Rasse. Ihre Heimat liegt in den westlichen Provinzen. Entstand bei extensiver Haltung unter dem rauen Klima des Nordens ohne Zufuhr von Fremdblut. Seit Ende des 19. Jahrhunderts wird ein nicht zu schweres Gebirgspony angestrebt. In Norwegen in der Landwirtschaft eingesetzt. Als durch zunehmende Mechanisierung der Bedarf der Landwirtschaft abnahm und eine erhöhte Nachfrage nach Reitponys einsetzte, ging das Zuchtziel vom breiten, tiefen Wirtschaftstyp zum edleren, trockeneren Typ mit ausreichendem Widerrist und viel Gangvermögen. In Norwegen heißt die Rasse Fjordhest oder Vestlandhest.

Island-Pony

Kennzeichen: Stämmiges, kompaktes Reitpony. Alle Farben sind erlaubt. Füchse, Rappen und Braune, seltener Schimmel und Schecken, kommen vor. Kurzer, breiter, nicht zu schwerer Kopf mit kleinen Ohren und buschigem Stirnschopf. Kurzer Hals mit kräftiger Mähne. Schulter lang, schräg und gut bemuskelt. Kräftiger, derber Körperbau. Gespaltene, leicht überhöhte und abgeschlagene Kruppe. Kurze, starke Beine. Oft zehenweit. Kurze, kräftige Fesseln. Harte, unverwüstliche Hufe. Raues Haarkleid, welches Regenwasser gut abfließen lässt. Die gewünschte Größe liegt bei 130–138 cm Stockmaß bei einem Gewicht von 350–400 kg.
Verbreitung: Island. Viele Länder des europäischen Festlandes. In Deutschland vor allem im Rheinland, in Niedersachsen und der Pfalz.
Leistung: Ursprünglich Zugpferd in der Landwirtschaft und für Reisetransport. Wegen des unwegsamen Geländes in seiner Heimat als Reittier gezüchtet. Große Trittsicherheit. Neben den drei üblichen Gangarten auch Tölt und Pass. Robustes Reitpony Auch für Erwachsene geeignet. Ruhiges Temperament. Hart und futtergenügsam. Extensivhaltung mit Unterstand möglich.
Zuchtgeschichte: Im 9. und 10. Jahrhundert brachten die Wikinger skandinavische und keltische Ponys mit nach Island. Seit dieser Zeit erhielt sich das Island-Pony in seiner Heimat ohne Fremdeinkreuzung. Um 1900 wurde eine planvolle Zucht begonnen. Die ersten, nicht sehr großen Zuchtimporte kamen in den 30er-Jahren des 20. Jh. nach Deutschland. Ab den 60er-Jahren verstärkte Einfuhr. 1969 wurde von einigen mitteleuropäischen Ländern und Island die „Föderation der Freunde des Islandpferdes" (FEIF) ins Leben gerufen. Inzwischen umfasst die FEIF mehr als zehn Länder. 1974 wurde ein Rassestandard erarbeitet. Durch ihn ist das Island-Pony die erste Rasse der Welt, die im gesamten Verbreitungsgebiet nach den gleichen Kriterien beurteilt wird.

Connemara Pony

Kennzeichen: Harmonisches, kompaktes und edles Reitpony. Alle Farben kommen vor. Noch vor wenigen Jahrzehnten überwog aufgrund des andalusisch-spanischen Erbes die Falbfarbe. Durch zeitweise starke Einkreuzung von Araberhengsten dominiert jetzt der Schimmel. Edler, nicht zu kleiner Kopf mit verhältnismäßig großen Ohren. Langer, gut angesetzter, nicht zu kräftiger Hals. Lange, schräge Schulter. Gut ausgeprägter Widerrist. Gerader, starker Rücken. Lange, leicht abfallende Kruppe; gut bemuskelt, in tiefe Behosung übergehend. Gute Gurttiefe. Kräftige, trockene Gliedmaßen. Gut geformte, harte Hufe. Stockmaß 142–148 cm. Wegen ihrer Größe sind sie also Ponys, vom Typ her allerdings kleine Pferde.

Verbreitung: Ursprünglich Irland, jetzt nahezu weltweit. In Europa vor allem in Großbritannien und Frankreich. In Deutschland vor allem in Bayern.

Leistung: Guter, langer Schritt. Gutes Galoppier- und hervorragendes Springvermögen. Verbindet in idealer Weise Reiteigenschaften eines Großpferdes: mit der Widerstandskraft und Futterdankbarkeit eines Ponys. Wendig und trittsicher. Ruhiges Wesen. Ausgeglichenes Temperament.

Zuchtgeschichte: Connemara in der westirischen Grafschaft Mayo ist seit Jahrhunderten die Heimat dieses Ponys. Stammt ursprünglich von Pferden im Exmoor-Typ ab. Im 19. und Anfang des 20. Jahrhunderts Einkreuzung von Kaltblütern, Arabern und Englischen Vollblütern, um den bis dahin vor allem als Reitpony genutzten Pferden mehr Kaliber und Wirtschaftseignung zu geben. Seit 1923 mit Gründung des Irischen Pony-Zuchtverbandes planvolle Zucht. Danach wieder Einsatz von Vollbluthengsten. Seit 1951 werden keine Hengste fremder Rassen mehr eingesetzt. Anfang der 60er-Jahre erste Connemaras auf dem europäischen Festland. Das Zuchtbuch in Irland enthält etwa 3000 Stuten und 200 Hengste.

Tinker

Kennzeichen: Mittelgroßes, kräftiges, untersetztes Gebrauchspferd. Nasenlinie gerade oder leicht geramst. Die Augen sind oft hell. Der Rücken ist oft lang und etwas matt. Die Kruppe ist gut bemuskelt und leicht abgeschlagen. Kräftiges Fundament mit starkem Kötenbehang, der den Huf fast überdeckt. Das Langhaar (Mähne und Schweif) voll und kräftig. Tabiano-Scheckung in allen Farbvariationen; keine Overo-Scheckung. Einfarbige Nachzucht ist möglich, aber nicht erwünscht. Die Widerristhöhe liegt zwischen 145 und 155 cm.

Verbreitung: Ursprünglich England und vor allem Irland. Ist seit einigen Jahren auch in Mitteleuropa sehr beliebt und hat innerhalb kurzer Zeit in Deutschland große Verbreitung gefunden.

Leistung: Robust, gutmütig und menschenbezogen; lässt sich durch nichts aus der Ruhe bringen. Taktsichere Bewegung mit ausgeprägter Knieaktion.

Zuchtgeschichte: Stammen von den Pferden der Zigeuner ab und sind teilweise noch in deren Besitz. Da in den Ursprungsländern England und Irland keine offizielle Zuchtbuchführung durchgeführt wird, erfolgt die Einstufung in Deutschland in die verschiedenen Abteilungen des Zuchtbuches vorerst ausschließlich nach der Qualität des Tieres. Grundlage dieser Handhabung ist die Sonderregelung für Pintos. Bis zum Jahr 2000 konnten Pferde, die im Typ des Tinkers stehen, den Abteilungen Hengstbuch 1 und 2 sowie den Stutbüchern H, S und V1 des Zuchtverbandes für Deutsche Pferde zugeordnet werden. Jetzt gilt das nur noch für Tiere, die nachweislich aus den Mutterländern stammen. Pferde, die sich den acht Pinto-Typen nicht zuordnen lassen, erhalten im Abstammungsnachweis nur den Eintrag „Pinto" ohne weiteren Zusatz zum Typ.

New Forest Pony

Kennzeichen: Edles, hartes Pony, das im
Typ wenig einheitlich ist. Alle Farben außer
Schecken sind erlaubt. Grundfarben sind
Braune und Füchse in allen Schattierungen.
Der ursprüngliche Typ hat einen mittel-
großen, trockenen Kopf und kurzen Hals
mit kräftiger Mähne. Mäßig langer Rücken.
Steile Schulter. Hoher Widerrist. Tiefe Brust.
Kräftige Nierenpartie. Kruppe oft abgeschla-
gen. Hoch angesetzter Schweif. Gutes
Fundament mit trockenen Gelenken. Die
edlen Zuchtprodukte haben ein Stockmaß
von 138 cm bis 148 cm; die halbwilden
Individuen sind rund 10 cm kleiner.
Verbreitung: New-Forest-Gebiet in Süd-
england sowie Niederlande. In Deutschland
vor allem in Schleswig-Holstein und Niedersachsen.
Leistung: Intelligent und freundlich.
Ruhiges Temperament. Gilt als sehr
Verkehrssicher. Als Kinder- und Erwach-
senenreitpferd gleichermaßen gut ge-

eignet. Gutes Galoppier- und Springvermögen.
Zuchtgeschichte: Schon im 10. Jahrhundert wurden im jetzigen Verbreitungsgebiet
dieser Rasse in Südengland kleine Pferde
urkundlich erwähnt. Bis 1938 Einkreuzung
zahlreicher Rassen in den Urtyp. Seitdem
strenge Selektion auf einen einheitlichen
Typ: Seit etwa 30 Jahren wird kein Fremdblut mehr verwendet. Ca. 3000 Tiere werden in freier Wildbahn gehalten und zwar
auch im Winter ohne Zufütterung und
Unterstand. Daneben zahlreiche Gestüte,
die eine edlere, größere Form unter Verwendung von Vollblut züchten. In den
70er-Jahren des vergangenen Jahrhunderts
Import vieler New Forest Ponys nach
Deutschland.

Exmoor Pony

Kennzeichen: Stämmiger, ausgeglichener Körperbau. Es kommen Braune, Dunkelbraune und Dunkelfalben vor. Schwarze Nüstern. Mehlmaul. Aufhellungen am Bauch, an der Innenseite der Vorder- und Hinterschenkel sowie um die Augen. Breite Stirn. Leicht vorstehende Augen. Kurze, dicke und gespitzte Ohren. Weite Nüstern. Tiefe, breite Brust. Mittellanger Rücken mit starker Lende. Der Schweif liegt den Hinterbeinen dicht an. Die Schulter soll gut zurückgesetzt sein und viel Trittsicherheit verleihen. Trockene Beine mit sehr harten Hufen. Stockmaß 114–130 cm.

Verbreitung: Großbritannien. Verschiedene Länder des europäischen Festlandes und Nordamerika. Weltweit nicht mehr als 800 Tiere. In Deutschland nur ca. 50 Exemplare in Zoos und bei Privathaltern.

Leistung: Außerordentlich zäh und widerstandsfähig. Ausdauernd, agil und sehr reaktionsfähig. Trittsicher. Als Reit- und Wagenpony geeignet. Wird gern zum Trekking genommen.

Zuchtgeschichte: Repräsentiert einen sehr ursprünglichen Pferdetyp. Geht vermutlich auf keltische Ponys zurück, die während der Bronzezeit durch keltische Einwanderer nach England gebracht wurden. Lebt seit mindestens dem 11. Jahrhundert halbwild in Exmoor, einem wilden Landstrich im Südwesten Englands. Seit Jahrhunderten frei von rassefremden Einflüssen. Wird gern zur Einkreuzung in andere Rassen herangezogen. Um den Erhalt der Exmoor Ponys bemüht sich in erster Linie die Exmoor Pony Society, die in der 1899 gegründeten „Exmoor-Division" der National Pony Society Großbritanniens ihren Ursprung hat und 1921 mit Sitz im Exmoor ins Leben gerufen wurde. 1995 wurde die „Deutsche-Exmoor-Pony-Gesellschaft" gegründet.

Dartmoor Pony

Kennzeichen: Edel und elegant. Überwiegend Braune und Rappen, doch sind alle Farben, außer Schecken, erlaubt. Kleiner und edler Kopf. Kleine Ohren. Langer, gut gewölbter und nicht zu schwerer Hals. Rücken, Nierenpartie und Hüfte kräftig und muskulös. Gute Sattellage. Kruppe kurz und abschüssig, mit hohem Schweifansatz. Mittelstarke Beine. Sehr harte und gut geformte Hufe. 120 cm bis 127 cm Stockmaß werden angestrebt.

Verbreitung: Hauptsächlich in der Grafschaft Devon im Südwesten Englands. In Deutschland größere Zuchtinseln im Rheinland und in Schleswig-Holstein.

Leistung: Besonders beliebtes Kinderreitpferd mit gutem Schritt und Trab sowie hervorragendem Spring- und gutem Galoppiervermögen. Ruhig und zuverlässig.

Zuchtgeschichte: Lebt seit Jahrhunderten in den Heide- und Moorgegenden Dartmoors im Südwesten Englands. Bis Ende des 19. Jahrhunderts wurden sie nicht registriert. Insbesondere durch den Einfluss von Shetland Ponys war das Dartmoor Pony in Typ und Größe sehr unterschiedlich. 1899 eigene Abteilung im Stutbuch des Polopony-Verbandes und Standard, der ebenso wie die Registrierungen von der Dartmoor Pony Society kontrolliert wird. Später wurde gelegentlich Englisches Vollblut zur Veredelung eingesetzt. Nach dem 2. Weltkrieg wurden nur geprüfte Individuen oder solche, die sich bei Schauen platziert hatten, in das Stutbuch aufgenommen. Seit 1957 ist das Stutbuch geschlossen. 1961 wurde ein sehr strenger Standard eingeführt; nur noch die besten Tiere werden am Hals mit einem Dreieck des Verbandes gebrannt.

Highland Pony

Kennzeichen: Kompakt und gut bemuskelt, vor allem die Hinterhand. Tiefe, breite Brust und gute Gurtentiefe. Gut gewölbter, proportionierter Hals. Kurzer Kopf. Breite, flache Stirn. Kurze Ohren. Ausgeprägter Schopf. Üppige Mähne. Breiter, gerader Rücken. Gelegentlich überbaut. Der Schweif ist voll, lang und gut angesetzt. Kurzes Röhrbein; recht langes Sprunggelenk. Auffallend große Hufe. Die Schulter ist lang und schräg gelagert. Häufig mit Aalstrich, Schulterkreuz sowie Andeutung von Zebrastreifen an den Beinen. Viele Graue (weiße Haare auf pigmentierte Haut). Füchse sind selten. Fell häufig mit metallischem Glanz. Ponys mit Widerristhöhen von 132–148 cm werden zur Zucht zugelassen. Gewicht der Stuten 450–500 kg; Hengste ungefähr 50 kg schwerer.

Verbreitung: Vor allem im westlichen Schottland, aber auch im übrigen Großbritannien. Daneben in Frankreich (ca. 400) und Deutschland (ca. 250). Kleinere Bestände in vielen anderen Ländern. Weltweit maximal 5000 Individuen.

Leistung: Anspruchslos, leichtfuttrig, hart und ausdauernd. Trittsicher und wendig. Gelassenes Temperament. Natürliche Springbegabung. Gut für Dressur und als Kutschpferd geeignet. Hervorragende Therapiepferde. Gutmütig und ausgeglichen. Gut an kaltes, nasses Klima angepasst. Für Robusthaltung geeignet.

Zuchtgeschichte: Sehr alte Rasse. Ponys von diesem Typ gab es in Schottland nachweislich schon vor vielen Jahrhunderten und geht mit großer Wahrscheinlichkeit auf das keltische Pferd zurück. Schon immer hatte man unterschiedliche Blutlinien, die verschiedene Typen repräsentierten. Ende des 19. Jahrhunderts wurden für Wettbewerbe zwei Größenklassen definiert: Ponys kleiner als 14 Hands (142,2 cm) und größer als 14 Hands. Vermutet wird eine Beeinflussung durch orientalische Pferde. Es besteht eine gewisse Wahrscheinlichkeit, dass spanische Pferde beteiligt sind.

Welsh Pony

Kennzeichen: Das Welsh Pony wird in 5
Schlägen gezüchtet, wobei sich die Sektionen A (s. Abb.) bis D im Wesentlichen in
der Größe unterscheiden (Sektion A:
maximal 122 cm; Sektion D: deutlicher
Großpferdeeinschlag). Der fünfte Schlag,
das Welsh-Part-Bred, ist ein Kreuzungsprodukt aus Welsh Ponys aller Sektionen mit
anderen Rassen. Ursprüngliche Grundfarbe
sind Braune und Rappen. Durch Arabereinfluss sind jetzt auch Schimmel häufig anzutreffen. Alle Farben mit Ausnahme von
Schecken und Tigern sind erlaubt. Außer für
Welsh-Part-Bred gilt folgende Beschreibung:
trockener, edler Kopf; große, klare, lebhafte
Augen. Kleine Ohren. Langer, gut aufgesetzter Hals. Oberlinie sanft geschwungen mit
natürlicher Genickwölbung. Wenig abge-
setzter Widerrist. Runde, genügend lange
Kruppe mit hohem Schweifansatz. Lange,
schräge Schulter. Nicht zu leichtes, trockenes Fundament. Kleine, feste Hufe.

Verbreitung: Großbritannien. Mitteleuropa. In Deutschland liegt der Schwerpunkt der Zucht in Niedersachsen und
Nordrhein-Westfalen.
Leistung: Ursprünglich je nach Eignung
und Größe zum Reiten und Fahren in
Armee und Landwirtschaft sowie als Trag-
und Grubenpferd verwendet. Je nach Sektion gute Spring- und Fahranlagen. Durch
Ausdauer, Kraft und Gangvermögen ist es
als Pony für größere Kinder zum Freizeitrei-
ten und Turniersport gut geeignet. Fleißige,
energische Bewegungen; runde Aktion mit
energischem Schub aus der Hinterhand.
Zuchtgeschichte: Keltischen Ursprungs.
Tiere der Sektion A werden als der Urtyp
angesehen. Sie leben seit mehr als 1000 Jahren im wenig besiedelten Bergland von
Wales. Geht auch auf Ritterpferde des Mit-
telalters zurück. Seit mehr als 200 Jahren
immer wieder Einkreuzung von Vollblut,
Hackney und Norfolk Trotter in Sektion D
(s. a. Welsh Cob). An der Entstehung zahlreicher Rassen beteiligt.

Shetland Pony

Kennzeichen: Gefälliges, edles, ruhiges und kluges Zwergpferd. Auf den Shetland-Inseln sind ca. 70% Rappen und Braune. Daneben gibt es Füchse, Schimmel und Schecken. Tigerschecken gelten als Partbred. Trockener, gut proportionierter Kopf mit kleinen, gut angesetzten Ohren. Große, freundliche Augen. Breite Stirn, gerader Nasenrücken, große Nüstern. Hals stark, muskulös und kurz. Breiter Rücken. Stark bemuskelte, ziemlich lange Kreppe. Tief angesetzter Schweif. Schräg gelagerte Schulter. Kräftige Beine. Harte, gut geformte Hufe. Das Haarkleid wechselt je nach Jahreszeit: im Sommer kurz, glatt und glänzend; im Winter lang, dicht und fest. Üppige Mähne, kräftiger Stirnschopf, stark behaarter, langer Schweif. Stockmaß zwischen 87 cm und 107 cm (Höchstmaß), bei einem Gewicht von 150– 200 kg.

Verbreitung: Insbesondere im Ursprungsgebiet, den Shetlandinseln. Darüber hinaus nahezu weltweit verbreitet. In Deutschland vor allem in den östlichen Bundesländern, Schleswig-Holstein und Niedersachsen.

Leistung: Seit altersher werden die zähen und robusten Pferde in ihrer Heimat als Pack- und Zugpferde gehalten. In Kohlebergwerken Großbritanniens früher als Grubenpferde genutzt. Wegen ihrer geringen Größe und Gutmütigkeit gut als Reitpferd für Kinder geeignet. Die schnellen und abgehackten Bewegungen erschweren allerdings ein taktvolles Reiten, insbesondere im Trab. Gutes Kutschpferd für kleine Wagen. Gutmütig, freundlich und wenig schreckhaft. Anspruchslos in Futter und Pflege.

Zuchtgeschichte: Werden seit 2000 Jahren auf den Shetlandinseln gehalten. Nach 1900 wurden sie durch den Hamburger Tierpark Hagenbeck auf den europäischen Kontinent gebracht. Später hier weitere Verbreitung. In Nordamerika weiterentwickelt (s. a. Amerikanischer Shetty). Wurde in mehrere Rassen eingekreuzt, die eine geringere Körpergröße anstrebten.

Amerikanischer Shetty

Kennzeichen: Kleines Pony in nahezu den Proportionen eines Großpferdes. Entweder einfarbig oder gescheckt; es kommen alle Farben vor. Edler Kopf, oft mit Hechtprofil. Kleine Ohren. Schlanke Mittelhand. Schlanke Beine von einer dem Körper angemessenen Länge. Stockmaß bis 110 cm.
Verbreitung: Nordamerika. Mitteleuropa.
Leistung: Kinderpony. Gutmütig. Genügend stark, um das Doppelte ihres Eigengewichtes zu ziehen und bis zu 60 kg zu tragen. Freundliches Wesen. Anpassungsfähig. Sehr gelehrig.
Zuchtgeschichte: Wurde aus dem kompakten Inseltyp des Shetland Ponys herausgezüchtet. Ist wesentlich zierlicher und relativ langbeiniger als die Ausgangsform. Shetland Ponys diesen Typs werden in den USA z.T. auf Rennbahnen vor winzigen Sulkys eingesetzt. Mini-Shettys sind keine eigenständige Rasse. Sie stellen die kleinsten Individuen des Amerikanischen Shetland Ponys dar und

werden von diesem in ein spezielles Verzeichnis aufgenommen, wenn sie eine Widerristhöhe von 34 Inch (= 86,4 cm) nicht überschreiten. Für manche Tiere werden enorme Preise gezahlt, die um so höher liegen, je kleiner das Pferd ist. Ein Preis von 10 000 Dollar (ca. 25 000 DM) für ein ausgewachsenes Tier mit einer Widerristhöhe von weniger als 75 cm wird im Einzelfall durchaus gezahlt. Berichte über einzelne Miniaturpferde gibt es schon seit 300 Jahren. Eine systematische Zucht begann um 1860. Die geringe Körpergröße ist häufig eine Folge von Inzuchtdepression. Offenbar wurde hin und wieder Falabella eingekreuzt.

Falabella

Kennzeichen: Kleinste Pferderasse der
Welt. Es gibt Rappen, Braune und Schimmel. Die Durchschnittshöhe liegt bei 65 cm,
doch kommen auch ausgewachsene Exemplare mit einem Stockmaß von knapp 40 cm
und einem Gewicht von nur 12 kg vor. Im
Alter von 3 Jahren darf die Widerristhöhe
86,4 cm nicht überschreiten. Fohlen wiegen
bei der Geburt nur ca. 5,5 kg.
Verbreitung: Argentinien, Nordamerika,
Großbritannien sowie vereinzelt Mitteleuropa.
Leistung: Als Garten- oder Stubenpferde
gedacht. Gelegentlich sieht man sie als besondere Attraktion im Zirkus oder im Zoo.
Weder zum Reiten noch zum Fahren geeignet. Je kleiner sie sind, desto höher ist der
Preis.
Zuchtgeschichte: Als Zuchtgrundlage
dienten hauptsächlich kleine Shetland
Ponys, jedoch auch größere Pferde. Diese
Rasse soll in einer Herde ihren Ursprung

haben, die durch einen Erdrutsch in einer
Schlucht in den Anden Argentiniens einge-
schlossen wurde. Über Generationen blieben die Tiere dort isoliert und ernährten
sich äußerst kärglich. Dadurch fand eine
Selektion auf die kleinsten Individuen statt.
Julio Falabella entdeckte sie dort und holte
sie aus der Schlucht heraus. Mit der geziel-
ten Zucht wurde 1868 von den Familien
Falabella und Newton begonnen. Das
Hauptgestüt befindet sich in der Nähe von
Buenos Aires. Die Population umfasst jetzt
annähernd 1000 Pferde. Hengste verlassen
Argentinien nur selten. Die endgültige Eintragung durch die „International Falabella
Miniature Horse Society" kann nur erfolgen,
wenn im Alter von 3 Jahren eine Widerristhöhe von 34 Inches (86,4 cm) nicht
überschritten wird. Der berühmteste Hengst
des Hauptgestütes war „Napoleon". Er war
nur 51 cm hoch, wog lediglich 35 kg und
lebte 42 Jahre.

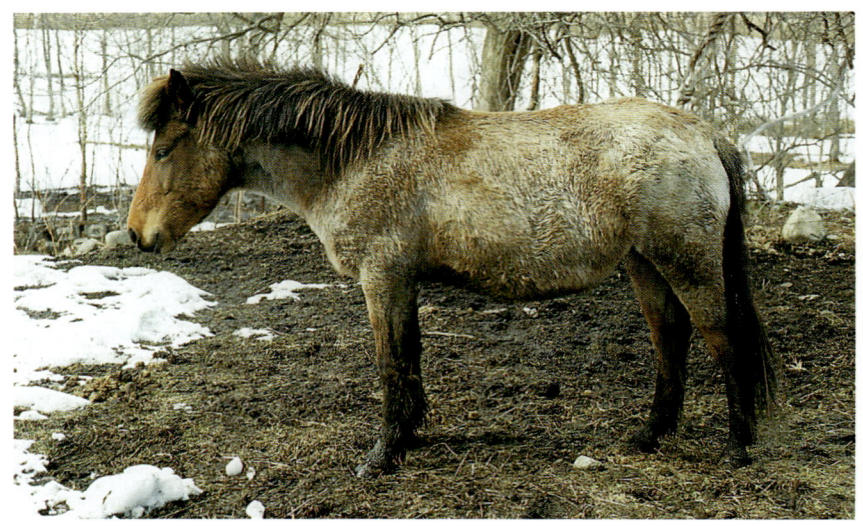

Hokkaido-Pferd

Kennzeichen: Pony. Besonders häufig Apfelschimmel und Cremefarbene, daneben Füchse, Braune und Rappen, Schecken selten. Leichter Körperbau, recht schwerer Kopf. Dichte, kurze Kippmähne. Stämmiges Fundament, kurze Fessel, kleine Hufe. Widerristhöhe 138 cm, Gewicht 380 kg.
Verbreitung: Hokkaido, die nördlichste Hauptinsel Japans.
Leistung: Anspruchslos und widerstandsfähig. Im Winter bei großer Kälte und hohem Schnee im Freien. Ernähren sich dann nahezu ausschließlich von einer nur 40 cm hoch werdenden Bambus-Art. Gut für bergiges Gelände geeignet. Fähig, Lasten bis zu 200 kg zu tragen. Gegenwärtig nur als Reitpferde für Jugendliche oder als Genreserve gehalten. Stuten fohlen in drei Jahren zweimal. Zuweilen bekommen Stuten noch mit mehr als 20 Jahren ein Fohlen. Langlebig.
Zuchtgeschichte: Die Vorfahren des Hokkaido-Pferdes stammen aus dem Nordosten der Hauptinsel Honshu. Von hier aus wurde vor ca. 200 Jahren der Süden Hokkaidos besiedelt, allerdings nur im Sommerhalbjahr bewohnt. Die Pferde blieben auch im Winter dort. Sie wurden im Frühling wieder eingefangen und in der Landwirtschaft eingesetzt. Einige Tiere verwilderten, vermehrten sich und bildeten den Grundstock der jetzigen Rasse. Später wollte die Regierung das Hokkaido-Pferd für militärische Zwecke nutzen. Da man größere Tiere brauchte, wurden 1886 (Krieg gegen Russland) Percheron und amerikanische Traber eingekreuzt. Anfang des 20. Jahrhunderts gab es noch ca. 180 000 Hokkaido-Pferde; 1966 lebten nur noch ungefähr 500. Gegenwärtig sind es wieder 1600 Exemplare. Eine Stammherde von ca. 40 Stuten und fünf Hengsten wird auf der Shintoku Livestock Experimental Station der Obihiro-Universität gehalten. Angestrebt wird eine Widerristhöhe von 127–130 cm durch Einkreuzung von Shetland Ponys.

Esel und Maultier

Von der Familie der Einhufer (Equidae) haben bis heute nur sechs Arten überlebt. Die drei Zebraarten und die Halbesel wurden offenbar nie domestiziert, auch wenn dies bei letzteren gelegentlich angenommen wurde. Nur Pferd und Esel gingen in den Haustierstand über. Alle Arten sind miteinander kreuzbar, die Produkte sind jedoch fast stets unfruchtbar. Als Maultiere werden Kreuzungsprodukte bezeichnet, deren Mutter ein Pferd und deren Vater ein Esel ist. Maulesel haben eine Eselin zur Mutter; ihr Vater ist ein Pferdehengst. Maultier und Maulesel unterscheiden sich im Aussehen; sie sind jeweils der Mutter ähnlicher als dem Vater. Im allgemeinen sind Maulesel kleiner und leichter als Maultiere. Dies liegt neben dem genannten Grund daran, dass man für die im Vergleich mit Pferdestuten leichteren Eselinnen nicht viel schwerere Pferdehengste als Paarungspartner auswählt. Eine Großpferdestute wird man dagegen von einem möglichst schweren Eselhengst decken lassen. Aus folgenden Gründen werden häufiger Maultiere als Maulesel erzeugt

- Es ist angenehmer, nur *einen* Esel, nämlich den Hengst, als viele (die Stuten) halten zu müssen.
- Eselhengste nehmen leichter als Pferdehengste die Stuten der anderen Art als Deckpartner an.
- Tiere, die dem Pferd ähnlicher sind als dem Esel, werden vom Halter bevorzugt.

Männliche Maultiere und Maulesel sind ausschließlich steril, weil in ihren Hoden keine Spermienreifung stattfindet. Weibliche

Tiere beider Formen können in seltenen Fällen fruchtbar sein. Das gilt besonders dann, wenn sie von Hengsten aus der Art ihrer Mutter gedeckt wurden.

Wildesel *(Equus africanus)* gibt es freilebend nur noch in Nordost-Afrika, und zwar den Nubischen Wildesel und den Somali Wildesel. Archäologische Funde lassen vermuten, dass der Esel im 4. Jahrtausend v. Chr. im Niltal domestiziert wurde (HEMMER 1983). In Mitteleuropa wurde der Esel vorwiegend als Lasttier, in anderen Gegenden der Erde auch als Zugtier genutzt. Er spielte bei uns in der Landwirtschaft offenbar eine so untergeordnete Rolle, dass er in älteren tiermedizinischen Werken und Tierzuchtbüchern kaum erwähnt wurde. Vermutlich wurde auch keine Rassenzucht betrieben, d. h. auf Einheitlichkeit in Größe, Färbung oder Leistung geachtet. Nur in einigen Gegenden der Erde selektierte man besonders große oder kleine Esel, sei es, dass sie für bestimmte Arbeiten benötigt wurden, sei es, dass Haltungs- und Ernährungsbedingungen die Haltung größerer Tiere nicht zuließen. Im Allgemeinen bestand in Mitteleuropa in der Eselzucht eine Vielfalt, wie wir sie bei Rind und Schwein bis ca. 1850, beim Schaf bis 1900 und bei der Ziege bis 1930 kannten. In Deutschland wurde der Untergang der Eselzucht mit Beginn der Motorisierung eingeleitet. Ob sie weiterhin eine Chance gehabt hätte, wenn vorher ein klareres Zuchtziel bestanden hätte, ist fraglich. Esel haben sich immer nur dort halten können, wo sie nicht mit dem Kraftfahrzeug

Verwilderter Esel

konkurrieren mussten und andererseits dem Pferd überlegen waren, weil sie billiger, anspruchsloser oder in speziellen Situationen fähiger als dieses waren. Sie kommen heute noch hauptsächlich in den Tropen und Subtropen vor.

In der zweiten Hälfte des 19. Jahrhunderts wurden in Deutschland Betriebe aufgebaut, in denen Eselmilch, die wie die Muttermilch und im Gegensatz zur Kuhmilch eine Albuminmilch ist, für diätetische Zwecke gewonnen wurde. Diese Art der Nutzung hat jedoch nicht lange angehalten. In manchen Ländern wurden früher spezielle Produkte aus Eselfleisch gefertigt. Ob das auch jetzt noch in nennenswertem Ausmaß geschieht, ist zu bezweifeln.

Ein kleiner Bestand an Eseln steht noch in der Schweiz, insbesondere im Wallis. Zwar werden hier noch Eselhengste eingesetzt, es besteht also in beschränktem Ausmaß noch eine Zucht; die Tiere kommen jedoch ursprünglich meist aus Italien.

Auch die Maultierhaltung hat in Mitteleuropa einen so geringen Umfang, dass sie eine eigenständige Eselhaltung nicht rechtfertigt. Die erforderlichen Zuchthengste werden zumeist aus dem Mittelmeerraum geholt, wo sie auch heute noch weitgehend unersetzlich sind.

Esel sind in vielen Gegenden der Welt verwildert (siehe Abb. oben). Dies ist unter anderem darauf zurückzuführen, dass sie sich gut in unwirtlichen Gegenden halten können, die landwirtschaftlich nicht nutzbar sind. Dort werden sie dann leicht zu bedrohlichen Nahrungskonkurrenten der einheimischen Tierwelt. Da sie aus geringerer Scheu vor dem Menschen sich eher an die wasserarmen Tränken wagen, kommen Wildtiere in Dürrezeiten gefährlich ins Hintertreffen. Wenn sie nicht gejagt, sondern von Menschen gefüttert werden, werden verwilderte Esel schnell wieder zahm. Sie sind dann manchmal sogar ausgesprochen aufdringlich.

Poitou-Esel

Kennzeichen: Größte Eselrasse der Erde. Das Haar ist in der Regel kastanien- bis schwarzbraun, manchmal ins Gelbliche gehend. Maul, Nase und Ohren sind silbergrau gefasst mit einem ins Rötliche gehenden Säumungsstreifen. Bauch und Innenseite der Schenkel hell. Häufig langes, zottiges oder fast lockiges Haar. Auffallend ist besonders die starke Behaarung der großen Ohren. Kippmähne. *Kein* Aalstrich. Schwerer, knochiger, langgezogener Kopf. Kräftiger Hals. Gerade Schulter. Langer, gerader Rücken. Geschlossene Nierenpartie. Kurze Kruppe. Leicht hervorstehende Hüfthöcker. Lange, muskulöse Beine. Langbehaarte Fesseln.

	Hengst	Stute
Widerristhöhe	140–150	135–145
Gewicht	350	300

Verbreitung: Ursprünglich in großen Teilen Westfrankreichs gezüchtet. Gegenwärtig ist seine Zucht weitgehend auf die Gegend von Melle im Departement Deux-Sèvres begrenzt. Gesamtbestand ca. 200 Tiere.

Leistung: Wird kaum zur Arbeit herangezogen. Nutzungszweck ist vor allem die Erzeugung von Maultieren und zwar fast nur mit Stuten der „Race Poitevine Mulassière". Sein Fleisch gilt als besonders schmackhaft.

Zuchtgeschichte: Nach schriftlichen Überlieferungen gibt es den Poitou-Esel schon seit dem 10. Jahrhundert. Die Erzeugung von Maultieren blühte vor allem im 13. und im 18. Jahrhundert. Er wurde häufig zur Verbesserung bodenständiger Eselrassen in andere Mittelmeerländer sowie in die USA exportiert. Trotz einer gewissen Nachfrage nach Poitou-Eseln und der von ihnen gezeugten Maultiere im Ausland ist die Zahl der Tiere ab 1950 erheblich zurückgegangen. Vor einiger Zeit sind gezielte Erhaltungsmaßnahmen des Französischen Landwirtschaftsministeriums in Verbindung mit den Züchtern und einer regionalen Naturschutzorganisation angelaufen.

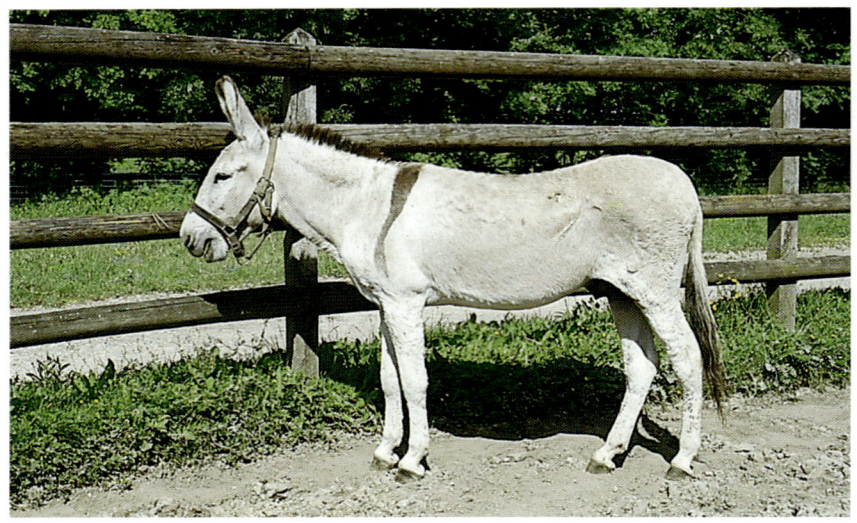

Esel, mittelgroß

Kennzeichen: Von Weiß über Grau (mit
und ohne Braunanteil) bis Schwarzbraun
alle Farben. Schecken sind selten. Relativ
schwerer Kopf, lange Ohren und breites
Maul. Kräftige, runde und weitausladende
Backen. Stehmähne. Widerrist nur angedeu-
tet. Schmales Becken, abgeschlagene
Kruppe. Der im oberen Teil nur kurz behaarte Schwanz endet mit einer Quaste.
Hufe mit steiler Tragwand. Typisch ist ein
dunkler Aalstrich in Rückenmitte sowie ein
senkrecht hierzu über die Schultern verlau-
fender Streifen (Schulterkreuz). Da in den
Ursprungsländern und in den meisten mitteleuropäischen Ländern weder Züchterorganisationen noch Rassestandards bestehen,
variieren Esel in Größe, Typ und Aussehen
stark.

	Hengst	Stute
Widerristhöhe	120–130	110–120
Gewicht	250–300	200–250

Verbreitung: Nahezu weltweit. In
Deutschland gibt es gegenwärtig einige
hundert Esel, wobei es sich bei knapp der
Hälfte um mittelgroße Tiere handeln
dürfte.

Leistung: Anspruchslose, geduldige Tiere
mit freundlichem Wesen. Leistungsbereit
und zäh. Genügsam. Das Fleisch wird für
Spezialitäten, z. B. Salami, benötigt.

Zuchtgeschichte: Mittelgroße Esel wurden
im Mitteleuropa jahrhundertelang in der
Landwirtschaft eingesetzt. Bis ins 20. Jahrhundert hinein dienten sie zum Tragen von
Lasten (Mülleresel). Bekannt war vor allem
der Thüringerwald-Esel. Die Letzten dieser
Rasse befanden sich im Zoo-Park Erfurt.
Durch wachsenden Wohlstand und Motorisierung fast verdrängt. Die gegenwärtig in
den alten Bundesländern gehaltenen Tiere
kommen zumeist aus den Mittelmeerlän-
dern oder aus Irland. Esel sind in vielen
Ländern (z. B. USA, Südamerika, Australien)
verwildert und wurden dort zu einer Be-
drohung für einheimische Tiere.

Zwergesel

Kennzeichen: Lange Ohren, abgeschlagene Kruppe und zierliche Hufe. Kurzbeinig. Die Farbe variiert von Weiß über Grau bis Schwarz. Es kommen auch Schecken vor. Das Haar ist mittellang; bei extensiver Haltung im Winter bildet es einen dichten, das Aussehen der Tiere bestimmenden Pelz.

	Hengst	Stute
Widerristhöhe	100–110	90–100
Gewicht	180–230	150–200

Verbreitung: Auf vielen Mittelmeerinseln (Sardinien, Sizilien, Zypern sowie in der Ägäis) und auf Sri Lanka. In neuerer Zeit auch in Mitteleuropa recht verbreitet.
Leistung: Zwergesel sind geduldige, zähe und gutmütige Tiere, denen in den Ursprungsländern bei mäßiger Ernährung oft erstaunliche Arbeiten zugemutet werden (Last-, Reit- und Zugtier). In Mitteleuropa werden sie meist als Liebhabertiere und vor allem als Spiel-Kumpan für Kinder gehalten.
Zuchtgeschichte: Zwergesel haben sich in verschiedenen Teilen der Erde bereits vor langer Zeit herausgebildet. Sie sind teils typische Kleinformen, wie sie auch bei anderen Arten häufig auf Inseln entstehen, teils handelt es sich um Kümmerformen, die bei karger Ernährung und schlechten Haltungsbedingungen als einzige überlebten und sich fortpflanzten. Bei den in Deutschland gehaltenen Tieren handelt es sich teilweise um Angehörige dieses Typs.

Maultier

Kennzeichen: In allen Eigenschaften
zwischen Pferd und Esel stehend. Die Farbe
variiert von Weiß bis nahezu Schwarz; sehr
häufig ist Kastanienbraun. Im Vergleich mit
dem Pferd besonders auffallend sind längere
Ohren, kräftigeres Maul, lichtere Mähne,
schwach behaarter Schwanz und Bockhufe.
Die Stimme liegt zwischen der von Pferd
und Esel. Die Größe richtet sich nach der
der Elterntiere, so dass Zwerg- bis Riesen-
formen möglich sind.
Verbreitung: In allen Ländern, in denen
sowohl Pferde als auch Esel vorkommen.
In einige Länder werden für bestimmte
Nutzungszwecke Maultiere importiert
(z. B. Deutschland). In andere Länder
(z. B. Schweiz) werden Eselhengste aus
dem Mittelmeerraum eingeführt, um im
Inland Maultiere zu zeugen.
Leistung: Genügsam und ausdauernd.
Widerstandsfähig. Geduldig. Langlebig. Vereinigt die vielen positiven Eigenschaften von
Pferd und Esel in sich. Trittsicher. Maultiere
tragen im Gebirge, zusätzlich zum Sattel
von nahezu 50 kg, Lasten im Gewicht bis
zu 130 kg. Sie sind im Allgemeinen unfruchtbar.
Zuchtgeschichte: In der Schweiz werden
italienische Eselhengste eingesetzt. Die
Maultiere finden sowohl beim Militär als
auch in der Landwirtschaft (hauptsächlich
Kanton Wallis) Verwendung. Der Bestand
geht jedoch rapide zurück. 1988 wurden bei
der Schweizer Armee 280 Tragtiere ausge-
mustert. Das Militär verfügt jetzt nur noch
über 120 diensttaugliche Maultiere. In
Deutschland hält die Bundeswehr in Bad
Reichenhall eine letzte „Gebirgstragtierkom-
panie", die mit Maultieren bestückt ist. Die
Tiere werden in Sizilien aufgekauft. Sie
müssen stets erneut aus den beiden Aus-
gangsarten erzüchtet werden.

Schweine

Bis vor einiger Zeit glaubte man, das Hausschwein stamme von zwei Wildformen ab. Heute herrscht Einigkeit darüber, dass nur eine Art als Vorfahre in Frage kommt: das Wildschwein *(Sus scrofa)*. Der frühere Irrtum ist verständlich. Die Wildform bevölkert ein riesiges Gebiet, dessen Nordflanke zwischen 50. und 55. Breitengrad liegt und das von Westeuropa bis Ostsibirien reicht. Im Süden geht das Verbreitungsgebiet bis Indien und südlich des Äquators bis zur indonesischen Inselwelt. Innerhalb dieses Gebietes kommen drei Unterarten vor, die sich in vielen körperlichen Merkmalen deutlich unterscheiden. Zwei Domestikationszentren des Schweines liegen im Bereich der Unterart *Sus scrofa scrofa,* also des europäischen Wildschweines. Es sind dies der östliche Mittelmeerraum und das Gebiet südlich der Ostsee. Das dritte Zentrum der Domestikation liegt in Südostasien. Hier gingen Hausschweine aus der Unterart *Sus scrofa vittatus,* dem Bindenschwein, hervor.

Bis zum 18. Jahrhundert wich das Leben der europäischen Hausschweine nicht grundlegend von dem der Wildschweine ab. Durch die Haltungsbedingungen waren sie nicht gegen klimatische Unbilden abgeschirmt. Ihr Futter mussten sie überwiegend in den Wäldern selbst suchen, und sie bekamen nur Abfälle zugefüttert. Zudem dürfte gelegentlich ein Keiler in ihr Gehege eingedrungen sein, um eine Sau zu decken. Die Folge war, dass sich Hausschweine bis zu dieser Zeit im Typ kaum von Wildschweinen unterschieden. Es waren langbeinige

schlanke Tiere mit langem gestrecktem Kopf und einem deutlichen Borstenkamm auf dem Rücken. Noch um 1800 betrug das Schlachtalter von Schweinen in Deutschland 1½ Jahre; ihr Gewicht lag damals bei 50 kg.

Erst Ende des 18. Jahrhunderts begann man das Schwein umzuzüchten, und zwar zunächst in England. Drei Voraussetzungen waren hier erfüllt:

1. Die beginnende Industrialisierung schuf wachsenden Wohlstand und damit eine größere Nachfrage nach Fleisch und Fett.

2. Steigende Einsicht in die Erfordernisse führten zu besserer Bodenbearbeitung und damit zu höheren Erträgen. Schweine konnten jetzt besser ernährt werden.

3. Durch einen weitreichenden Seehandel konnten die Engländer Schweine aus Ostasien in ihre Heimat bringen, wo diese mit einheimischen Schweinen gekreuzt wurden. Hinzu kamen neapolitanische Schweine, die ursprünglich auch aus Südostasien stammten.

Das Ergebnis waren frühreife Schweine mit starkem Fettansatz, die allerdings nicht sehr fruchtbar waren. Geblieben ist bis zur Gegenwart als Erbe der südostasiatischen Form der kurze Kopf mit der eingedellten Nasenlinie (Sattelnase). Die höhere Leistung des neuen Schweinetyps ist zwar teilweise darauf zurückzuführen, dass Zuchttiere aus weit auseinander liegenden Gebieten mit sehr unterschiedlichem genetischem Material genommen wurden (Heterosiseffekt). Es darf jedoch die großartige züchterische Leistung keinesfalls übersehen werden, die in England zu großwüchsigen, fruchtbaren Schweinen führte.

Ab 1860 kamen diese robusteren, dem damaligen Zuchtziel besser entsprechenden Schweine von England auch nach Deutschland und wurden hier in die unveredelten Landschläge eingekreuzt. Bis zum Ende der Nachkriegszeit wurde bei uns ein großrahmiges und tiefrumpfiges Schwein im Typ des Fettschweins gezüchtet, das fähig war, große Mengen wirtschaftseigenen Futters (insbesondere Kartoffeln) zu verwerten. Bis zu dieser Zeit hatten veredelte Landrassen wie das Angler Sattelschwein und das Schwäbisch-Hällische Schwein und sogar das Deutsche Weideschwein als unveredeltes Landschwein noch eine Marktchance.

Ende der 50er-Jahre des 20. Jh. änderte sich innerhalb kurzer Zeit die Verbrauchererwartung. Jetzt wurde zartes, saftiges Fleisch mit möglichst wenig Fett verlangt. Der Käufer war bereit, für die bevorzugten Fleischpartien – Schinken, Schultern, Kotelett und Filet – mehr zu bezahlen. Daraufhin wurde das Schwein so gezüchtet, dass es einen möglichst großen Anteil fleischreicher Teilstücke enthält. Diese Entwicklung führte zu langen, mageren Schweinen (ein Rippenpaar mehr als früher) mit ausgeprägtem Schinken und z. T. weit vorquellenden Schultern (Vier-Schinken-Schwein).

Mit starker Fleischwüchsigkeit sind häufig hohe Stressanfälligkeit sowie Abweichungen in der Fleischfärbung verbunden. Es besteht darüber hinaus ein Zusammenhang zwischen Fleischbeschaffenheit und Stressanfälligkeit. Abweichungen in der Fleischfärbung und in der Fleischbeschaffenheit liegen in Form des PSE- und des DFD-Fleisches vor. P, S und E sind die Anfangsbuchstaben der englischen Wörter

pale = blass, soft = weich und exudative = wässrig. D, F und wiederum D stehen für dark = dunkel, firm = fest und dry = trocken. Eigentlich müßte PSE- und DFD-Fleisch nach den Ausführungsbestimmungen A im Fleischhygienerecht Deutschlands als minderwertig oder gar untauglich zum Genuss für den Menschen eingestuft werden, weil es wässrig und stark verfärbt ist bzw. hinsichtlich Zusammensetzung und Haltbarkeit von der Norm abweicht. Diese Bestimmungen lassen sich jedoch offenbar nicht durchsetzen.

Stressempfindliche Tiere können seit einigen Jahren frühzeitig erkannt werden. Jungtiere im Gewicht von ungefähr 20 kg werden kurzzeitig mit dem Narkosemittel Halothan betäubt. Bei stressanfälligen Tieren verkrampft sich während der Narkose die Muskulatur. Solche Schweine werden als halothanpositiv bezeichnet und scheiden aus der Zucht aus. Auf diese Weise konnten halothan-negative Linien aufgebaut werden. Ansatzweise ist zudem eine Änderung in den Verbrauchergewohnheiten zu bemerken: es wird langsam erkannt, dass Fett ein wesentlicher Aromaträger ist, man durch einen erhöhten Fettanteil also schmackhaftes Fleisch bekommt, das zudem in der Pfanne nicht schrumpft. Dadurch konnte ein anderer, weniger stressanfälliger Schweinetyp gezüchtet werden. Es sei betont, dass die Fleischqualität von weiteren Faktoren wie Rasse, Alter, Geschlecht, Fütterung und Haltungsmethoden abhängt.

Die in Mitteleuropa gehaltenen Schweine sind überwiegend weiß. Bei teilweise pigmentierten Rassen wurden entweder weiße Linien aufgebaut (z. B. Piétrain), oder man züchtete auf einen geringeren Anteil an pigmentierter Haut (z. B. Angler Sattelschwein). Auch diese Tendenz ist auf die Verbrauchererwartung zurückzuführen.

Tab. 14. Verteilung der Herdbuchtiere bzw. der reinrassigen Tiere (1998) auf die einzelnen Schweinrassen in der Bundesrepublik Deutschland (1998 einschließlich der neuen Bundesländer). Angaben in %

Rasse	1951	1968	1980	1998
Deutsche Landrasse	66,4	94,9	75,0	61,6
Piétrain	–	2,7	12,8	19,6
Deutsche Landrasse B	–	–	10,0	0,6
Deutsches Edelschwein	6,5	1,3	2,0	13,6
Angler Sattelschwein	13,3	0,8	0,2	0,5
Schwäbisch Hällisches Schwein	9,8	0,1	–	0,4
Buntes Bentheimer Schwein	–	–	–	0,1
Deutsches Weideschwein	1,7	0,1	–	–
Cornwall	1,4	–	–	–
Berkshire	1,0	–	–	–
Rotbuntes Schwein	–	0,1	–	–
Duroc	–	–	–	0,7
Hampshire	–	–	–	0,3
Leicoma	–	–	–	2,6

Quelle: Jahresberichte der ADS u. a.

Tab. 15. Verteilung der Herdbuchschweine in der Schweiz auf die einzelnen Rassen 1999

Rasse	Eber	Sauen	Insgesamt	%
Edelschwein	990	15 386	16 376	90,0
Schweizer Landrasse	97	1 517	1 614	8,9
Hampshire	9	18	27	0,1
Duroc	54	129	183	1,0

Quelle: Jahresbericht 1999 der schweiz. Zentralstelle für Kleintierzucht

Zwar glaubt heute sicher niemand mehr, dass schwarze Schweine schwarzes Fleisch besitzen, wie dies noch 1924 angenommen wurde. Allerdings empfindet der Verbraucher die nach dem Schlachtvorgang auf der Haut verbliebenen schwarzen Borsten als abstoßend. Wenn das Pigment nur in den oberen Schichten der Haut enthalten ist, brühen die Tiere weiß, weil diese Schichten bei entsprechender Brühtemperatur beim Entfernen der Borsten mit entfernt werden.

Der Anteil reinrassiger Tiere ist bei Schweinen kleiner als bei den übrigen Nutzsäugern. Dies ist das Ergebnis der gängigen Zuchtmethoden. Nur einige reinrassige Tiere werden in Reinzucht fortgepflanzt. Häufig betreibt man Kreuzungszucht, verpaart also geeignete Tiere verschiedener Rassen miteinander. Bei einem großen Anteil der einheimischen Tiere handelt es sich um Hybrid-Schweine. Das Hybridzuchtprogramm ist eine Zuchtmethode, bei der die Kreuzung mit speziell auf hohe Kombinationseignung getesteten Zuchtlinien erfolgt.

Weltweit werden nahezu 800 Millionen Schweine gehalten. Zentren der Schweinehaltung sind China mit angrenzenden Ländern (hier ist noch ein völlig anderer Typ gefragt), Europa sowie Nordamerika. In großen Gebieten der Erde werden aus religiösen Gründen keine Schweine gehalten. In Islam und Judentum gilt das Schwein als unrein und darf nicht gegessen werden. Andere Regionen, insbesondere Tropen und Subarktis, eignen sich aus klimatischen Gründen nicht für die Schweinehaltung.

Es gibt keine Tierart von ungefähr der gleichen Größe, die auch nur annähernd die Fruchtbarkeit des Schweines erreicht. Sauen werden mit sechs Monaten geschlechtsreif, werfen zweimal im Jahr und bringen pro Wurf 8–14 Ferkel zur Welt. Das bedeutet, dass ein weibliches Zuchttier ausreicht, um viele Schlachtschweine zu erzeugen. Das Ergebnis ist eine rasche Generationsfolge und damit eine breite Basis für die Auswahl bester Zuchttiere. Nur so lassen sich der rasche Zuchtfortschritt und die schnelle Reaktion auf Veränderung der Verbrauchererwartung erklären. Dennoch ist es auch in der Schweinezucht wünschenswert, die dem augenblicklichen Zuchtziel nicht ganz entsprechenden Rassen zu erhalten. Es sollte nicht vergessen werden, dass nach dem 2. Weltkrieg, als noch andere Erwartungen im Vordergrund standen, sogar das Piétrainschwein fast ausgestorben wäre. Gegenwärtig schenkt man den veredelten Landrassen wieder vermehrt Aufmerksamkeit.

Bei keiner Nutztierart ist die Zahl der verbliebenen Rassen so gering wie beim Schwein. Einige werden nur noch in wenigen Beständen gehalten, so dass die fünf häufigsten Rassen in Deutschland heute über 98% der Herdbuchtiere ausmachen (Tab. 14). In der Schweiz ist die Situation noch extremer. Während in Deutschland jedoch die Landrasse weitaus überwiegt und das Edelschwein fast nur noch lokale Bedeutung hat, gehören in der Schweiz die meisten Zuchtsauen dem Edelschwein an (Tab. 15). Die Landrasse ist hier nur mit weniger als 10% am Zuchtsauenbestand beteiligt.

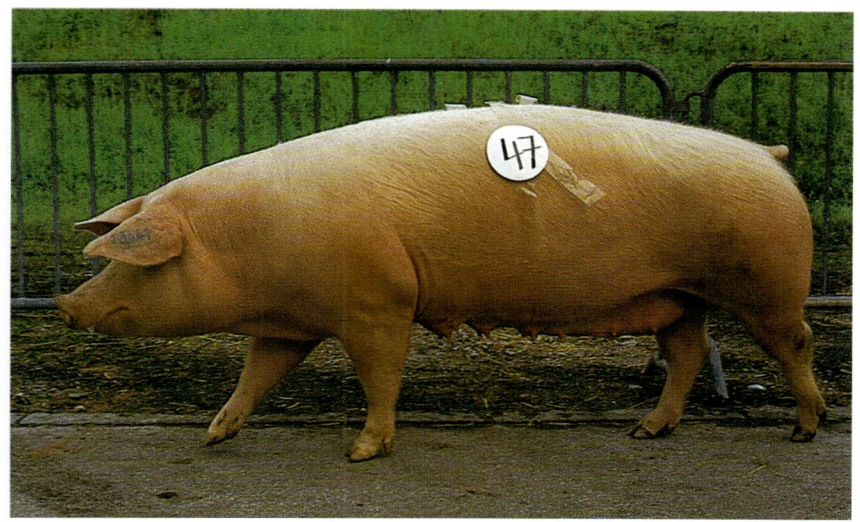

Landrasse

Kennzeichen: Großwüchsig. Langer
Körper. Weiße Borsten auf weißer Haut.
Schlappohren. Langer Kopf mit leicht ein-
gedellter Nasenlinie. Mittlere Maße und
Gewichte

	Eber	Sau
Schulterhöhe	86	80
Gewicht	312	273

Verbreitung: Unter verschiedenen Namen
weltweit verbreitet.
Leistung: Frohwüchsig. Sehr gute Mast-
und gute Fleischleistung. Hoher Anteil wertvoller Teilstücke. Tägliche Zunahmen bei
820 g. Schlachtreif bei 100–110 kg im Alter
von 170 Tagen. Gute Fruchtbarkeit. Hohe
Aufzuchtleistung. Geeignet als Mutterlinie
zur Erzeugung von Kreuzungssauen.
Zuchtgeschichte: Aus einer Vielzahl von
Landschlägen, insbesondere des Marsch-
schweines, unter Einkreuzung von Yorkshire (Large White) Ende des 19. Jahrhunderts entstanden. Einheitliches Zuchtziel
erst Anfang des 20. Jahrhunderts. Als Folge
veränderter Verbrauchererwartung ab den
50er-Jahren Umzüchtung vom „Fett-
schwein" in ein langes „Fleischschwein"
moderner Prägung auf dem Umweg über
die Niederlande mit Schweinen dänischen
Ursprungs (Dänemark hatte für seine dem
neuen Zuchtziel am besten entsprechenden
Tiere eine Ausfuhrsperre verhängt). Mit der
Typänderung wurde für diese in Deutschland bis Ende 1968 „Veredeltes Deutsches
Landschwein" genannte Rasse der jetzige
Name „Deutsche Landrasse" gewählt. Diese
war zu 60–90% stressanfällig. Deshalb wird
seit 1986 unter Einsatz von Halothantests,
aber auch durch Einbeziehung von Tieren
der Landrasse aus dem Ausland, auf stress-
stabile Tiere selektiert. Diese Extralinie der
DL (DLS = Deutsche Landrasse Saumlinie)
ist jetzt reinerbig stressstabil. Die nicht auf
Stressstabilität selektierte Linie ist nur noch
geringfügig in Süddeutschland vertreten und
wird bald auslaufen. Kürzel: DL

Landrasse B, Belgische Landrasse

Kennzeichen: Kurz, breit und gedrungen.
Weiße Borsten auf weißer Haut. Relativ
kleine Schlappohren. Ausgeprägte Schinken.
Mittlere Maße und Gewichte von geprüften
Tieren:

	Eber	Sau
Schulterhöhe	81	79
Gewicht	287	270

Verbreitung: In Deutschland vor allem in
Schleswig-Holstein. In Belgien die weitaus
häufigste Schweinerasse. Österreich.
Leistung: Die Zahl pro Sau und Jahr aufge-
zogenen Ferkel liegt in Deutschland bei
19,5. Gute Mastleistung. Sehr gute
Fleischleistung. Günstiges Fleisch-Fett-Verhältnis. Vollbemuskelt, breite Schinken.
Große Rückenmuskelfläche. Tägliche
Zunahmen bei 750 g. Schlachtreif bei
95–100 kg Lebendgewicht im Alter von
durchschnittlich 176 Tagen. Geringe Fleisch-

helligkeit. Hoher Anteil von halothan-
positivenTieren. Geeignet als Vaterrasse für
Gebrauchskreuzungen und für Hybrid-
programme.
Zuchtgeschichte: Im belgischen Flandern
unter Beachtung eines extremen Fleisch-
bildungsvermögens durch Einkreuzung von
Piétrain in das dortige Landschwein herausgezüchtet. Seit Anfang der 60er-Jahre des
vergangenen Jahrhunderts nach Deutschland importiert und hier rein weitergezüchtet. Kürzel: LB

Edelschwein

Kennzeichen: Großwüchsig, mittellang. Weiße Borsten auf weißer Haut. Stehohren. Breiter Kopf. Eingedellte Nasenlinie.

	Eber	Sau
Schulterhöhe	85	80
Gewicht	320	280

Verbreitung: In Deutschland nur das Ammerland bei Oldenburg i.O. als geschlossenes Zuchtgebiet. Sonst nur Einzelzüchter mit allerdings z. T. bemerkenswerten Zuchten. Österreich. Schweiz. Weiße Schweine mit Stehohren kommen unter anderen Namen in zahlreichen Ländern vor.
Leistung: Frohwüchsig. Gute Fleischbeschaffenheit bei mittlerer Fleischleistung. Gute Schinkenausprägung. Beste Futterverwertung. Tägliche Zunahmen bei 840 g. Futterverwertung von 1 : 2,77. Schlachtreif bei 100–110 kg Lebendgewicht im Alter von durchschnittlich 162 Tagen. Muskelfleischanteil bei 57%. Geringe Stressanfälligkeit. Gute Fruchtbarkeit. Hohe Aufzuchtleistung; 19,4 je Sau und Jahr aufgezogene Ferkel. Geeignet für Gebrauchskreuzungen und für die Erzeugung von Kreuzungssauen.
Zuchtgeschichte: In der 2. Hälfte des 19. Jahrhunderts aus dem alten deutschen Marschschwein mit dem englischen Yorkshire (Large White) durch Verdrängungskreuzung entstanden. Es wurde sehr früh systematisch auf Frühreife und Frohwüchsigkeit gezüchtet. Die Bezeichnung „Deutsches Weißes Edelschwein" wurde kurz nach der Jahrhundertwende geprägt. Da bereits sehr früh auf Fleischleistung gezüchtet wurde, gab es in der Nachkriegszeit unter den veränderten Verbrauchererwartungen keine einschneidende Typänderung. Das Edelschwein war vor allem in den früheren ostdeutschen Gebieten stark verbreitet. Gelegentlich werden Eber anderer Rassen eingekreuzt, um das durch die lange Zuchtarbeit entstandene Selektionsplateau zu überwinden. Kürzel: DE

Piétrain

Kennzeichen: Mittelrahmig. Kurz, breit und tiefrumpfig. Reinweiß oder Grundfarbe Weiß bzw. Hellgrau mit unregelmäßig verteilten schwarzen oder dunkelbraunen Flecken. Auffallend breite Schultern und massige Schinkenausbildung. Kurze Stehohren. Mittlere Maße und Gewichte von geprüften Tieren:

	Eber	Sau
Schulterhöhe	80	76
Gewicht	277	266

Verbreitung: In vielen europäischen und außereuropäischen Ländern. In Deutschland schwerpunktmäßig im Norden.
Leistung: Hervorragende Fleischfülle. Starke Schinkenausbildung. Fleischige Schultern (Vier-Schinken-Schwein). Geringer Fettansatz. Allerdings mäßige Futterverwertung und hohe Stressanfälligkeit. Sehr hoher Anteil von halothan-positiven Tieren, gegen den seit einiger Zeit selektiert wird.

Die täglichen Gewichtszunahmen liegen bei 700 g. Das Schlachtgewicht von 90–95 kg wird mit ca. 180 Tagen erreicht. Geeignet als Vaterrasse für Gebrauchskreuzungen.
Zuchtgeschichte: Am Ende des 1. Weltkriegs sollen Schweine der französischen Rasse Bayeuxschwein, die sich auf englische Berkshires zurückführen lässt, in die Gegend von Jodoegne/Belgien gekommen sein. Zunächst hielt nur ein Züchter in dem kleinen Dorf Piétrain (daher der Name) diese Schweine, bald waren es jedoch zahlreiche in der dortigen Gegend. 30 Jahre lang wurden diese Tiere ohne staatliche Unterstützung von passionierten Züchtern gehalten. Bereits um 1930 sollen für sie im Vergleich mit anderen Schweinen höhere Erlöse erzielt worden sein. Erst 1950 schlossen sich die Halter zu einer Vereinigung zusammen und 1951 erfolgte die staatliche Anerkennung. Ende der 50er-Jahre des vergangenen Jahrhunderts wurden die ersten Piêtrain-Schweine nach Deutschland importiert. Kürzel: Pi.

Angler Sattelschwein

Kennzeichen: Großrahmig. Tiefrumpfig. Ursprünglich schwarz mit weißem Gürtel über der Vorhand. Hintere Körperhälfte schwarz. Wegen Schwierigkeiten bei der Vermarktung pigmentierter Tiere wurde in den letzten Jahren z.T. auf mehr Weiß selektiert. Schlappohren.

	Eber	Sau
Schulterhöhe	92	84
Gewicht	350	300

Verbreitung: Schleswig-Holstein. Niedersachsen. Ungarn. Tschechische Republik. Südamerika. In den neuen Bundesländern als „Deutsches Sattelschwein".

Leistung: Robust. Frohwüchsig. Tägliche Zunahmen liegen bei 800 g. Das Fleisch-Fett-Verhältnis ist auf 1:0,55 gesunken. Hohe Fruchtbarkeit. Milchreichtum. Gute Muttereigenschaften.

Zuchtgeschichte: Die Ausgangsbasis bildete ein unveredeltes, schwarzbuntes Land-schwein, das 1926 von neun Landwirten in eine herdbuchmäßige Bearbeitung genommen wurde. Danach Einkreuzung von Wessex-Saddleback-Schweinen aus Großbritannien. 1937 Anerkennung als Rasse. 1941 waren 155 Eber und 594 Sauen im Herdbuch. In der Nachkriegszeit als Typ des Fettschweins sehr gefragt; so gehörten zu jener Zeit über 60% der gekörten Eber in Schleswig-Holstein dieser Rasse an. Durch Änderung der Verbrauchererwartung nach dem wirtschaftlichen Wiederaufschwung ging die Rasse in ihrer Bedeutung stark zurück. Vor einigen Jahren Import von etlichen Sattelschweinen im ursprünglichen Typ aus Ungarn. Es handelt sich dabei um Nachkommen von Tieren, die nach dem 2. Weltkrieg in dieses Land exportiert wurden. Anfang der 80er-Jahre des 20. Jh. kamen Zuchttiere aus der ehemaligen DDR nach Norddeutschland. 1991 Gründung der „Arbeitsgemeinschaft der Sattelschweinzüchter Deutschlands". Gegenwärtig gibt es nur noch wenige Herdbuchbetriebe. Kürzel: AS.

Schwäbisch-Hällisches Schwein

Kennzeichen: Großrahmig. Tiefrumpfig.
Kopf und Hals schwarz; desgleichen der
Schwanz (bis auf eine weiße Spitze) sowie
die Hinterseite der Oberschenkel. Übriger
Körper weiß. Grauer „Säumungsstreifen"
am Übergang von schwarz zu weiß durch
weiße Borsten auf pigmentierter Haut.
Schlappohren.

	Eber	Sau
Schulterhöhe	90	80
Gewicht	350	280

Verbreitung: Süddeutschland.
Leistung: Widerstandsfähig. Frühreif.
Außergewöhnlich fruchtbar. Gutes Aufzuchtvermögen sowie Milchreichtum der
Sauen. Schlachtleistungsergebnisse sind nahezu zufriedenstellend. Hervorragende Fleischqualität. Insbesonders Kreuzungen mit
Piétrain ergeben ausgezeichnete Schlachtschweine. Tägliche Zunahmen 850–900 g.

Zuchtgeschichte: Seit dem Ende des 18.
Jahrhunderts ist der „Hällische Schlag" in
Württemberg nachweisbar. Zu Beginn des
19. Jahrhunderts wurden chinesische Mas-
kenschweine eingekreuzt. In der zweiten
Hälfte des 19. Jahrhunderts recht planlose
Kreuzungen mit Berkshire und anderen
englischen Rassen. Aufstellung eines Rassestandards 1925–27. In der Nachkriegszeit
Einkreuzung von Angler Sattelschweinen.
Um 1970 schlief der Zuchtverband ein,
nachdem die Rasse die Verbrauchernach-
frage nicht mehr erfüllen konnte. Seit 1971
wird sie in den Jahresberichten der Arbeitsgemeinschaft Deutscher Schweinezüchter
nicht mehr erwähnt. Dass das Schwäbisch-
Hällische Schwein dennoch erhalten blieb,
ist wenigen engagierten Züchtern zu ver-
danken. Seit Anfang der 80er-Jahre wieder
steigende Nachfrage. 1986 wurde erneut
eine „Züchtervereinigung des Schwäbisch-
Hällischen Schweins" gegründet. Es gibt
wieder 30 Herdbuchbetriebe und etwa
300 Erzeuger dieser Rasse. Kürzel: SH.

Buntes Bentheimer Schwein

Kennzeichen: Mittelgroß, Grundfarbe Weiß, darauf schwarze Flecken. Breite Stirn, nahezu gerade Profillinie. Kräftiges, mittelgroßes Schlappohr. Tiefe, breite Brust. Langer, gut bemuskelter Rücken. Breites, mäßig abfallendes Becken. Geräumiger Bauch.

	Eber	Sau
Schulterhöhe	75	70
Gewicht	250	180

Verbreitung: Niedersachsen. Einzelbetriebe im übrigen Deutschland.

Leistung: Robust und langlebig. Stressunempfindlich; ausschließlich halothan-negativ. Durch Einkreuzung von Bunten Bentheimer Schweinen konnten bei anderen Rassen Fehlentwicklungen in der Fleischproduktion korrigiert werden. Frühreife, quellige Ferkel. Gutes Aufzuchtvermögen bei zufriedenstellender Futterverwertung. 17,7 aufgezogene Ferkel je Sau und Jahr. Mastendgewicht 90–100 kg.

Zuchtgeschichte: Anfang des 20. Jahrhunderts waren „bunte" Schweine in Südoldenburg recht üblich. Sie sollen aus Landschweinen durch Einkreuzung von Berkshires und Cornwalls entstanden sein. In den 30er-Jahren waren gescheckte Schweine im Gebiet an der holländischen Grenze sehr beliebt; die Scheckung wurde zu einem anderen Selektionsmerkmal. 1950 Gründung des „Verein der Züchter des schwarzweißen Bentheimer Schweines". Dieser beschloss, Angler Sattelschweine und Schwäbisch-Hällische Schweine einzuführen. Die Zahl der Züchter nahm jedoch schon bald wieder ab. Nach 1957 gab es Absatzprobleme, weil bei der Zucht auf Robustheit und Frühreife die Fleischfülle vernachlässigt worden war. Über zwei Jahrzehnte hinweg gab es nur noch einen Züchter. Erneutes Interesse an der Rasse registrierte man erst Mitte der 80er-Jahre des 20. Jahrhunderts. Seit 1988 wieder zuchtbuchmäßig erfasst. Blutauffrischung durch zwei fremde Sauen und einen Eber. Kürzel: BB.

Berkshire

Kennzeichen: Großrahmig. Dunkle Borsten auf heller Haut (brüht weiß). Sechs weiße Abzeichen: Rüsselscheibe, Schwanzspitze sowie die vier Füße. Gelegentlich weitere weiße Flecken. Kurzer, trockener Kopf mit Stehohren. Stark eingedellte Profillinie. Breiter und tiefer Rumpf.

	Eber	Sau
Schulterhöhe	80	75
Gewicht	350	300

Verbreitung: Großbritannien, Nordamerika, Osteuropa, Australien. Jeweils nur noch Restbestände. In zahlreiche andere Rassen eingekreuzt.
Leistung: Besonders frühreif. Mäßige Fruchtbarkeit; Wurfgröße 7–8 Ferkel. Gut für Weidehaltung geeignet. Diente der Versorgung des Londoner Marktes mit „Porker" bei einem Lebendgewicht von 50–65 kg. Insgesamt nicht genügend fettarm.
Zuchtgeschichte: Ursprung in Berkshire und angrenzenden Grafschaften in England. Gilt als älteste durchgezüchtete englische Schweinerasse. Schon im 18. Jahrhundert erwähnt. Damals noch spätreif. Erste „Veredelung" um 1800 aus der Kreuzung von großen, schlappohrigen, einheimischen Schweinen mit chinesischen und siamesischen. Diese Schweine waren aber nach damaliger Anschauung zu fein, so dass später Wildschweine eingekreuzt wurden. Bis 1865 Einkreuzungen von neapolitanischen und portugiesischen Schweinen. 1885 Gründung der British Berkshire Society und der American Berkshire Association. Nach Mitteleuropa kamen Berkshires seit den 50er-Jahren des 19. Jahrhunderts. Nach der Rassenerhebung 1936 in Deutschland gab es noch 51 409 Berkshires; das waren 0,23 % des deutschen Schweinebestandes. Die Zahl sank nach dem 2. Weltkrieg rasch. Selbst in Großbritannien zählt Berkshire jetzt zu den gefährdeten Schweinerassen. 1974 waren nur noch sieben Eber und 36 Zuchtsauen vorhanden.

Large Black

Kennzeichen: Großrahmig. Dunkelgrau bis schwarz ohne Abzeichen. Mäßig langer, breiter Kopf mit nur wenig eingedellter Profillinie und Hängeohren. Langer und tiefer Rumpf, hochangesetzter Schwanz, dünne Borsten. Feines Fundament.

	Eber	Sau
Schulterhöhe	85	75–80
Gewicht	280–320	200–240

Verbreitung: Großbritannien, Ungarn.
Leistung: Abgehärtet und anspruchslos. Guter Verwerter von wirtschaftseigenem Futter. Gut geeignet für Außenhaltung; wenig anfällig für Sonnenbrand, daher brauchbar für die Haltung in höheren Lagen. Frühreif. Die Sauen sind fruchtbar und milchreich; sie sind gute Mütter. Ruhig und duldsam. Gut geeignet als „Bacon"- und Dauerwarenschwein.
Zuchtgeschichte: Die Rasse entstand in der ersten Hälfte des 19. Jahrhunderts in

England aus bodenständigen Landschweinen und mehreren britischen Rassen. Zunächst gab es zwei Schläge: ein größerer und feinerer in den Grafschaften Devon und Cornwall und ein robusterer mit höherer Fruchtbarkeit in den Grafschaften Essex und Suffolk. Die beiden fasste man um 1900 zu einer Rasse zusammen. 1898 wurde eine Zuchtorganisation gegründet und ein Herdbuch eröffnet. Damals war Large Black eine der am meisten verbreiteten Rassen in Großbritannien. Zu jener Zeit kamen auch Tiere auf den europäischen Kontinent, u. a. nach Deutschland (1896). Da sie aus der gleichnamigen Grafschaft kamen, wurden sie hier unter dem Namen „Cornwall" geführt. Trotz ihrer Beliebtheit wurde die Rasse erst 1910 zu den Ausstellungen der Royal Agricultural Society und des Smithfield Club zugelassen. Noch in den 20er-Jahren erzielte man für Zuchttiere hohe Preise. Ab 1960 ging die Zahl der Züchter rasch zurück. 1986 gab es in Großbritannien nur noch 200 Zuchtsauen.

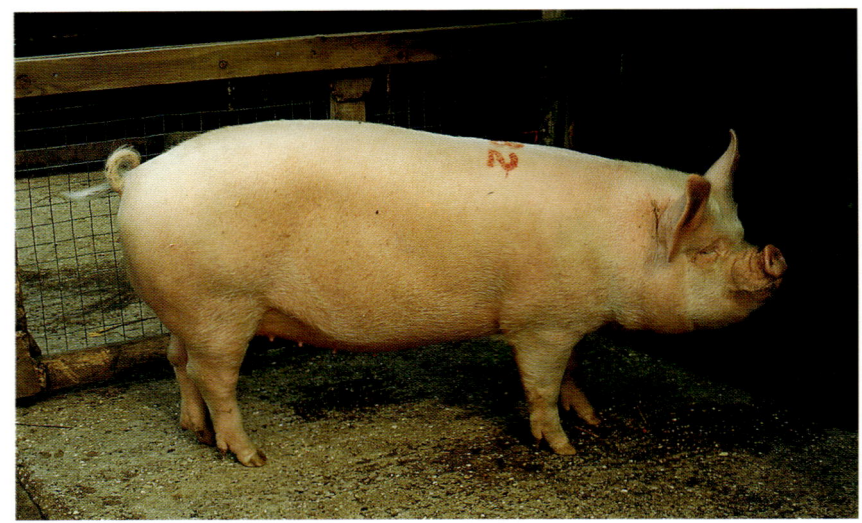

Middle White/Mittelgroßes Yorkshire

Kennzeichen: Mittelgroß. Weiß. Extrem kurzer, massiger Kopf mit stark eingedellter Profillinie und Stehohren. Kurz, breit und tief.

	Eber	Sau
Schulterhöhe	80	75
Gewicht	300	250

Verbreitung: Großbritannien, Japan.
Leistung: Robust, gutmütig und ruhig. Eber im Umgang unkompliziert, Sauen hervorragende Mütter. Sie sollen kaum im Boden wühlen. Sehr frühreif. Mäßige Fleischentwicklung. Recht frühe und starke Verfettung. Kreuzung mit Large White ergibt hervorragende Schlachtschweine. Schlachtung üblicherweise als Porker (50–65 kg Lebendgewicht); in dieser Gewichtsklasse hervorragendes Fleisch.
Zuchtgeschichte: Aus Large White (Yorkshire, Edelschwein) und dem Kleinen York-shire, jetzt ausgestorben, hervorgegangen. Letzteres war ganz wesentlich von chinesischen Schweinen beeinflusst. Seit Mitte des 19. Jahrhunderts von Großbritannien in viele Länder exportiert. Zwischen 1933 und 1939 in einen längeren und spätreiferen Typ umgeformt. Nach 1920 in Großbritannien sehr populär und zeitweise stärker verbreitet als Large White (Yorkshire). Zu jener Zeit auch unter dem Namen „London Porker" bekannt. Nach dem 2. Weltkrieg gingen die Bestände stark zurück. 1955 wurde die Zahl auf 470 geschätzt; das waren nur noch 0,01 % des britischen Schweinebestandes. Die Zahl der Tiere sank, weil die Nachfrage nach sehr leichten Porkern auf dem Londoner Markt laufend abnahm. Zählt jetzt in Großbritannien zu den am meisten bedrohten Rassen. 1976 nur noch drei Eber und 34 Zuchtsauen. Seit einigen Jahren wieder mäßiger Aufschwung der Zucht.

Tamworth

Kennzeichen: Großwüchsig. Einheitlich rötlichgelb bzw. goldfarben. Stehohren. Sehr langer Kopf mit eingedellter Profillinie und langer Schnauze. Langer Körper von mittlerer Breite. Kräftiges Fundament.

	Eber	Sau
Schulterhöhe	85	80
Gewicht	300	250

Verbreitung: Großbritannien, USA, Kanada und Australien.

Leistung: Robust und anpassungsfähig. In Großbritannien zählt Tamworth zu den Bacon-Rassen, d. h. sie wird üblicherweise im Gewicht von 83–101 kg geschlachtet. Magere Schlachtkörper. Spätreif. Geringe Wurfgröße. Gut für Kreuzungen geeignet.

Zuchtgeschichte: Die Rasse hat ihren Namen von der Stadt Tamworth in der englischen Grafschaft Staffordshire. Der Ursprung ist unklar. Zwar gab es in der zweiten Hälfte des 18. Jahrhunderts im Ur-sprungsgebiet schon sandfarben und schwarz gescheckte Schweine, aber diese wurden damals als Berkshire bezeichnet. Eine von dem heutigen Berkshire getrennte Entwicklung ist erst Anfang des 19. Jahrhunderts nachweisbar. Mitte des 19. Jahrhunderts war das Tamworth eine eigenständige und weithin bekannte Rasse. Eine Einkreuzung chinesischer Schweine, damals bei den meisten Rassen üblich, fand nie statt. Herdbuch 1885. Auch im Ausland beliebt, vor allem in die USA, nach Kanada, Australien, Neuseeland und in viele andere Länder exportiert. In den USA wurde 1897 die „Tamworth Swine Association" gegründet. In Deutschland erschienen Tamworths als anerkannte Rasse zwischen 1886 und der Jahrhundertwende regelmäßig auf DLG-Ausstellungen. Man kreuzte es hier auch in das inzwischen ausgestorbene Deutsche Weideschwein ein. Nach dem 2. Weltkrieg ging die Zahl der Tiere in Großbritannien ständig zurück. 1955 waren im Zuchtverband nur noch 443 Stück registriert.

Gloucester Old Spot

Kennzeichen: Großwüchsig. Auf weißer Grundfläche einzelne schwarze Flecken. Dichtes Borstenkleid. Schlappohren. Kompakter Körperbau.

	Eber	Sau
Schulterhöhe	85	80
Gewicht	300	250

Verbreitung: Großbritannien, USA.
Leistung: Robust und wetterhart. Das dichte Borstenkleid ist ein guter Wärmeschutz, deshalb vorzüglich für Freilandhaltung geeignet. Gilt in Großbritannien als guter Porker und wird dann schon im Gewicht von 50–65 kg geschlachtet; zählt aber auch zu den Bacon-Schweinen, die üblicherweise mit 83–101 kg geschlachtet werden. In diesem Gewichtsabschnitt allerdings schon recht starke Verfettung. Sehr gute Fruchtbarkeit. Die Sauen gelten als ausgezeichnete Mütter. Gute Verwerter von Abfallprodukten. Gutmütig.

Zuchtgeschichte: Weiße Schweine mit schwarzen Flecken waren bis zur Mitte des 19. Jahrhunderts im westlichen Mittelengland weit verbreitet. Aus ihnen formte man in der zweiten Hälfte des Jahrhunderts durch Einkreuzung von Rassen des europäischen Kontinents und vor allem neapolitanischen Schweinen die heutige Rasse. Wegen ihrer Fähigkeit, sich durch Fallobst im Herbst zu mästen, wird sie auch als Obstgarten-Schwein (Orchard Pig) bezeichnet. 1914 wurde eine Züchtervereinigung gegründet, die nach dem 1. Weltkrieg ihre stärkste Bedeutung hatte. Damals umfasste die Organisation 1200 Mitglieder und es bestand auch eine gewisse Nachfrage im Ausland (USA, Australien, Italien, Südafrika). Nach dem 2. Weltkrieg ging die Bedeutung der Rasse stark zurück. 1955 waren noch 778 Tiere beim Zuchtverband eingetragen, 1974 nur noch 62 Sauen. Später war die Rasse sogar praktisch auf einen Bestand reduziert. 1985 wurde eine kleine Zahl von Tieren in die USA exportiert.

Duroc

Kennzeichen: Großrahmig. Einfarbig von Hellrot bis zu sattem Rotbraun, gelegentlich mit kleinen, schwarzen Flecken. Kleine Schlappohren. Leichte Eindellung der Nasenlinie. Gewölbter Rücken.

	Eber	Sau
Schulterhöhe	90	82
Gewicht	350	300

Verbreitung: Nordamerika. Europa. In Deutschland nur in wenigen Betrieben in Reinzucht.

Leistung: Robust. Gutmütig. Gute Konstitution; stabiles Fundament. Werden in der Bundesrepublik hauptsächlich in Hybridzuchtprogrammen eingesetzt. Frohwüchsig. Gute Futterverwertung (1 : 2,69). Schlachtreif mit 100 bis 110 kg Lebendgewicht. Muskelfleischanteil bei 57%. Ausgezeichnete Muttereigenschaften. Die Sauen geben viel Milch. Durch die Pigmentierung guter Schutz gegen direkte Sonneneinstrahlung. Alle Tiere sind halothannegativ.

Zuchtgeschichte: Der Ursprung dieser in den USA entstandenen Rasse ist nicht lückenlos bekannt. Sie geht vermutlich zurück auf rote Schweine, die 1849 von Guinea nach Iowa/USA importiert wurden. Als weitere Vorläufer der Durocs werden Schweine angesehen, die von den spanischen Eroberern nach Amerika gebracht wurden sowie rote spanische Schweine, die 1837 nach Kentucky kamen. Zunächst gab es drei rote Schläge im Nordosten der USA: Jersey Red, Red Durocs von New York sowie die Red Berkshires von Connecticut, die schließlich zu den Duroc-Jerseys zusammengefasst wurden. Es wird vermutet, dass auch die englische Tamworth-Rasse beteiligt war. Ein Rassestandard besteht seit 1885. Kürzel: Du.

Hampshire

Kennzeichen: Im mittleren Rahmen stehend. Kopf und Hals schwarz. Brustbereich und Vorderbeine weiß. Hintere Körperhälfte schwarz. Langer Kopf mit eingedellter Nasenlinie. Relativ kurze Beine. Stehohren.

	Eber	Sau
Schulterhöhe	85	80
Gewicht	320	280

Verbreitung: Nordamerika. Europa. In Deutschland reinrassige Tiere nur in wenigen landwirtschaftlichen Betrieben; vor allem in Westfalen. In den USA die häufigste Schweinerasse.

Leistung: Gute Fruchtbarkeit; über 18,2 aufgezogene Ferkel je Sau und Jahr. Hervorragende Muttereigenschaften. Widerstandsfähig und robust. Die täglichen Zunahmen liegen bei 700–800 g. Futterverbrauch pro 1 kg Gewichtszunahme: 2,70 kg. Der Magerfleischanteil liegt über 59%. Wird in der Bundesrepublik vorwiegend in Hybridzucht-

programmen eingesetzt. Nahezu alle Tiere sind halothan-negativ. Überdurchschnittlich gute Fleischqualität.

Zuchtgeschichte: Stammt von britischen Saddleback-Schweinen ab, die 1825 aus der Grafschaft Hampshire in die USA importiert wurden. Diese Rasse wurde in Boone County/Kentucky entwickelt und bekam zunächst den Namen „Thin Rind Hog", bis 1904 der Name offiziell in Hampshire umgeändert wurde. Eine Zucht-Organisation besteht seit 1893. Nach mehreren Änderungen heißt sie jetzt „Hampshire Swine Registry". Nach Deutschland kamen Hampshires erst in den 70er-Jahren des vergangenen Jahrhunderts. Die ersten Tiere stammten aus Schweden. Die schwedische Hampshirezucht ist auf kanadische Zuchtlinien aufgebaut. Fand hier in Reinzucht keine große Verbreitung. In der Schweiz, wo diese Rasse eine gewisse Bedeutung hat, werden Amerikanische und Englische Hampshires als getrennte Rassen geführt. Kürzel: Ha.

Mangalitza, Wollschwein

Kennzeichen: Großrahmig. Haut schiefer-grau. Es gibt drei Farbschläge: das zahlen-mäßig überwiegende blonde, das rote und das „schwalbenbäuchige" mit heller Unter-seite. Gelbliche Unterwolle. Klauen, Rüssel-scheibe, Lider und After schwarz. Ohren mittelgroß und nach vorn hängend. Rücken mittellang und mäßig gewölbt. Becken leicht abfallend. Kräftige Gliedmaßen. Die Ferkel sind wie Wildschweinfrischlinge längsgestreift.

	Eber	Sau
Schulterhöhe	85	75
Gewicht	350	300

Verbreitung: Ungarn, Rumänien. Jugosla-wien und andere südosteuropäische Länder. In Deutschland werden nur kleine Bestände und Einzeltiere landwirtschaftlich genutzt. Größere Bestände des schwalbenbäuchigen Typs in Österreich und vor allem in der Schweiz.

Leistung: Speckschwein. Verträgt durch die dichte Behaarung Kälte sehr gut, kommt aber bei Suhlmöglichkeit auch mit hohen Temperaturen gut zurecht. Genügsam. Wird gelegentlich mit anderen Rassen ge-kreuzt, um urtümliche Schweine mit guter Fleischqualität zu erzeugen. Zuchtreif mit 11–13 Monaten. 4–8 Ferkel pro Wurf. Die Sauen haben nur 10 Zitzen.

Zuchtgeschichte: Geht zurück auf das ser-bische Sumadiasschwein. Das ungarische Mangalitzaschwein entstand durch Kreu-zung dieser Rasse mit dem einheimischen Bakonyer-Schwein und dem Szalontaer-Schwein Mitte des 19. Jahrhunderts. Es wurde bewusst auf hohe Speckleistung ge-züchtet. 1927 wurde der Landesverein der Mangalitzazüchter gegründet. In Ungarn jetzt als Genreserve gehalten. 1999 fand in Österreich ein Koordinationstreffen Woll-schweinzucht der europäischen Dachorgani-sation SAVE statt. Insgesamt gibt es noch ca. 1200 blonde, 600 schwalbenbäuchige und 200 rote Zuchttiere.

Hängebauchschwein

Kennzeichen: Kleinwüchsig. Entweder einfarbig grau-schwarz oder schwarz-weiß gescheckt. Kurzer, gedrungener Kopf mit starker Eindellung zwischen Stirn und Rüssel. Kleine, spitze Stehohren. Langer, breiter und tiefer Rumpf. Voluminöser Bauch, der wegen der äußerst kurzen Beine im Stehen häufig den Boden berührt. Skelett schwach entwickelt. Relativ dicke, häufig gefältelte Haut.

	Eber	Sau
Schulterhöhe	50	40
Gewicht	60–70	50–60

Verbreitung: Vietnam. Europa. Nordamerika. Mehrere Schweinerassen ähnlich geringer Körpergröße sind in China und im übrigen Südostasien heimisch. Diese finden in Europa wegen ihrer ungewöhnlich hohen Fruchtbarkeit zunehmend Beachtung.
Leistung: Lebhaft; bei geringem Umgang mit Menschen z.T. recht scheu. In Europa in der Regel nicht wirtschaftlich genutzt, sondern in Hobby-Haltung. Gut ausgeprägte Muskulatur. Bei nicht zu mastiger Fütterung geringer Fettansatz, neigt aber zu extremer Verfettung. Frühreif. Umfangreiche Würfe.
Zuchtgeschichte: Stammt vom Bindenschwein, einer südostasiatischen Variante des Wildschweins ab. Seit langem bodenständige Landrasse in Vietnam. Die ersten Tiere kamen bereits 1866 zur Eröffnung des Zoologischen Gartens in Budapest nach Europa. Wurde eingekreuzt in die Minnesota-Rassen, das Göttinger Minischwein sowie das Mini-LEWE, eine Neuzüchtung in der ehemaligen DDR. Gelegentlich Einkreuzung in gegatterte Wildschweinbestände.

Göttinger Minischwein

Kennzeichen: Kleines Schwein mit Sattelnase, kurzem Rüssel und kleinen Stehohren. Es gibt zwei Linien. In der etwas schwereren bunten Linie kommen schwarze, braune und weiße Tiere sowie Schecken vor. Die leichtere Linie ist unpigmentiert, also weiß. Eber und Sauen unterscheiden sich in Größe und Gewicht nur gering.

	weiße Linie	bunte Linie
Schulterhöhe	35	38
Gewicht	34	45

Verbreitung: Deutschland, Sowjetunion, Israel, Japan sowie einige mitteleuropäische Staaten.
Leistung: Wird zu Versuchszwecken in der medizinischen, tiermedizinischen und biologischen Forschung herangezogen. Die mittlere Wurfgröße beträgt bei älteren Sauen der weißen Linie ca. sieben, bei denen der bunten Linie sechs Ferkel. Wird mitunter als „Stubenschwein" in Wohnungen gehalten.

Diese Form der Haltung ist bedenklich. Sie ist weder schweine- noch menschengerecht.
Zuchtgeschichte: Anfang der 60er-Jahre des 20. Jahrhunderts an der Universität Göttingen aus der Kreuzung von Minnesota Minipigs und Vietnamesischen Hängebauchschweinen entstanden. Zunächst wurden pigmentierte Tiere gezüchtet. Da von der Medizinischen Forschung rein weiße Tiere verlangt wurden, entschloss man sich, in einen Teil der Ausgangspopulation Hausschweine der Deutschen Landrasse einzukreuzen, so dass es jetzt die bunte und die weiße Linie gibt. Das inzwischen erreichte Zuchtziel war, Typ und Temperament der Minnesotas mit Kleinwüchsigkeit und Fruchtbarkeit des Hängebauchschweines zu kombinieren. In der weißen Linie sollte zudem das dominante Weiß des Hausschweines manifestiert werden. Die einzige Basiszuchtpopulation besteht nach wie vor an der Universität Göttingen.

Literatur

ANDEREGG, X. (1887): Die Schweizer Ziegen. Verlag K. J. Wyß, Bern.

AUGUST, G. (1920): Abstammung und Herkunft der mitteleuropäischen Hausziegen. Carl Winter's Universitätsbuchhandlung, Heidelberg.

BOESSENECK, J. (1983): Die Domestikation und ihre Folgen. Jb. Bayr. Akad. Wiss.

BORWICK, R. (1994): Esel halten. Verlag Eugen Ulmer, Stuttgart.

BREM, G. (1982): Grundlagen der Schweineproduktion. Ferdinand Enke Verlag, Stuttgart.

BUNDY, C. E. und R. V. DIGGINS (1970): Swine Production. 3. Auflage, Prentice-Hall, Inc., Englewood Cliffs, New Jersey.

CLAUSEN, H. und E. J. IPSEN (1970): Landwirtschaftliche Haustierrassen in Farbe. Mary Hahn Verlag, Berlin.

COMBERG, G. (1980): Tierzüchtungslehre. 3. Auflage. Verlag Eugen Ulmer, Stuttgart.

COMBERG, G. (1984): Die deutsche Tierzucht im 19. und 20. Jahrhundert. Verlag Eugen Ulmer, Stuttgart.

DANIEL, U. (1985): Eine Kuh halten. Verlag Eugen Ulmer, Stuttgart.

ERNST, H. (1956): Entwicklung des ehemaligen Fürstlich-Lippischen Sennergestüts. Med. Vet. Diss., Hannover.

FRAHM, K. (1982): Rinderrassen. Ferdinand Enke Verlag, Stuttgart.

FREY, O. (1984): Baden-Württembergs Pferde. Franckh'sche Verlagsbuchhandlung, W. Keller u. Co., Stuttgart.

FRIEND, J. B. (1978): Cattle of the World. Blandford Press Ltd., Poole.

GALL, CHR. (1982): Ziegenzucht. Verlag Eugen Ulmer, Stuttgart.

GEIGER, J. (1939): Geschichte des Rottaler Pferdes. Werkdruckerei Robert Kleinert, Quakenbrück.

GLODEK, P. (Hrsg.) (1992): Schweinezucht. Verlag Eugen Ulmer, Stuttgart, 9. Aufl.

GLYN, R. und U. BRUNS (1971): Das große Buch der Pferderassen. Albert Müller Verlag, Rüschlikon-Zürich.

GOODALL, D. M. (1966): Pferde der Welt. Erich Hoffmann Verlag, Heidenheim.

GRANZ, E. (1984): Tierproduktion. 10. Auflage, Verlag Paul Parey, Berlin und Hamburg.

GRAVERT, H.-O., R. WASSMUTH und J. H. WENIGER (1979): Einführung in die Züchtung, Fütterung und Haltung landwirtschaftlicher Nutztiere. Verlag Paul Parey, Hamburg und Berlin.

HAMMOND, J., I. JOHANSSON und F. HARING (1958): Handbuch der Tierzüchtung. Verlag Paul Parey, Hamburg und Berlin, Bd. 1

HAMOND, J., I. JOHANSSON und F. HARING (1961): Handbuch der Tierzüchtung. Verlag Paul Parey, Hamburg und Berlin, Bd. 3

HAMPEL, G. (1994): Fleischrinder in Mutterkuhhaltung. Verlag Eugen Ulmer, Stuttgart.

HARING, F. (1984): Schafzucht, 7. Aufl., Verlag Eugen Ulmer, Stuttgart.

HEMMER, H. (1983): Domestikation. Verlag F. Vieweg & Sohn, Braunschweig, Wiesbaden.

HERRE, W. und M. RÖHRS (1990): Haustiere – zoologisch gesehen. 2. Aufl., G. Fischer Verlag, Stuttgart.

ISENBART, H.-H. und E. M. BÜHRER (1970): Das Königreich des Pferdes. 3. Auflage, Verlag C. J. Bucher, Luzern und Frankfurt/M.

KRÄUSSLICH, H. (1981): Rinderzucht. 6. Auflage, Verlag Eugen Ulmer, Stuttgart.

KRESSE, W. (1992): Pferde und Ponys. Verlag Eugen Ulmer, Stuttgart.

LÖWE, H., W. HARTWIG und E. BRUNS (1988): Pferdezucht. 6. Aufl., Verlag Eugen Ulmer, Stuttgart.

NACHTSHEIM, H. (1936): Vom Wildtier zum Haustier. Alfred Metzner Verlag, Berlin.

PEITZ, B. und L. PEITZ (1993): Schweine halten. Verlag Eugen Ulmer, Stuttgart.

RIEDER, H. (1993): Schafe halten. 3. Aufl. Verlag Eugen Ulmer, Stuttgart.

SAMBRAUS, H. H. (1991): Nutztierkunde. Biologie, Verhalten, Leistung, Tierschutz. VTB 1622. Verlag Eugen Ulmer, Stuttgart.

SCHAPER, H. (1934): Der kleine Ziegehalter. Verlag J. Neumann, Neudamm.

SCHÖN, D. (1983): Praktische Pferdezucht. Sportpferde und Ponys. Verlag Eugen Ulmer, Stuttgart.

SCHWARK, H.-J., ST. JANKOWSKI und L. VERESS (1981): Internationales Handbuch der Tierproduktion, Schafe. VEB Deutscher Landwirtschaftsverlag, Berlin.

SCHWINTZER, I. (1987): Das Milchschaf. 6. Auflage. Verlag Eugen Ulmer, Stuttgart.

SILVER, C. (1981): Pferderassen der Welt. 2. Auflage, BLV Verlagsgesellschaft, München, Wien, Zürich.

SMIDT, D. (1982): Tierzucht. 5. Auflage, Verlag Eugen Ulmer, Stuttgart.

SPÄTH, H. und O. Thume (1994): Ziegen halten. 3. Aufl. Verlag Eugen Ulmer, Stuttgart.

THEIN, P. et al. (1984): Handbuch Pferd. BLV-Verlagsgesellschaft, München, Wien, Zürich.

TYLINEK, E., ZUZANA SAMKOVA und E. FLADE (1984): Das große Pferdebuch, Verlag Paul Parey, Berlin und Hamburg.

UPPENBORN, W. (1970): Pferdezucht und Pferdehaltung. 3. Auflage, Verlag Bintz-Dohany, Offenbach a. M.

WEISCHET, H. (1990): Milchschafe halten. Verlag Eugen Ulmer, Stuttgart.

WILSDORF, G. (1918): Die Ziegenzucht. Verlagsbuchhandlung Paul Parey, Berlin.

Bildnachweis

Hans Reinhard, Heiligkreuzsteinach, Titelseite, großes Foto
Association des Eleveurs de la Race Bovine Blanc-Bleu, Belge: Seite 72

Alle anderen Abbildungen vom Autor

Register

Halbfette Ziffern verweisen auf ausführliche Beschreibung bzw. Abbildung.